畜禽科学养殖与疫病防治

李彦 杜宝霞 李瑞香 主编

中国农业科学技术出版社

图书在版编目（CIP）数据

畜禽科学养殖与疫病防治/李彦，杜宝霞，李瑞香
主编. -- 北京：中国农业科学技术出版社, 2024. 8.
ISBN 978-7-5116-6968-1

Ⅰ. S815；S858

中国国家版本馆CIP数据核字第2024TU4109号

责任编辑 张国锋
责任校对 李向荣
责任印制 姜义伟　王思文

出 版 者　中国农业科学技术出版社
　　　　　北京市中关村南大街 12 号　　邮编：100081
电　　话　（010）82109705（编辑室）（010）82106624（发行部）
　　　　　（010）82109709（读者服务部）
网　　址　https://castp.caas.cn
经 销 者　各地新华书店
印 刷 者　北京科信印刷有限公司
开　　本　170 mm×240 mm　1/16
印　　张　16
字　　数　300 千字
版　　次　2024 年 8 月第 1 版　2024 年 8 月第 1 次印刷
定　　价　58.00 元

《畜禽科学养殖与疫病防治》
编委会

前 言

2021 年 12 月 14 日，农业农村部制定印发《"十四五"全国畜牧兽医行业发展规划》中提出，到 2025 年，全国畜牧业现代化建设取得重大进展，奶牛、生猪、家禽养殖率先基本实现现代化。在产品保障目标上，猪肉自给率保持在 95% 左右，牛羊肉自给率保持在 85% 左右，奶源自给率达到 70% 以上，禽肉和禽蛋保持基本自给。在产业安全目标上，实现动物疫病综合防控能力大幅度提高，兽医社会化服务发展取得突破，饲料、兽药监管能力持续增强。在绿色发展目标下，畜禽粪污综合利用率达到 80% 以上，形成种养结合、农牧循环的绿色循环发展新方式。在重点产业建设方面，要着力打造生猪、家禽两个万亿级产业和奶畜、肉牛肉羊、特色畜禽、饲草四个千亿级产业，到 2025 年，肉类、蛋类和奶类产量要分别达到 8 900 万吨、3 500 万吨和 3 600 万吨。

要达成这一目标，就必须提升畜禽科学养殖水平、加强疫病防控。为此，我们组织编写了这本《畜禽科学养殖与疫病防治》，分别介绍了猪、牛、羊和鸡、鸭的科学养殖技术和常见疫病防控等知识，以期为广大畜禽养殖场（户）实现高产、高效、安全生产提供力所能及的帮助。

本书面向广大农村知识青年、打工返乡创业人员、中小型畜禽养殖场（户）和养殖企业、高校相关专业毕业学生，以及相关技术人员和管理人员，理论联系实际，内容丰富，材料详实，数据准确，具有较强的实用性，适合以上人员阅读，用于指导生产实践。感谢北京中惠农科文化发展有限公司为本书做的宣传推广工作！

由于编者水平有限、资料掌握不全，书中缺点、疏漏在所难免，恳请广大读者和同仁批评指正并提出宝贵意见。

编 者
2024 年 1 月

目　录

第一章

猪科学养殖与疫病防治

第一节　种猪科学养殖

一、种公猪的饲养管理

俗语说"母猪好，好一窝；公猪好，好一坡"。种公猪的优劣对猪群的影响巨大，直接影响后代猪的生长速度、胴体品质和饲料利用率。因此，把种公猪养好，猪群的质量和数量就有了保证。

（一）种公猪的选择

1. 行为

行为包括温驯、气质和与繁殖（性成熟及性欲等）有关的性状。繁殖性能包括亲代和同胞母猪的产仔猪数、泌乳力以及母性等。行为性状和繁殖性状遗传力较低，但在杂交方式下却能表现出较高的杂种优势。因此，当我们选择公猪时，最好看看该公猪的亲代记录、同胎的记录等资料。

2. 饲料利用率

包括生长速度（日增重）和饲料增重比。这些性状具有中等的遗传力，在杂交育种上也有中等水准的杂交优势。所以，当我们选择公猪的这些性状时，只需考察公猪本身的性状表现，其亲属的记录不太重要。

3. 胴体品质

公猪的身体结构或胴体品质的评估，可以用背膘厚、眼肌面积和瘦肉率来确定，借助背膘测定仪及瘦肉率背膘仪进行测定。在这些测定中，背膘厚是评定猪肥瘦程度最重要的一个指标。胴体性状有相当高的遗传力，但是在杂交育种上却表现出很低的杂交优势。

4. 体型结构

体型结构性状包括体长、体深、体高、骨架大小、猪的雄性特征及睾丸的发育和外观。有些性状如体长、体高及乳房均有很高的遗传力，但是却表现出很低的杂交优势。这些性状经济重要性变异很大，在选择时要依照公猪本身的记录选拔。体型（结构健全、骨骼大小及骨骼强度）有很高的遗传力，同时杂交时有很高的杂交优势，在经济价值方面有较高的重要性。

选择公猪时，以公猪本身的记录为基础，同时注意其同胎的记录及其他相关的记录。选择公猪时应该考虑到的两个重要条件，一是选择的公猪能够保持猪群的生产水平，二是所选公猪能够改进猪群的缺点。

5. 公猪的年龄

应该选择或购买 6 ～ 7 月龄的公猪，但开始使用的最小年龄必须达 8 月龄。大部分的公猪要到 7 月龄时才能达到性成熟，实际中有很多的公猪由于外表看起来够大就被使用，其实它们还年轻。所有的更新公猪应该在配种季节开始前至少 60 天就购入，这样就有充分的时间隔离检查其健康状况、适应猪场环境、训练采精或评定其繁殖性能。

6. 健康

这一点非常重要，在购买、选择公猪之前应该观察所有猪只的健康状况。最好做公猪的体检，包括抗体以及病原的检查。养殖户可以根据同行的口碑中得知哪些种猪场的猪较好，也可以关注健康养殖大赛中得奖的种猪场。

纯种公猪首先要符合品种特征。种公猪要求身体结构合理、匀称，四肢结实、有力、收腹，背宽，后躯丰满，生殖器官发育正常，睾丸大小一致，精液品质合格，性欲旺盛。健康公猪外观要求无体表寄生虫，无泪斑等，无其他明显的疾病症状，如哮喘等。

（二）种公猪的饲养管理

1. 饲养环境

环境在一定程度上决定种猪的繁殖性能，种公猪的饲养场地应建立在母猪圈舍的上风口位置，并保持一定的距离，以免母猪的气味影响种公猪的状态；合理控制种公猪的养殖密度，一般种公猪适宜单圈饲养；种公猪圈舍的理想温度为 18 ～ 20℃，温度过高易影响精液品质。圈舍地面应保持干净，舍内应通风、保持干燥，避免细菌繁殖。做好防寒保暖、防暑降温工作、保证良好的饲养环境为公猪的身体强健做保障，使其精液具有较强的精子活力。

2. 合理饲喂

全价配合饲料是种公猪的最佳选择，可以使公猪保持良好的体况，对精液品质和繁殖性能具有较好的作用。根据不同年龄、配种频率、体重及季节等条件合理规划种公猪饲喂量，青年种公猪配种期饲喂量 2.5～3 千克/天，成年种公猪饲喂量约 2.5 千克/天。在配种期应提高日粮营养水平，可添加适量的青绿饲料以提高其性欲及射精量。在非配种期间，其饲喂量为 1.8～2.3 千克/天。通过体况观察来调整日粮的饲喂量，进而发挥其最佳生产性能。

3. 适宜运动

适当的运动是保证公猪旺盛性欲不可缺少的措施，能够加强种公猪的新陈代谢，配种前 3～4 周开始加强公猪的运动，循序渐进，保证配种期间每天运动时长约 1 小时，运动距离在 1.5～2 千米，运动强度按照低—高—低的方式进行。运动时刻表随季节进行调整，夏季可以安排在早、晚间，冬季可以在中午，如遇恶劣天气，取消当天运动。

4. 种公猪合理利用

种公猪的初配年龄受到品种、管理条件及营养水平的影响，一般地方品种种公猪在 8～10 月龄、体重达到 40～60 千克进行初配；由于外来猪种性成熟通常较晚，所以初次配种一般安排在 10～12 月龄，体重达 90～100 千克时。

种公猪的配种频率对窝产仔数也有较大的影响，种公猪配种间隔时间根据年龄、营养水平、生长发育情况而不同。一般种公猪在与不同母猪配种时应适当地休息，合理安排配种时间，以提高其生育能力。配种期间，成年种公猪每周配种母猪数约为 2 头；青年种公猪配种数量宜逐渐增加，从而维持其较高的生育力。本交方式下的种公猪、母猪比例为 1：25；进行人工授精的公猪应该每周 2～3 次的采精频率，种公猪、母猪的比例应控制在 1：200，最大限度延长种公猪的使用时间。此外，每次配种后，日粮中可添加 1～2 个鸡蛋，保证其营养需要。

配种时间一般安排在一天内气温适宜的时候，夏季一般安排在早晚，冬季安排在上午和下午天气暖和的时候，避过酷暑严寒。并且不能在饲喂后立刻配种，避免影响配种效果。

种公猪一般配种年限为 2～4 年，如果种公猪过度配种，会导致精液品质下降、受精率降低。为保证精液品质良好，应定期对精液检查，评定精液质量，及时提高饲养管理，对精子活力不强、受胎率低等问题的种公猪做淘汰处理。

5. 防疫措施

在种公猪的养殖过程中，应定期对疫病进行检查。应严格遵守各种疫病的防治措施，做好环境净化工作，加强环境卫生管理及消毒处理，防止传染病的发生和传播，做好驱虫工作，从源头控制疫病；做好疫苗接种工作，后备公猪应及时接种乙脑和细小病毒疫苗；在成年种公猪的饲养管理上，一方面抓好春秋普防和季防月补，另一方面要及时、分期进行猪瘟、猪口蹄疫、猪丹毒等疫苗注射。同时，应保持畜舍环境卫生，定期消毒，通风处理；及时隔离治疗患病种公猪，科学、合理饲养。

二、种母猪的饲养管理

（一）后备母猪的饲养管理

后备母猪是指被选留后尚未参加配种的母猪，也指青年母猪、雌性猪被选留种用后到它第一次分娩时的猪。目前在生产上，后备母猪的补充和饲养管理问题给猪场带来相当大的损失。因此做好后备母猪的选留和饲养管理工作很重要。

1. 后备母猪选留

（1）在优秀母猪的后代中选留　要确定优秀的种猪就必须做好记录，连续2窝或2窝以上均表现高繁殖性能、母性好的母猪必须具有完整记录。育种方案是动态的，每6个月分析1次生产记录，以确定哪些母猪产仔多、断奶仔猪多、质量好等，一般选留2～5胎、产仔数在10头以上的母猪后代为宜。

（2）根据自身性状进行选留　猪的选种时间通常分为断奶时选留、4月龄选留、6月龄选留、配种时期的选留、初产母猪（14～16月龄）的选留5个阶段。

①断奶时选留。根据同窝仔猪的整齐度、自身断奶重和体质外形进行选择，被选个体要有不少于6对有效乳头且3对在脐部之前。排列整齐、均匀、无内陷乳头和副乳头，乳头间距、行距适中，自身和同胞都无脐疝、单睾等遗传疾病。由于断奶时难以准确筛选，为便于后续精选，一般此时期选留比例至少应达（5～10）:1。

②4月龄选留。在后备猪限饲前，利用自身和同胞成绩，选择外形符合品种特征、面目清秀、背线平直、体格健壮，外阴发育正常、大小适中、无

上翘等异常的个体。若后备母猪生殖器发育不良，转为生产母猪后发生难产的概率较高。淘汰体重或日增重达不到选种标准、结构不符合要求的个体，以减少后备母猪的饲养量。

③ 6 月龄选留。选择性情温顺、采食速度快、食量大、不挑食，身体各部分相互协调、结构匀称，骨骼、肢蹄、乳房发育良好，腿臀部平整丰满的个体，臀部削尖或站立艰难的小母猪充当种猪的使用寿命一般较短。4 ～ 6 月龄阶段的选留数量可比最终留种数量多 15% ～ 20%。

④配种时期的选留。后备母猪一般在 8 月龄配种，此期主要是淘汰发育缓慢、久配不孕而达不到育种指标的个体，以及因有繁殖疾患而不能做种用的个体。

⑤初产母猪的选留。经多次筛选后仍留下的后备母猪已有繁殖成绩，此时要以自身繁殖成绩为主要依据。仔猪达到断奶时，淘汰生产畸形、隐睾、毛色和耳形等不符合育种要求的仔猪的母猪，把产仔数多、母性好、泌乳能力强的母猪留做种用，其余转入生产群或出售。

（3）外购后备母猪　引进种猪一般要求体重达 60 千克左右，体重过小的仔猪各组织器官未发育成熟，还未完全定型，不利于挑选；体重过大的仔猪可能是挑剩的猪，并且影响引种后免疫计划；运输途中应激过大、瘫痪、瘸腿、脱肛等现象更严重。新建猪场不要按生产规模购入全部的后备母猪，引种数量为本场总规模的 20% ～ 25% 较适宜。种猪场要选择有适度规模、信誉度高、有《种畜生产经营许可证》、技术水平较高的猪场购买后备母猪，并且要把种猪的健康放在首位，所引进猪的健康状况至少要与本猪场相当。为避免造成本猪场病原更加复杂化，要了解该场是否为疾病暴发区、是否有某些特定疾病；种猪的系谱要清楚，必须获取系谱卡；在运输途中，夏季要注意防暑降温，冬季要防寒保暖。到达猪场后连猪带车都要严格消毒，引进的后备母猪进入隔离舍饲养，饮水中添加抗应激药物，日喂量逐渐恢复，观察 40 天以上，确认健康无病才可与原有猪群合群饲养。不要频繁从多个猪场引种，以免造成交叉感染。

2. 后备母猪饲养

（1）配种前的饲养　后备母猪的饲喂要采用阶段性饲喂的方式和前敞后限的营养水平，确保母猪正常发情。断奶至 70 千克可以与生长肥育猪饲喂相同的饲料，自由采食使其得到充分的生长发育，每天摄入 1.8 ～ 2 千克的饲粮、30.12 ～ 31.8 兆焦的消化能，饲粮中粗蛋白质含量 15% ～ 18%。体重达 70 千克以后开始用后备母猪专用料，配合饲喂适量含纤维素较高的饲料以促进肠胃发育，同时补充维生素、钙、有效磷、氨基酸，但要限制能量的摄入（每千克饲粮的消化能 13.38 ～ 14.21 兆焦），饲粮粗蛋白质水平应达到 14% ～ 15%；80 ～ 110 千克后备母猪的日喂量应占其体重的 2% ～ 2.5%。接近 100 千克开始限饲，日饲喂量 2.5 千克左右，最好分 2 次饲喂，配种前半个月短期催情补饲增至 3 ～ 3.5 千克。后期限饲很关键，既要保证后备母猪良好的生长发育，又要控制体重的高速增长，防止过度肥胖引起的不发情、配种困难等问题。配种前后都要给予优质青绿饲料或青贮料，按风干物质计算，可喂给其饲粮的 20% ～ 25%，以利于胃肠道蠕动、发育，增加饱感，降低母猪产后便秘的概率，加大胃肠道容积，利于产后泌乳高峰期迅速提高采食量以提高泌乳量。

（2）配种后的饲养 母猪妊娠早期有 30% ～ 50% 的胚胎损失，对猪场生产来说这是巨大的损失，营养调控技术是提高早期胚胎存活率的重要途径之一。

妊娠早期给予母猪适宜的营养水平有利于胚胎存活。母猪配种后期日采食 1.8 ～ 2.2 千克，妊娠后逐渐增加，妊娠中期日喂量达 2.5 千克，妊娠后期日喂量达 3.5 千克。后备母猪配种后的饲喂不同于经产母猪，要以其膘情体况为参考依据来调整喂量，一般妊娠 0 ～ 21 天日喂量与经产母猪相似，日喂量为 2 ～ 2.6 千克；妊娠 22 ～ 84 天日喂量要高于经产母猪，应达到 2.6 ～ 3 千克；妊娠 85 ～ 110 天视膘情而定，日喂量提高到 3.5 ～ 4 千克，有时可以更高。配种后的饲喂量应根据猪品种及饲料的消化能进行适当调整。

3. 后备母猪管理

（1）圈舍环境 后备母猪实行小群饲养，一般每栏饲养 5 ～ 6 头，栏舍面积在 9 米^2 左右，配种时不低于 1.4 米^2/ 头，按体重、年龄分群，体重差异不超过 2.5 ～ 4 千克，随着体重的增加逐渐减少每栏的头数，饲养密度大不利于后备母猪发育的整齐度和查情，并且易发生咬尾、咬耳等恶癖。圈舍温度对生产力有很大的影响，若后备母猪饲养在水泥地面时，最低温度为 14℃，最适温度为 18℃，空气相对湿度控制在 60% ～ 75%，集约化养殖所需通风量最低为 16 米^3/ 小时，最高为 100 米^3/ 小时；若采用有隔栏的料槽则每头猪最低保证有 0.4 米的采食空间；饮水器安在漏缝地板或排粪区域上方，保证睡卧地面干燥，高度为 0.7 米，流速为 1.5 升 / 分钟，每只饮水器最多供 8 头猪饮用；光照时间达 16 小时，强度为 100 勒克斯。若母猪生活在寒冷阴暗或闷热潮湿的猪舍中，即使达到营养、配种条件却始终不发情的现象时有发生，甚至群体性的发生；地面倾斜度最佳为小于 2%，不能大于 5%，以免母猪滑倒损伤肢蹄而过早淘汰。此外，猪舍要做好清洁消毒工作，一般每周消毒 1 次，以减少生殖道炎症和呼吸道疾病的发生；产前 10 天要把产房清扫干净，并用

15% 新鲜石灰乳喷洒消毒，2～3 天清洗，产前 5～7 天把母猪转入产房。

（2）疾病的预防与保健　猪场的疾病净化需控制好源头，从后备母猪抓起能最大限度地减少疾病传入基础母猪群。购买的后备母猪到场后必须隔离，并使用抗应激药物，到场 1 周后根据本场疫苗接种情况，进行疫苗接种工作。为减轻免疫应激可于接种前 3 天在饮水中添加维生素 C。第 2 周开始用广谱驱虫药驱虫，配种前 1 个月再驱虫 1 次，同时使用 1%～3% 敌百虫喷洒圈舍增强驱虫效果。

为保证种用安全，后备母猪在 6 月龄左右必须活体取扁桃体、血液进行猪瘟、非洲猪瘟、伪狂犬病等抗原检测，淘汰带毒猪，在种源上做到净化。检测合格的后备母猪就可进行配种前的疫苗防疫。从配种前 2 个月开始，结合猪场具体情况，接种 2 次伪狂犬病、细小病毒病等疫苗，同种疫苗注射间隔为 20 天，各疫苗注射间隔为 5～7 天，并加强接种猪瘟、口蹄疫疫苗等，各种疫苗接种后间隔 2 周，逐头检测抗体情况，抗体检测不合格的要补种，不得漏掉，保证每头后备母猪配种前各种抗体都应合格，不留疫病隐患。日常药物保健要尽量选用安全的微生态制剂等添加物，不使用禁用药。

（3）后备母猪的发情与配种　后备母猪 5.5 月龄后开始刺激其发情，纯种及晚熟品种在 170～190 日龄进行，每天早晚与 10 月龄成熟公猪接触 15～20 分钟/次，且多头公猪轮换使用，确保诱导发情，提高母猪发情同期性，但必须有饲养人员监视，以免计划外受孕。及时挑出发情母猪按周期集中饲养，建立发情记录，6 月龄后划分发情区和非发情区，以便 7 月龄时对非发情区进行系统处理。做好相关记录有利于优饲计划和开配计划的实施。后备母猪基本符合 21 天左右的发情周期规律，第 1 次发情不配种，一般在第 2 次或第 3 次发情才配种，最好是在第 3 次发情时配种，配种过早猪体发育不健全，生理机能尚不完善，导致产仔数少，并影响使用年限。配种时体重至少为 120 千克，目标体重为 135～140 千克；配种日龄至少在 200～210 天，目标日龄为 210～230 天。背膘厚至少 12 毫米，目标背膘厚为 16～18 毫米。研究表明，将配种推迟至体重为 130 千克时可提高第 1 窝产仔数，同时也可增加以后各胎次的产仔数和产活仔数。体重不到 100 千克配种会导致受胎率低、产仔少、弱仔多、死胎率高。平时的日常管理中，要逐渐建立和谐的人猪关系，如经常抚摸、刷洗猪等，使其性情温顺，减少恐惧心理及异常行为，以利于开展配种、疫苗注射、接产等工作。

后备母猪发情期与经产母猪不同，前者的发情期短，常常不是很明显，甚至没有"闹栏"现象，特别是纯种猪发情没有地方品种那么强烈，但是时间持续长，一般外阴红肿到呆立反射要 2～3 天，主要表现为食欲下降、烦躁不安、爱爬跨，阴道黏膜暗红、有少量白色黏液，压背有呆立反射。饲养员需细致观察，不要漏配。配种的有效时间是发情开始后 12～36 小时。第 1 次配种应在呆立发情被检出之后 12～16 小时完成，过 12 小时后再进行第 2 次配种。后备母猪配种后若出现精液倒流的现象，视情况而定可进行第 3 次配种，母猪配种后如果 2 个星期观察未见发情表现，则可初步判定母猪受孕。

（4）不发情母猪的处理 到达 7 月龄仍然未发情的后备母猪，主要受营养、疾病、管理、季节等因素影响。过肥、过瘦、严重缺乏维生素 E、生物素等会导致母猪不发情或发情推迟；生殖道炎症、蓝耳病（猪繁殖与呼吸综合征）、圆环病毒病等疾病及霉菌毒素中毒等都会引起母猪不发情；饲养密度过大、运动不足、公猪刺激不够造成母猪不发情；高温引起应激，使母猪内分泌紊乱导致发情率低。要及时采取综合性措施促使其发情，将不发情母猪集中饲养，每天放公猪进后备母猪栏中追逐 15 分钟左右，也可与刚断奶的母猪关在一起，几天后发情母猪就会不断追逐爬跨不发情的母猪，促进发情；夏季注意防暑降温，冬季要防寒保暖；对患有疾病的后备母猪，考虑经济效益和实际情况，能治则治，无必要治或不能治的则要尽早淘汰，以免危害其他母猪。

此外，可采用输死精法促进母猪发情，具体方法：用冰冻再解冻的方法杀死活精，稀释后加入 20 单位的缩宫素，输精后前 3 天限饲，给予 2 千克以下全价料，之后放入运动场并用 1 头公猪追赶，加强运动，饲料中补充添加维生素 A 和维生素 E 等微量元素，最后赶入配种栏，自由采食，一般 5～15 天就开始发情。如果以上方法都不能使后备母猪发情，最后选生殖激素处理 1～2 次，若仍无效就要及时淘汰，但此法在种猪场禁止使用。

（二）空怀母猪的饲养管理

空怀母猪是指从仔猪断奶到再次发情配种的母猪，空怀母猪的科学饲养管理事关母猪的及时发情、配种、缩短繁殖周期和提高养殖效益。

1. 合理饲喂

母猪产仔后由于分娩、哺乳等可消耗大量体力，体重可减轻 20%～30%。仔猪断乳时，如果母猪有七八成膘情，10 天左右就可发情配种。空怀母猪对蛋白质要求较高，如果供应不足就会影响发情配种，导致受胎率下降，仔猪出生后成活率降低。另外，空怀母猪对钙的需求较多且较敏感，日粮中应供钙 15 克、磷 10 克、食盐 15 克及适量微量元素，应足量、平衡供给。日粮中维生素不足会严重影响生殖机能和抗病能力，应注意足量和平衡添加。饲养空怀母猪，饲料配合要科学合理，饲料原料应多样化，添加剂要适量使用，每日青绿饲料的供应量应不少于每日精饲料的投喂量。一般体重 120 ～ 150 千克的空怀母猪，每天可投饲配合精料 1.6 ～ 1.9 千克；体重 150 千克以上的空怀母猪，每天可投饲精料 2 ～ 2.2 千克；膘情中等偏上母猪，每天可投饲精料 2.3 ～ 2.5 千克；膘情中等以下母猪，可采取自由采食。

2. 膘情优化

空怀母猪过肥，会影响繁殖性能，应据膘情调控。长期投喂单一碳水化合物饲料及缺乏蛋白质、维生素、矿物质等而导致过肥的空怀母猪，要在加强运动的基础上投喂全价日粮，以尽快恢复正常膘情。断乳前泌乳量仍较多且断乳时膘情良好的空怀母猪，为促进干乳和防止发生乳房炎，要在断乳前后 3 天适量加喂青绿饲料和减少精料的投饲量，一般每天精料投饲量控制在 1.7 ～ 2 千克，适当增加运动次数和运动时间，以利于控制膘情、促进发情。

断乳时体质较弱、膘情较差的空怀母猪，要适当增加精料投饲量，以尽快恢复体质和膘情。泌乳量大、带仔数多和产前膘情较差的空怀母猪，应在哺乳期适当增加精料的日投喂量，力争断乳时保持七八成膘情。

3. 日常管理

空怀母猪如果采用单栏饲养对发情有不良影响，为促进母猪正常发情，一般可在侧边栏饲养已经性成熟的公猪。空怀母猪以 4 ～ 6 头同栏饲养为好，群内如有母猪发情，会不时爬跨和追逐其他母猪，可促使其他空怀母猪发情，且又便于集中管理。

饲养空怀母猪，应给母猪创造干燥、清新的栏舍环境，及时打扫栏舍，仔细清除地面、食槽、饮水器等附着的污染物，然后用清水冲洗干净。注意栏舍通风换气，排出舍内二氧化碳、氨气等异味，保持舍内空气清新。夏季要防暑降温，冬季要防寒保暖。注意舍内光照，定时将空怀母猪赶至室外晒太阳 20 ～ 30 分钟。适当运动可增强空怀母猪的体质，一般宜运动 20 ～ 30 分钟，过肥母猪的运动次数和运动量应相应增加。注意栏舍的卫生消毒工作，无疫情时可每隔 6 ～ 7 天喷洒消毒 1 次，有疫情时每天消毒 1 次。

4. 乏情防控

带仔母猪一般断奶后 5 ～ 7 天就会发情，大、中型养猪场为使哺乳期母猪达到同步发情目的，一般采取同期断乳法，不用任何药物即可自然同步发情。产仔过少、泌乳少或缺乳母猪，仔猪哺完初乳后可全部寄养于同期产仔数较少、泌乳量较大的母猪哺养，以促使母猪提早发情配种，提高养殖效益。长期不发情的空怀母猪最好调换到其他已有发情母猪的栏内，与发情母猪同栏饲养，经发情母猪的追逐和爬跨，可促使不发情母猪发情。对久不发情的空怀母猪，可连续 6～10 天按摩乳房 10～15 分钟，以加快其发情。过肥的空怀不发情母猪，应于母猪断乳后 1～2 天，在充足供给饮水的情况下不给投饲或只投少量饲料，经饥饿刺激也会很快促使母猪发情，配种后立即恢复正常投饲。

5. 药物催情

（1）母猪一次肌注苯甲雌地醇 2～3 毫升，3～5 天可发情。

（2）母猪一次肌注孕马血清促性腺激素 400～600 单位和绒毛膜促性腺激素 200～300 单位，3～5 天内即可发情。

（3）使用 PG600，促进母猪发情。对整体 7 天内发情率低于 70% 的母猪（主要是在夏季及早秋等严重的季节性乏情阶段），在断奶第 2 天对所有断奶母猪肌内注射 PG600 一头份；对于整体发情率高于 70% 的断奶母猪，在断奶后第 7 天对没有发情的断奶母猪肌内注射 PG600 一头份。后备母猪 160～165 日龄开始诱情，180 日龄还没有初情期的肌内注射 PG600 一头份进行筛选。

（三）母猪的人工授精技术

人工授精是指通过人工方式，采集公猪精液，检验精液品质，并在恰当的时间，以科学操作流程，将精液输入发情母猪子宫内，完成母猪配种的一项技术或操作过程。理论上每头母猪人工授精 1 次，就可以达到比较好的受精率。实际生产操作中，多数进行两次人工授精，以提高受胎率和卵子受精率。

1. 授精前的准备

（1）安静的环境　授精时要保持环境安静，整个授精过程要有条不紊地进行，不要太匆忙或太缓慢。

（2）配种时间段　配种一般在采食 1 小时以后进行。

（3）合格的精液　通常每个输精瓶含有 80 毫升的稀释精液，其中至少有 30 亿个精子细胞。地方品种或采取子宫颈深部输精方式，可能会选择 80 毫升，其中至少含有 15 亿个精子细胞的稀释精液。

（4）清洁的输精管　选择清洁无污染的一次性输精管。普通输精管通常有泡沫头或螺旋头两种；深部输精管有一个从泡沫头或螺旋头伸出的内输精管。

（5）冲洗消毒　用室温的水清洗母猪的阴部，卫生纸擦干净。对于深部子宫颈输精模式，最好用 0.3% 的高锰酸钾溶液清洗消毒，然后再用室温的水冲洗，卫生纸擦干。如果环境卫生欠佳，或者场内子宫炎高发，最好配种前对每头母猪的后躯做清洗消毒。为避免交叉感染，应使用一次性的毛巾或纸巾清洗，不能共用毛巾。

（6）公猪刺激　赶一头试情公猪，辅助人工按摩，刺激母猪性欲提高，子宫收缩，促进精液的吸收。

2. 人工授精操作

（1）常规输精流程

①将一半的阴唇外翻到一边，插入输精管，确保不被污染。

②输精管朝上沿着背面进入。当进入阴道 10 ～ 15 厘米时，缓慢逆时针旋转，使得输精管的前端充分润滑。润滑剂不是必需的，但在插入时应转动，使输精管得到润滑。

③平稳地将输精管插入阴道最深处，回拉出约 2 厘米，然后逆时针向前，直到被子宫颈固定。轻轻拉动输精管时，就像在一个箍紧的橡皮圈中，说明输精管插入方法正确。

④将输精瓶接到输精管上，3 ～ 5 分钟时间，等待精液吸收完成，沿顺时针取出输精管。授精后让输精管停留在母猪体内，不会起刺激的作用，也不会阻滞精液的回流。

⑤大量的精液回流，说明输精管没有到子宫颈就被固定住，需要重新输精。

（2）子宫颈深部输精流程　深部输精，延伸内管，直接将精液送达子宫体，精液得以快速进入两侧子宫角和输卵管。相比常规输精，可提高经产母猪的总产仔数、健仔数，但同时弱仔数也有所增加。

①待配母猪准备。子宫颈深部输精法仅限于经产母猪，后备母猪建议采用普通输精法。子宫颈深部输精配种时，必须是自然静立的母猪，不能用公猪和人为刺激。查情及诱情刺激，应在配种前 1 小时以上完成。避免配种时子宫收缩，而增加深部输精管内管的插入阻力。

②子宫颈深部输精操作流程。将一半的阴唇外翻到一边，插入输精管，确保不被污染；将深部输精管外管取出，朝上沿着背面进入，当进入阴道10 ～ 15 厘米时，缓慢逆时针旋转，使得输精管的前端充分润滑；平稳地将深部输精管外管插入阴道最深处，回拉出约 2 厘米，然后逆时针向前，直到被子宫颈固定；将内输精管沿着外输精管穿出，完全插入后，将外管轻轻地往母猪体内插入，如果内管有轻微回退，需要重新调整内管位置，直到外管向前轻轻推进，而内管保持不动时，说明内管插入位置正确，应注意避免触碰内管的无菌末端；将输精瓶接到输精管上，轻轻挤压 3 ～ 5 分钟，等待精

液吸收完成，将输精管内管和外管同时沿顺时针取出；如有大量的精液回流，说明输精操作方法不够准确，需要重新输精；输精后，驱赶公猪或人为刺激母猪，有利于精液的吸收。

3. 避免伤害母猪

（1）准确的发情鉴定　发情鉴定不准确，会降低受胎率和产仔数，也会增加母猪患子宫炎的风险。

（2）合理的输精次数　根据生产需求配种，不是越多次越好，否则会增加母猪患子宫炎的风险。

（3）优质的输精管　锋利的输精管，会伤害母猪，应选择质量好的输精管。

（4）规范操作　准确的输精方法、合适的力度、恰当的输精部位、温柔的操作才能保护母猪健康。

（5）清洁、消毒　保持输精管的清洁，并清洗消毒母猪外阴部。在输精管插入之前，把一半的阴户外翻到一边，不能碰触污染输精管头部。

4. 配种后的记录

无论是普通输精，还是子宫颈深部输精，配种完成后，都要及时做好记录，以便于后期管理，如查情、孕检、调节采食量、计算预产期等相关记录。

（四）妊娠母猪的饲养管理

妊娠母猪指在妊娠生理阶段的母猪。当母猪进入妊娠期之后，就是饲养工作需要加倍严谨的时候。只有不断加强妊娠母猪的饲养管理工作，才能保证仔猪成活率，保证仔猪生产数量和身体质量，这样才会为养殖场带来更多的收益。

1. 母猪妊娠诊断方法

（1）观察法很重要　在母猪配种之后的第 2 个发情期，也就是在 18 ～ 25 天，如果发现母猪出现第 2 次发情，则意味着母猪出现了空怀现象。这时候要对母猪再次配种，提高母猪的利用率；如果母猪第 2 个发情期阶段没有出现发情现象，而且在平常的饲养过程中母猪出现了安静，食欲增加，性情温顺等类似现象，并且出现远离公猪的行为，则意味着配种成功。

（2）妊娠母猪的体重变化　如果母猪进入妊娠期，体重的变化非常明显。随着仔猪的不断发育，母猪体重会增加 50 ～ 60 千克。在妊娠 2 个月之后，体重的增加幅度会越来越大。

2. 妊娠母猪饲养管理工作

（1）对妊娠母猪所在环境进行良好的控制　妊娠期的母猪抵抗能力相对较弱，所以要加强对其环境的调节和控制。首先，对其所在环境的温度控制在 15～25℃ 为佳。温度过高或过低都会导致母猪出现在妊娠中期的流产现象。尤其在夏季，应该对妊娠母猪做好防暑降温工作，对猪舍温度的控制是提高母猪妊娠质量的重要手段。其次，应该对猪舍进行有效的通风管理。猪舍应该及时清理和打扫，保证妊娠母猪所处环境清洁，减少疾病侵害。最后，母猪在妊娠时充足的光照也是非常有必要的。充足的光照能杀死滋生的细菌，并且能够提高猪舍的温度。在冬季，应该增加猪舍的光照面积；在夏季，应尽可能地减少光照面积和时间，总体使猪舍保持冬暖夏凉的状态，才有利于妊娠猪和仔猪的发育。

（2）对妊娠母猪的营养管理工作　母猪在妊娠期的营养管理工作非常重要，直接关系到仔猪的质量和母猪的繁殖能力。妊娠前期是母猪重要的营养阶段，在这一阶段，一切营养供给工作最终的目的是保胎。食量要大于 3 千克，保证食量定量适中。妊娠中期是妊娠母猪身体的稳定期，在这一时期应该增加相应的营养物，保证母猪消化系统稳定的前提下增加食量。在妊娠后期，同样增加食量并增加营养物的摄入，为母猪生产做准备。

3. 妊娠母猪的营养需要

妊娠母猪对营养的需求高于空怀母猪，妊娠前期母猪对营养的需要主要用于维持膘情和生命活动，特别是怀孕早期母猪主要还是用于自身的生长发育，用在胚胎发育所需的营养极少。妊娠母猪对蛋白质的需求也不像未怀孕时那么高，这主要是因为母猪机体在一定范围内具有较强的蛋白缓冲调节能力，因此，妊娠期间，妊娠天数 ≤ 90 天时日粮粗蛋白质占比可降低至 9.5%～13.5%，妊娠天数 > 90 天时日粮粗蛋白质占比可保持 11%～16%。另外，日粮中钙、磷、锰、锌、碘等矿物质和维生素 A、B 族维生素、维生素 E 等也是妊娠期必不可少的，特别是在妊娠后期的需求量逐渐增大，一旦营养供应不足时，可导致母猪分娩时间延长、产死胎及发生骨骼疾病等。

4. 妊娠母猪的饲养方式

（1）妊娠前期　妊娠前期就是配种成功后的第 1 个月，这个月主要是以保胎为主。该阶段不宜供给妊娠母猪过多营养，尽量实行限饲，建议日采食量不超过 2 千克，日粮的营养水平中粗蛋白质占比 9.5%～13.5%、净能 2 435 千焦 / 千克为宜，因为配种结束后 3 天是受精卵细胞开始高速分化时期，如果该阶段摄入营养过量会引起性激素代谢增加和血流增加，从而导致外周的性激素减少，特别是黄体酮的减少，所以，在前期饲喂高能量饲料会导致受精卵的存活率下降。

（2）妊娠中期　妊娠中期（30～85天）是妊娠1个月以后的母猪，当受精卵完全在子宫壁上着床后，就会很少出现流产或死胎现象。在妊娠中期，饲养上以调理好母猪体况为主，并按母猪膘情以每周为周期进行分圈饲养，根据体况适当调整料量，妊娠中期背膘厚度要求达到18毫米。妊娠中期母猪对营养的需求也不高，可以和妊娠前期保持一致（粗蛋白质9.5%～13.5%、净能2 435千焦/千克），日采食量2千克为宜，适当添加青绿饲草，以改善母猪采食量和泌乳期失重。当妊娠70天时，乳腺开始慢慢发育，75～80天时，为乳腺细胞大量增生时期，若这个阶段饲喂能量过高的饲料，则有可能会出现脂肪颗粒填充乳腺现象，抑制乳腺泡的发育，从而影响产后母猪的泌乳性能。

（3）妊娠后期　妊娠后期是指怀孕86天至产前阶段，妊娠后期是胎儿发育与增重最快的时期，该阶段母猪的消化能力较强，而且母猪为了分娩和泌乳必须蓄积体力和能量，因此必须注意增加营养，应逐渐减少青粗饲料量，增加精饲料量。妊娠后期母猪料，粗蛋白质11%～16%，净能水平保持在2 510千焦/千克。在产前2周开始饲喂哺乳母猪料，可使母猪产后立即适应哺乳饲料，粗蛋白质16%～18%，净能水平保持在2 660千焦/千克，以每日饲喂2.5千克为宜，产前12天减至2千克，若个别母猪膘情不好，可根据情况进行饲喂，尽量让其吃饱。若发现有临产症状，要立即停喂饲料，以喂豆饼麸皮汤为主，以确保母猪顺利产仔。

5. 妊娠母猪管理要点

（1）饲喂优质饲料，饮用干净饮水　母猪在妊娠期间，在确保母猪所需蛋白质和能量的情况下，不宜采用以单独饲喂精料或以精料为主的饲喂方式，可适当搭配一些青饲草，以青饲草和精料4∶1为宜。另外，必须饲喂优质饲料，饮用干净的饮水，严禁饲喂含有劣质成分的饲料，并且注意尽量不要更换饲料，如要更换，需有4～5天过渡期，以防止因突然更换饲料导致母猪便秘、腹泻而发生流产等。

（2）避免损伤，创造安静的环境　在母猪妊娠期间，必须及时清扫舍内粪便及其他异物，保持圈舍干燥卫生。由于胎儿生长较快，尽量给母猪创造安静的环境，特别是到了妊娠后期必须单圈饲养，防止相互挤压和打架，要避免地面湿滑，防止母猪因滑倒等造成不必要的机械性损伤，进而引起流产或死胎。

（3）防暑保温　在夏季要注意提前做好防暑降温措施，如搭凉棚、洒水、加强通风等；在寒冷冬季要搞好保温工作，以防止母猪因感冒发烧而引起流产或死胎。

（4）加强妊娠母猪的运动管理　母猪在妊娠期间，特别是妊娠前1个月要恢复体力和膘情，因此，尽量让母猪吃好、睡好。母猪妊娠1个月后每天坚持运动1～2小时，妊娠后期要尽量减少运动量，使其自由活动。

（5）妊娠母猪的防疫保健　对经产母猪，可在仔猪断奶后用猪瘟活疫苗或猪瘟、猪丹毒二联活疫苗4头份，生理盐水或0.2%亚硒酸钠2毫升稀释后肌注；在母猪配种前1个月接种猪细小病毒病灭活疫苗，15天后再接种1次；产前42天时接种猪蓝耳病灭活疫苗；产前35天时接种伪狂犬病疫苗；在产前30天注射猪链球菌活疫苗，注射7天后，可产生免疫力，可持续9个月；在产前28天时接种猪传染性萎缩性鼻炎疫苗；母猪在分娩前21天左右，用仔猪腹泻基因工程K88、K99双价灭活疫苗或仔猪三痢苗进行接种，用生理盐水2毫升稀释后，肌内注射。

（6）驱虫、灭虱　非设施化养猪，猪与地面直接接触，容易感染蛔虫和猪虱。在母猪配种前或在妊娠后期进入产房前10天左右使用伊维菌素注射剂驱虫1次，按每千克体重0.03毫升进行皮下注射。若用伊维菌素粉剂则在产前21天时在每千克饲料中添加0.01克拌料饲喂，连用5～7天。同时，在每吨饲料中添加10%氟苯尼考600～800克或添加80%支原净120克，连用7～10天，可有效降低母猪肠道疾病和呼吸道疾病的发生。

第二节　仔猪科学养殖

一、哺乳仔猪的饲养管理

哺乳仔猪指的是从出生到断奶期间的仔猪，一般哺乳期为1～2个月。由于哺乳仔猪的生长发育很快，加上生理不成熟，如果饲养管理不当，很容易患病，甚至造成死亡。因此，加强哺乳仔猪的饲养管理对仔猪的健康成长十分重要。

（一）哺乳仔猪的生理特点

初生仔猪的消化器官虽然在胚胎期就已经形成，但是其结构和机能都不完善，随着仔猪的生长发育，其器官的发育及机体机能都具有一系列明显的生理特点。

1. 生长发育快

仔猪的实际增重速度取决于个体本身，同窝仔猪中一般个体比较小的体质比个体大的体质差。个体大的仔猪体格健壮，死亡率低，增重速度快。有研究者对 1 350 头初生仔猪的试验分析发现，仔猪的平均体重为 1.24 千克。在第 1 周，个体相对增重为 2.37 千克，增幅大概是 191.12%；到 3 周龄断奶时个体相对增重为 5.52 千克，增幅是之前的 4.45 倍。根据这些数据可以得出仔猪在出生之后生长发育极为迅速，从而导致物质代谢旺盛。所以此阶段应尽量提供动物所需的全价营养，以保证动物的正常生长发育。

2. 体温调节机能不完善

刚出生的仔猪由于皮薄毛稀，皮下脂肪少，再加上体温调节中枢系统发育不完全，所以对低温环境极为敏感，新生仔猪在产后 6 小时最适宜温度为 35℃左右，2 天后降为 32 ～ 34℃，7 天后从 30℃逐渐降至 25℃。仔猪散热快，如果把它们放于低温环境下，会看到它们一窝挤在一堆来取暖，长时间置于低温下，对仔猪有严重的危害性。

3. 消化机能不完善

初生仔猪胃内仅有凝乳酶，胃底腺不发达。刚出生的仔猪胃重只有 5 克左右，且胃内缺乏胃蛋白酶、胃酸，因此不能有效消化吸收蛋白质，受初生仔猪消化机能欠缺影响，构成了仔猪对饲料质量、形状、饲喂方法和次数等饲养的特殊需求，在给仔猪饲喂时应选择高质量的饲料，少喂勤添。

4. 缺乏先天性免疫

由于猪胎盘特殊构造，母猪血管与胎脐血管被 6 ～ 7 层组织隔开，免疫球蛋白不能通过血液循环进入胎儿体内。因此仔猪出生后很容易生病，应在出生后 3 小时内及时吃到初乳，增加免疫球蛋白，从而提高抗病力。

（二）仔猪的护理

仔猪从出生到断奶要经过 3 个重要阶段，包括初生仔猪、哺乳仔猪和断奶仔猪，要达到理想的培育效果，就应该对不同生长阶段进行特殊处理，以确保其健康生长。

1. 初生仔猪的护理

（1）接生仔猪并使其及时吃上初乳　对刚生下来的仔猪用洁净毛巾擦拭干净猪体上的黄色黏液，即包衣；然后一手托住仔猪并拉直脐带，一手用手术剪在距脐 3 ～ 5 厘米处剪断，并用 5% 碘酊消毒此处以防感染；再张开仔猪的嘴巴，剪掉其两颗虎牙防止仔猪吃乳时咬伤母猪乳房，同时剪掉猪的部分尾巴以防咬尾。仔猪出生后 3 小时内必须吃到初乳，因为仔猪出生时缺乏免疫抗体，而母乳中正含有免疫球蛋白，可以提高抗病力。由于前乳头提供的营养价值高，固定好乳头后，应使弱小仔猪吃中前部乳头，强壮仔猪吃后面的。增强仔猪体质，减少仔猪死亡率。

（2）加强保温防压护理　根据仔猪怕冷的生理特点，仔猪死亡的一个重要原因是冻死和压死。因此在猪舍内应设有护仔栏防止仔猪被压。仔猪适宜的温度是出生后 1～3 日龄 32～34℃，4～7 日龄 28～30℃，15～30 日龄 22～25℃，此后的 3 月龄保持在 22℃。刚出生的仔猪做好断脐、剪牙、断尾工作后应立即放入保育箱中以防冻。

（3）及时补铁　初生仔猪内铁贮藏量为 40～50 毫克，仔猪日需铁量为 7～16 毫克，只能维持 3～7 天，所以仔猪体内缺铁，需要从外界获得，仔猪出生后 3 天内可以肌内注射牲血素 1 毫升或硫酸亚铁制剂 1～2 毫升，防止仔猪出现营养性贫血。

2. 哺乳仔猪的护理

（1）适时去势及防疫注射　凡是不留做种用的仔猪，可在小公猪 20 日龄，小母猪 30～40 日龄时去势。去势后的仔猪不仅生长得快，而且肉质好。去势应选择在暖和的天气下进行，去势后用碘酊消毒刀割部位，防止细菌感染。在仔猪 30 日龄左右进行猪瘟、猪丹毒、猪肺病、仔猪副伤寒等疾病疫苗的预防注射，防止传染疾病。

（2）及时补水　从仔猪 3～5 日龄起，在补饲间设饮水槽，应用低矮水槽，或流动自来水，最好使用自来水，保证仔猪能喝到清洁的饮水，否则易引起仔猪口渴时喝粪尿水导致腹泻。

（3）及时诱食（教槽）补料　仔猪出生后生长发育较快，若营养不足，直接影响仔猪生长发育。所以应尽早教槽吃料，要求从 5～7 日龄开始诱食补料。仔猪出生 5～7 天，母猪放奶时，在乳头上抹上一些饲料，让仔猪吃奶时舔舐。仔猪出生 7 天之后，放置料槽，并在料槽内放少许教槽料；料槽颜色鲜艳；避开排粪、排尿、玩耍地方；最好在离保温箱出口不远处；固定位置，及时清洗；逐级加量，少量勤添，每天不少于 6 次。

二、断奶仔猪的饲养管理

（一）适时断奶，母仔同时转群

根据仔猪断奶重、母猪膘情、补料教槽、栏舍周转、疾病压力、天气等情况适时断奶。有研究表明，仔猪断奶重 6.5 千克以上能获得较好的生产成绩；产房病原压力大，而洗消后的保育舍病原压力相对要小，母猪、仔猪同时转栏有利于栏舍的充分利用和生产计划的执行，也可以减少仔猪应激次数。

（二）选择合理断奶方法

1. 一次断奶法

一次断奶法是在小猪达到预定断奶日期时，断然将母猪和小猪分开。这种方法简单易行，但由于突然改变小猪的生活环境和饲料类型，常引起小猪的精神不安，消化不良，而且易使母猪乳头胀痛，发生乳房炎。

2. 分批断奶法

分批断奶法是按小猪的发育和采食补料的情况，将一窝内的小猪分几批断奶。体重大、发育良好、吃料正常的先断，体重小、发育迟缓、有病和食料差的后断。这种方法，可照顾不同的小猪，但时间拖得长，对仔猪的管理较为困难。

3. 逐渐断奶法

逐渐断奶法是在预定的断奶前 4～5 天起，通过将小猪与母猪分开的方法，每天逐渐减少哺乳的次数，最后终止哺乳。这种方法的工作，虽然较为烦琐，但可以让母猪和小猪对断奶有一个适应的过程。

以上几种方法，在不同的猪场，可按具体情况灵活采用或结合采用。如在大型集约化猪场，生产安排紧凑，饲养员工作量大，往往采用一次断奶法。但采用这种方法时，一些弱小的小猪，在断奶后往往生长不良，容易发病和死亡。断奶时体重小于 5 千克的猪尤其如此。为了照顾弱小的小猪，在断奶时可以把这些小猪集中起来，由一头泌乳和母性良好的母猪再哺育一段时间，这样既可以使工作易做，又可以使弱小的猪不受很大的影响，也不会拖长大部分母猪的哺乳期。

（三）降低断奶应激，正确饲喂

①断奶仔猪体重大于 5 千克，离乳时间允许超过 3 天，每窝中体重较大者先行离乳。

②保育舍要彻底清洗、消毒（包括饮水系统）、干燥、空栏一周；圈舍环境温度要保持在 24～28℃，断奶后第一周为 28℃，断奶后第二周为 26℃，断奶后第三周为 24℃，防贼风。饮水添加抗应激药物，如维生素 C 等，连

续添加 1 ～ 5 天；5 天后采食量正常，饲料中添加 20% 替米考星 2 千克 / 吨，连续添加 7 ～ 10 天。

③断奶仔猪依体重大小分栏饲养，每栏头数少于 30 头。有问题的猪只隔离治疗、饲养。

④正确饲喂。刚断奶的仔猪仍需用乳猪料喂 1 周左右，但不可让它们吃得过饱，对仔猪要进行控料，限制饲喂，每次饲喂量不宜过多，以七八分饱为宜，使仔猪有饥有饱，这样既可增强消化能力，又能保持旺盛的食欲，并能有效地预防水肿病、下痢等腹泻性疾病的发生。然后用乳猪料与仔猪料混合饲喂，逐渐减少乳猪料比例，10 ～ 14 天可全部换用仔猪料，之后自由采食。

⑤每 4 ～ 5 头仔猪提供槽孔一个，每 20 ～ 25 头仔猪提供饮水器一个。

⑥断奶时最好先将母猪赶出分娩舍 2 ～ 3 天，再将仔猪转入育成舍，即"赶母留仔"。

（四）调教管理

刚并窝的断奶仔猪吃食、卧位、饮水、排泄区尚未形成固定位置，是调教的最好时机。调教成败的关键是要在猪群进入新圈时立刻开始调教，猪入圈前先把猪栏打扫干净，将猪卧睡处铺上垫草，饲槽内投入饲料，水槽内装入清洁的饮水，并在指定排便处堆少量粪便，泼点水，然后把猪赶入圈内。大多数保育仔猪会自行到指定地点排便，对少数违反规则的仔猪进行调教，当不在指定地点排便时应立即清除；在夜间定时驱赶仔猪进行排便，经过 3 ～ 5 天调教，猪就会养成定点采食、卧睡、排便的习惯。

（五）加强巡察

在仔猪断奶 7 天内、喂料前后以及晚上加强巡栏，发现异常，及时处置。

第三节 肉猪科学育肥

肉猪是指 25 ～ 90 千克这一阶段的育肥猪。肉猪生长发育主要表现在：体重增长的变化、体组织的变化和体化学成分的变化。

一、肉猪育肥

（一）圈舍及环境的消毒

为保证猪只健康，防止发生疾病，在进猪之前必须对猪舍、圈栏、用具等进行彻底消毒。要彻底清扫猪舍走道，猪栏内的粪便、垫草等污物，用水洗刷干净后再进行消毒。猪栏、走道、墙壁可用 2% ～ 3% 的苛性钠（烧碱）水溶液喷洒消毒，隔 1 天后再用清水冲洗、晾干。墙壁也可用 20% 的石灰水粉刷。应提前消毒饲槽、饲喂用具，消毒后洗刷干净备用。平时使用对猪只安全的消毒液进行带猪消毒。

（二）肉猪的饲养管理

1. 适宜的饲养方式

（1）吊架子肥育　又称阶段肥育方式，其要点是将整个肥育期分为三个阶段，采取"两头精、中间粗"的饲养方式，把有限的精料集中在小猪和催肥阶段使用。小猪阶段喂给较多精料；中猪阶段喂给较多的青粗饲料，养期长达 6 个月左右；大猪阶段，通常在出栏屠宰前 2 ～ 3 个月集中使用精料，特别是碳水化合物饲料，进行短期催肥。这种饲养方式与农户自给自足的经济相适应。

（2）直线肥育方式　就是根据育肥猪生长发育的需要，在整个肥育期充分满足猪只对各种营养物质的需要，并提供适宜的环境条件、充分发挥其生长潜力，以获得较高的增重速度及优良的胴体品质，提高饲料利用率，在目前的商品生长育肥猪生产中被广泛采用。

（3）前高后低式肥育方式　在育肥猪生长前期采用高能量、高蛋白质饲粮，任猪自由采食以保证肌肉的充分生长。后期适当降低饲粮能量和蛋白质水平，限制猪只每日进食的能量总量。这样既不会严重降低增重，又能减少脂肪的沉积，得到较瘦的胴体。后期限饲方法：一是限制饲料的供给量，按自由采食量的 80% ～ 85% 给料；二是仍让猪只自由采食，但降低饲粮能量浓度（不能低于 11 兆焦 / 千克）。

2. 生长育肥猪的管理

（1）合理组群　生长育肥猪一般都是群养，合理组群十分重要。按杂交组合、性别、体重大小和强弱组群可使猪只发育整齐，充分发挥各自的生产潜力，达到同期出栏。

（2）群体大小与饲养密度　肥育猪最适宜的群体大小为每圈4～5头，但这样会降低圈舍及设备利用率，增加饲养成本。生产实践中，在温度适宜、通风良好的情况下，每圈以10头左右为宜。饲养密度按每只猪至少1米²的面积来确定。

（3）调教　根据猪的生物学习性和行为学特点进行引导与训练，使猪只养成在固定地点排粪、躺卧、吃料的习惯，既有利于其生长发育和健康，也便于日常管理。

（4）温湿度　育肥舍的最适室温为18℃，在适温区内，猪增重快，饲料利用率高。舍内温度过低，猪只生长缓慢，饲料利用率下降。温度过高导致食欲降低、采食量下降，影响增重，若再加通风不良、饮水不足，还会引起猪只中暑死亡。湿度对猪的影响远远小于温度，空气相对湿度以60%～75%为宜。

（5）舒适的环境　猪舍设计不合理或管理不善，通风换气不良，饲养密度过大，卫生状况不好，会造成舍内空气潮湿、污浊，充满大量氨气、硫化氢和二氧化碳等有害气体，从而降低猪的食欲、影响猪的增重和饲料利用率，还可引起猪的眼、呼吸系统和消化系统疾病。因此，除在猪舍建筑时要考虑猪舍通风换气的需要，设置必要的换气通道，安装必要的通风换气设备外，还要经常打扫猪栏，保持圈舍清洁，减少污浊气体及水汽的产生，以保证舍内空气的清新。

（6）光照　生长育肥猪舍的光照只要不影响操作和猪的采食就可以了。

二、适时屠宰

生长育肥猪的适宜屠宰活重的确定要结合日增重、饲料转化率、每千克活重的售价、生产成本等因素进行综合分析。由于我国猪种类型和经济杂交组合较多、各地区饲养条件差别较大，生长育肥猪的适宜屠宰活重也有较大不同。根据各地区的研究成果，地方猪种中早熟、矮小的猪及其杂种猪适宜屠宰活重为70～75千克，其他地方猪种及其杂种猪的适宜屠宰活重为75～85千克；我国培育猪种和以我国地方猪种为母本、国外瘦肉型品种猪为父本的二元杂种猪。适宜屠宰活重为85～90千克；以两个瘦肉型品种猪为父本的三元杂种猪，适宰活重为90～100千克；以培育品种猪为母本，两个瘦肉型品种猪为父本的三元杂种猪和瘦肉型品种猪同的杂种后代，适宰活重为100～115千克。

第四节　猪常见疫病防治

一、常见病毒病

（一）非洲猪瘟

非洲猪瘟是由非洲猪瘟病毒引起的家猪、野猪的一种急性、热性、高度接触性动物传染病，所有品种和年龄的猪均可感染，发病率和死亡率最高可达100%，且目前全世界没有有效的疫苗。

1. 诊断要点

（1）流行特征　非洲猪瘟感染猪、发病猪、耐过猪及猪肉产品和相关病毒污染物品等都是该病的传染源，感染病毒的钝缘软蜱也是传染源之一。 流行病学调查表明，我国非洲猪瘟的主要传播途径是：污染的车辆与人员机械性带毒进入养殖场户、使用餐厨废弃物喂猪、感染的生猪及其产品调运。

（2）临床症状　非洲猪瘟的潜伏期5～9天，病猪最初4天之内体温上升至40.5℃，呈稽留热，无其他症状，但在发烧期食欲如常，精神良好。到死亡前48小时，体温下降，停止吃食。身体虚弱，伏卧一角或呆立，不愿行动，脉搏加速，强迫行走时困难，特别是后肢虚弱，甚至麻痹。有些病猪咳嗽，呼吸困难，结膜发炎，有脓性分泌物。有的下痢或呕吐、鼻镜干燥。四肢下端发绀，白细胞总数下降，淋巴细胞减少。一般病猪在发烧后，约7日死亡。可见，非洲猪瘟通常是先出现体温升高，后出现其他症状，而猪瘟则随体温升高，几乎同时出现其他症状，可作为二者鉴别诊断的一个指标。

血液的变化很类似猪瘟，以白细胞减少为特征，约半数以上病猪比正常白细胞数减少50%。这种白细胞减少，是由广泛存在于淋巴组织中的淋巴细胞坏死，导致血液中淋巴细胞显著减少。白细胞减少时，正值体温开始上升，发热4天后，约减少40%。此外，还发现未成熟的中性粒细胞增多，嗜酸、嗜碱性粒细胞等无变化，红细胞、血红素及血沉等未见异常。

病猪一般常在发热后7天，出现症状后1～2天死亡。死亡率接近100%。

病猪自然康复的极少。极少数病例转为慢性经过，多为幼龄病猪，呈间歇热型，并有发育不全、关节障碍、失明、角膜混浊等后遗症。

非洲猪瘟有多种表现形式，从特急性、急性、亚急性到慢性和无明显症状，最常见的是急性发病形式。接种过猪瘟疫苗的猪群突然出现无症状死亡异常增多，或不同程度地出现以下一种或几种临床症状时可怀疑为非洲猪瘟：大量生猪出现步态僵直；食欲不振、呼吸困难；口腔或鼻腔出现血液泡沫；腹泻或便秘，粪便带血；关节肿胀；耳、腹部或后肢出现斑点状或片状瘀血或出血；局部皮肤溃疡、坏死；妊娠母猪在孕期各阶段发生流产等。

2. 防制措施

目前，非洲猪瘟防控没有批准的疫苗。主要依靠猪场环境控制、猪群健康管理、饲料营养、饲养管理、卫生防疫、消毒、无害化处理等方面的生物安全措施，清除病原、减少传染概率。对发生可疑和疑似疫情的相关场点，所在地县级人民政府农业农村（畜牧兽医）主管部门和乡镇人民政府应立即组织采取隔离观察、采样检测、流行病学调查、限制易感动物及相关物品进出、环境消毒等措施。必要时可采取封锁、扑杀等措施。

疫点、疫区和受威胁区的划定及疫情处置按照《非洲猪瘟疫情应急实施方案（第五版）》的规定实施。

落实常态化防控措施。加强临床巡视，每日巡栏，监测猪群临床症状和体温变化，一旦发现猪只出现嗜睡、轻触不起、采食量减少、拱料不食、发热、皮肤发红、关节肿胀／坏死、咳喘、腹式呼吸，育肥猪死淘率增高，母猪流产或出现死胎／木乃伊胎等可疑临床表现时，第一时间采样检测。定期开展场外环境采样检测，每周对猪群进行病原和抗体监测。加强人员管控，人员在入场3天前不去农贸市场、屠宰厂（场）、无害化处理厂及动物产品交易市场等高风险场所，入场前要严格经过淋浴、更衣等程序。外来车辆原则上不得进场，应在猪场外一定距离的位置完成作业；确需进入的，须彻底清洗、消毒、烘干，并对车辆所经道路进行彻底消毒。严格进场物资管控，分类采用熏蒸、消毒剂浸泡、烘干等方法进行消毒。

（二）猪瘟

猪瘟是由黄病毒科瘟病毒属的猪瘟病毒引起猪的一种急性、发热、接触性传染病。

1. 诊断要点

（1）流行特征 当前，我国猪群感染猪瘟主要表现为非典型性。种猪的持续性感染和仔猪的先天性感染比较普遍，这种类型的感染通常是隐性感染。

持续性感染可以造成妊娠母猪带毒综合征，引起妊娠母猪流产、产死胎和弱仔等，导致母猪出现繁殖障碍。妊娠期间胎儿通过胎盘感染病毒导致先天感染，胎儿出生后表现体弱、死亡，或震颤等临床症状，有的呈现免疫耐受而无临床症状，对以后注射的疫苗不产生免疫应答，但当环境条件改变时发生猪瘟，不发病的仔猪也可以向外界排毒成为传染源。这也是导致免疫失败的主要原因之一。

由于猪瘟病毒的持续性感染，仔猪先天免疫耐受，对疫苗的免疫应答低下，造成与猪肺疫、猪繁殖与呼吸综合征等疫病混合感染，以及并发猪链球菌病、仔猪副伤寒等病例增多。

（2）临床症状

①最急性型。突然发病，高热稽留（41～42℃），无明显症状，很快死亡。剖检常缺乏明显病变，一般仅见浆膜、黏膜和内脏有少数出血点。

②急性型。体温升高达 40.5～42℃，稽留热，精神沉郁、嗜睡、怕冷；有脓性结膜炎（眼流脓性分泌物）；病初便秘，粪便干燥呈小球状，后腹泻；病猪耳后、腹部、四肢内侧等毛稀皮薄处，出现大小不等的红点或红斑，指压不褪色；公猪包皮积有尿液，挤压时有恶臭混浊液体流出。小猪有神经症状。剖检可见皮肤或皮下有出血点，全身浆膜、黏膜，尤其是喉头黏膜、会厌软骨、膀胱黏膜、胆囊、心外膜、肺及肠等有大小不等、多少不一的出血点或出血斑；淋巴结肿大、出血，呈暗红色，切面呈大理石样花纹；肾不肿大，呈土黄色，有针尖大小的出血点，切面肾皮质、肾盂、肾乳头也有出血点；脾不肿大，边缘有突出于表面的黑褐色的出血性梗死灶；扁桃体出血、坏死。

③慢性型。体温时高时低，食欲时好时坏，便秘与腹泻交替发生；病猪消瘦、贫血、全身衰弱，行走不稳或不能站立；有的病猪耳尖、尾端或四肢下部呈蓝紫色或坏死。剖检可见盲肠、结肠、回盲口处黏膜上形成纽扣状溃疡，或互相融合呈较大的溃疡坏死灶。

④温和型。临床症状轻微、不典型，病情缓和，病程长，发病率和病死率都低，死亡的多为仔猪，成年猪或架子猪一般能耐过，常见于免疫接种不及时的猪群，以断奶后的仔猪及小猪多发。剖检病变不典型。

⑤繁殖障碍型。妊娠母猪感染后，不表现任何症状，但病毒可通过胎盘感染胎儿，引起流产、早产、木乃伊胎、死胎、畸形胎，或产出弱仔或外表健康的感染仔猪（多在生后 15～20 天发病、死亡）。出生后不久死亡的仔猪，皮肤和内脏器官（尤其是肾脏）有出血点。

2. 防制措施

（1）做好疫苗免疫防控　选用高质量的猪瘟疫苗，制订科学合理的猪瘟免疫程序，加强免疫效果监测评估，掌握猪群的整体免疫状态，提升猪群的整体免疫水平。同时通过监测淘汰疑似先天感染和免疫耐受的仔猪，杜绝可能的传染源。

（2）净化种猪群　种猪（主要是繁殖母猪）的持续性感染是仔猪发生猪瘟的最主要因素，通过监测种猪群的感染和免疫状态，坚决淘汰感染种猪是有效控制仔猪感染猪瘟的关键措施。由于监测抗体比监测抗原容易，加上持续感染的母猪在疫苗免疫后抗体水平上升不明显，所以通过抗体监测，可以淘汰无抗体反应或抗体水平低的种猪，从而达到净化种猪群的目的。

（3）提升猪场生物安全水平　在整个养猪生产系统和生产过程中执行有效的生物安全管理措施，逐步改善生猪养殖场生态环境，提高猪场的生物安全水平，切断猪瘟病毒在养殖场内外传播的可能，逐步建立起猪瘟阴性猪群。

（三）口蹄疫

口蹄疫是由口蹄疫病毒所引起偶蹄动物发生急性、热性、高度接触性的传染病。病猪以蹄部水疱为主要特征。

1. 诊断要点

（1）流行特征　病猪、带毒猪以及带毒的其他动物均可为传染源，易感猪可经呼吸道、消化道以及损伤的黏膜和皮肤而感染。野生动物、鸟类、啮齿类、犬、猫、吸血昆虫等也可传播口蹄疫，人员与污染的空气及车辆、用具、饲料、饮水等是传播口蹄疫的重要媒介。

口蹄疫在冬季及早春寒冷、气温多变的季节发病多见。此外猪群流动大、饲养集中、密度过大等各种应激因素，霉菌毒素及其他疾病的存在，都可降低猪只的非特异性免疫力，成为诱发口蹄疫发生和流行的因素。

（2）临床症状　以蹄部发生水疱和糜烂为特征。病初体温升高达40～41℃，精神不振、减食。继而在蹄冠、蹄叉、蹄踵发红、形成水疱和溃烂，有继发感染时，蹄壳可能脱落，病肢不能着地，病猪不愿行走，常卧地不起；有的在鼻盘、口腔、齿龈、舌、乳房也可见到水疱和烂斑。仔猪可因心肌炎和急性肠炎死亡，大猪多呈良性经过。

2. 防制措施

（1）做好疫苗免疫　选用高质量的口蹄疫疫苗，制订科学合理的免疫程序，加强免疫效果监测评估，掌握猪群的整体免疫状态，提升猪群的整体免疫水平。

（2）加强生物安全管理　在整个养猪生产系统和生产过程中执行有效的生物安全管理措施，使得生猪养殖场生态环境逐步改善。进行科学的饲养管理，定期灭鼠和杀虫，减少猪群的诱发因素和应激反应，切断口蹄疫病毒在养殖场内外传播。

（四）猪繁殖与呼吸综合征

猪繁殖与呼吸综合征是由猪繁殖与呼吸综合征病毒引起，以母猪繁殖障碍、早产、流产、死胎、木乃伊胎及仔猪呼吸道疾病为特征的高度接触性传染病。

1. 诊断要点

（1）流行特征　临床上以母猪繁殖障碍和仔猪、育肥猪与成年猪呼吸道症状为特征，常继发细菌感染。不同年龄和品种的猪均可感染，以妊娠母猪和1月龄以内的仔猪最易感。病猪和带毒猪是该病主要的传染源。易感猪可经呼吸道（口）、消化道（鼻腔）、生殖道（配种、人工授精）伤口（注射）等多种途径感染病毒。病毒可经胎盘垂直传播，造成胎儿感染。猪感染病毒后2～14周均可通过接触将病毒传播给其他易感猪。易感猪也能通过直接接触污染的运输工具、器械、物资、饲料等感染。

猪场有多个毒株流行，既有基因1型即欧洲型毒株，又有基因2型即美洲型毒株，以美洲型毒株为主。当前最主要的流行毒株为类NADC30毒株，市场使用的疫苗对类NADC30感染不能提供完全保护。有的猪场存在多种谱系毒株混合感染的情况，增加防控难度。

（2）临床症状　当前猪群中流行的猪繁殖与呼吸综合征病毒毒株的致病性均不强，属中等或低致病性毒株。感染猪场以母猪流产等繁殖障碍为主，哺乳仔猪、保育猪和生长育肥猪以呼吸道疾病为主。

病猪体温升高，食欲减少，精神不振，少数病猪耳部发绀，呈蓝紫色，故称"蓝耳病"，妊娠母猪可见大批流产或早产，产死胎、木乃伊胎、弱仔，死产率可达80%～100%；仔猪出生后发生呼吸困难，体温升高，全身症状明显，病死率可达80%～100%；成年公猪和青年猪发病后也可出现全身症状，但较轻。

2. 防制措施

（1）强化引种控制　积极推进自繁自养、全进全出的饲养方式。如需引进猪只、精液，必须坚持引自阴性的猪场。引进种猪要先隔离、观察，并进行病毒检测，确定核酸检测阴性后再并群饲养。

（2）做好场内生物安全　做好猪舍卫生、维护猪场环境清洁、定期进行带猪消毒，杜绝饲养员串舍，场内净道与污道分开，灭蚊、蝇、鼠等。

（3）科学合理地进行疫苗免疫　在猪蓝耳病流行猪场或猪蓝耳病阳性不稳定场，可以根据本场流行毒株进行匹配猪蓝耳病弱毒活疫苗的使用；在蓝耳病阳性稳定场应逐渐减少猪蓝耳病弱毒活疫苗的使用，甚至停止使用弱毒活疫苗；在蓝耳病阴性场、原种猪场和种公猪站，停止使用弱毒活疫苗。

（五）猪伪狂犬病

猪伪狂犬病是由伪狂犬病病毒引起猪的一种高度接触性传染病。该病不仅感染猪，犬、猫、牛、羊也可感染发病。

1. 诊断要点

（1）流行特征　不同阶段的猪只在感染伪狂犬病病毒后所出现的临床症状有所不同，其中妊娠母猪和新生仔猪的症状尤为明显。感染母猪表现流产、产死胎、弱仔、木乃伊胎等繁殖障碍症状，青年母猪和空怀母猪常出现返情而屡配不孕或不发情；公猪常出现睾丸肿胀、萎缩、性功能下降、失去种用能力；新生（哺乳）仔猪发病率和死亡率可达100%，表现中枢神经系统症状，断奶仔猪发病率20%～40%，死亡率10%～20%；生长猪、育肥猪表现为呼吸道症状，增重滞缓，发病率高，无并发症时死亡率低；成年猪呈隐性感染。

该病的传染源是带毒的病猪、隐性感染猪、康复猪、野猪、带毒鼠。病猪的飞沫、唾液、粪便、尿液、血液、精液和乳分泌物等均含有病毒。种猪初次感染康复、恢复生产后将终生带毒，在应激、抵抗力下降时，猪只可发病。

近些年，由伪狂犬病病毒变异毒株引发的疫情逐渐平稳，但仍在流行。

（2）临床症状　新生仔猪及4周龄以内仔猪常突然发病，精神委顿，不食、呕吐或腹泻，兴奋不安，步态不稳，运动失调，全身肌肉痉挛或倒地抽搐；有时呈不自主地前冲、后退或转圈运动；随病程进展，出现四肢麻痹，倒地侧卧，头向后仰，四肢划动，病死率很高。

4月龄左右的猪多表现轻微发热，流鼻液，咳嗽，呼吸困难，有的出现腹泻，几天可恢复，也有部分出现神经症状而死亡。

妊娠母猪主要发生流产、产死胎或木乃伊胎。产出的弱仔多在2～3天死亡；流产率可达50%。

成年猪一般呈隐性感染，有时可见发热、咳嗽、鼻腔流出分泌物、精神委顿等。

2. 防制措施

（1）做好灭鼠工作　鼠极易传播伪狂犬病病毒，其个体小，灵活性大，一旦感染伪狂犬病病毒，随着其运动可迅速将病毒向四处传播，因此猪场应采取有效的灭鼠措施，定期开展灭鼠工作。

（2）及时隔离发病猪　及时隔离疑似感染猪只，对圈舍进行彻底消毒，避免更多的猪只感染。有条件的养殖场可对同群猪进行检测。

（3）免疫接种　猪伪狂犬病疫苗有弱毒苗、灭活苗、基因缺失疫苗。应尽量选用一种疫苗，防止多种疫苗混合使用。

（六）猪细小病毒病

猪细小病毒病是由猪细小病毒引起的一种猪繁殖障碍病，该病主要表现为胚胎和胎儿的感染和死亡，特别是初产母猪发生死胎、畸形胎和木乃伊胎，但母猪本身无明显的症状。

1. 诊断要点

（1）流行特征　各品系和年龄的猪均易感。母猪和带毒公猪是主要传染源。后备母猪比经产母猪易感染，病毒能通过胎盘垂直传播，而带毒猪所产的活猪能长时间带毒排毒，有的终身带毒。感染种公猪也是该病最危险的传染源，可在公猪的精液、精索、附睾、性腺中分离到病毒，种公猪通过配种传染给易感母猪，并使该病传播扩散。

当前猪群猪细小病毒病感染率高，基因型复杂多样。该病与猪圆环病毒2型混合感染在猪群中常见。

（2）临床症状　同一时期内有多头母猪（特别是初产母猪）发生久配不孕、流产、产死胎、畸形胎、木乃伊胎及弱仔猪，而母猪本身没有明显临床症状。

2. 防制措施

（1）把好引种关　引种前了解引进猪群是否有猪细小病毒感染，怀孕母猪是否有繁殖障碍临床表现，母猪群是否做过疫苗免疫接种等情况。

（2）做好疫苗免疫接种　疫苗免疫是预防猪细小病毒病、提高母猪抗病力和繁殖率的有效方法，选择合适的疫苗对母猪进行免疫接种。

（3）做好隔离和消毒　猪只饲养过程中，发现母猪产木乃伊胎或者死胎，立即进行紧急隔离，安排专门的饲养员管理带毒的母猪、仔猪等，同时使用专门的饲养用具等，并与健康猪只使用的器具彻底分开，防止发生交叉感染。另外，还要对猪舍进行全面彻底的清洗和消毒。对病死猪与产出的死胎、病猪排出的粪便、采食的饲料以及其他污物等必须采取无害化处理。

（七）猪圆环病毒病

猪圆环病毒是一种无囊膜的单股环状 DNA 病毒，根据抗原性和基因型的不同，可分为猪圆环病毒 1 型、猪圆环病毒 2 型和猪圆环病毒 3 型。其中猪圆环病毒 1 型普遍认为无致病性，而猪圆环病毒 2 型和猪圆环病毒 3 型可造成断奶仔猪多系统衰竭综合征、猪皮炎与肾病综合征、断奶猪和育肥猪的呼吸道病综合征、仔猪的先天性震颤等，还能引发免疫抑制，诱发其他疫病发生。

1. 诊断要点

（1）流行特征　猪圆环病毒 2 型在自然界广泛存在，各日龄猪都可感染，但并不都能表现出临床症状，其临床危害主要表现在猪群生产性能下降。病猪和带毒猪是主要的传染源。该病可在猪群中水平传播，也可通过胎盘垂直传播。

猪断奶后多系统衰竭综合征主要发生在哺乳期和保育期的仔猪，尤其是 5 ～ 12 周龄的仔猪，急性发病猪群的病死率可达 10%，因并发或继发其他细菌或病毒感染而导致死亡率上升。猪皮炎与肾病综合征主要发生于保育和生长育肥猪，呈散发，发病率和死亡率均低。繁殖障碍主要发生于妊娠母猪。

我国猪群中猪圆环病毒 2 型感染呈常见性，临床上单独感染猪圆环病毒 2 型的猪场较少见，通常与猪繁殖与呼吸综合征病毒、猪细小病毒等混合感染。

（2）临床症状

①断奶仔猪多系统衰弱综合征。多发于 5 ～ 16 周龄的猪，主要表现被毛粗糙，皮肤苍白，发育迟缓，体重减轻，进行性消瘦，呼吸过速或呼吸困难，嗜睡，有时腹泻、黄疸、咳嗽以及中枢神经系统紊乱，体表淋巴结，特别是腹股沟淋巴结肿大，常突然死亡。

②猪皮炎与肾炎综合征。多发于 12 ～ 14 周龄的猪；病猪皮肤，尤其是后躯、后肢和腹部等皮肤出现圆形或不规则隆起、周边呈红色或紫色、中央黑色病灶；轻者体温正常，常自行康复，严重者表现跛行、发热、厌食和体重减轻等症状。

③新生仔猪先天性震颤。震颤由轻微到严重不等，震颤是两侧性的，仔

猪躺卧或睡眠时颤抖减轻或停止，外部刺激如突然声响或寒冷等能引发或增强颤抖，严重颤抖的仔猪常在出生后 1 周内因吃不到乳而饥饿致死，耐过 1 周的乳猪能存活，3 周龄时康复。

2. 防制措施

（1）做好猪群的基础免疫　做好猪场猪瘟、猪伪狂犬病、猪细小病毒病等疫苗的免疫接种，提高猪群整体的免疫水平，可减少呼吸道疫病的继发感染。

（2）采取综合性防治措施　加强饲养管理，降低饲养密度，实行严格的全进全出制和混群制度，避免不同日龄猪混群饲养；减少环境应激因素，控制并发和继发感染，保证猪群具有稳定的免疫状态；加强猪场内部和外部的生物安全措施，引入猪只应来自清洁猪场。

（八）仔猪病毒性腹泻

猪流行性腹泻病毒、猪传染性胃肠炎病毒、轮状病毒及猪丁型冠状病毒等均可引起仔猪腹泻。临床上四种病毒之间的混合感染情况较为严重，是导致猪场腹泻难以控制的主要原因。

1. 诊断要点

猪流行性腹泻是由猪流行性腹泻病毒引起的一种接触性肠道传染病，临床上以呕吐、水样腹泻、脱水为主要特征。各种年龄的猪均易感染，主要侵害 2～3 日龄的新生仔猪，发病率与病死率可高达 100%。病猪及隐形带毒猪是主要的传染源。因病猪的粪便中含有大量的病毒粒子，污染的饲料、饮水、环境、运输车辆等是该病的主要传染源。消化道传播是该病的主要感染途径。猪流行性腹泻病毒可单独感染，也可同猪传染性胃肠炎病毒、轮状病毒和猪丁型冠状病毒引起二重或三重混合感染。

猪传染性胃肠炎是由传染性胃肠炎病毒引起的高度接触性传染病。临床上以严重腹泻、呕吐和脱水为主要特征。10 日龄内仔猪的发病率和死亡率最高，幼龄仔猪死亡率可达 100%。5 周龄以上仔猪死亡率较低，随着年龄的增长其症状和死亡率都逐渐降低，成年猪几乎没有死亡。病猪和带毒猪是该病重要的传染源，其排泄物、乳汁、呕吐物、呼出的气体等能够携带病毒，通过消化道和呼吸道传播给易感仔猪。猪传染性胃肠炎有明显的季节性，一般发生在 12 月至翌年的 4 月。

轮状病毒感染是由轮状病毒引起仔猪多发的一种急性肠道传染病。临床上以发病猪精神委顿、厌食、呕吐、腹泻和脱水为主要特征。各种年龄的猪均可感染，但仔猪多发。8 周龄以内仔猪易感，感染率可高达 90% ～ 100%。病猪排出粪便污染的饲料、饮水和各种用具是该病主要的传染源。

猪丁型冠状病毒是一种新出现的可致仔猪腹泻的病毒，我国猪场的阳性率达到 18% ～ 20%。

2. 防制措施

（1）采取综合性防治措施　坚持自繁自养、全进全出的生产管理方式。加强猪群的饲养管理水平，提高猪只抵抗力。注意仔猪的防寒保暖，把好仔猪初乳关，增强母猪和仔猪的抵抗力。一旦发病，应将发病猪立即隔离到清洁、干燥和温暖的猪舍中，加强护理，及时清除粪便和污染物，防止病原传播。因病猪抵抗力下降、畏寒，要加强对病猪的保温工作。提高小猪出生一周内保温箱温度。加强场区道路和猪舍内外环境的卫生消毒。保持猪舍温暖清洁和干燥，猪舍空气清新，确保饲料质量，不使用霉变饲料。

（2）做好疫苗免疫　选择高质量的疫苗，制定科学合理的免疫程序，尤其是做好母猪群的免疫接种工作，提升母猪群的母源抗体水平。

（九）猪日本脑炎

日本脑炎（又称流行性乙型脑炎、乙型脑炎）是由流行性乙型脑炎病毒引起的一种中枢神经系统的急性、多种动物共患的自然疫源性传染病，人也可感染。蚊虫为传播媒介，猪以流产、死胎和睾丸炎为特征。农业农村部将其列为二类动物疫病。

1. 诊断要点

（1）流行特征　多发生于 7—9 月蚊虫滋生繁殖和活动季节。猪群中的流行特征为感染率高，发病率低，一般为隐性感染，绝大多数在病愈后不再复发，成为带毒猪。

猪是日本脑炎病毒的增殖宿主和传染源，主要通过蚊虫（库蚊、伊蚊、按蚊等）叮咬传播，其中最主要的是三带喙库蚊，病毒通过蚊→猪→蚊循环，使日本脑炎病毒不断扩散。猪还可经胎盘垂直传播给胎儿。

猪不分品种和性别均易感染，其中幼猪易感性最高。

（2）临床症状　猪常突然发病，体温升高达 40 ～ 41℃，稽留热，精神委顿，食欲减少或废绝，粪干呈球状，表面附着灰色黏液；有的猪后肢呈轻度麻痹，步态不稳，关节肿大、跛行，有的病猪视力障碍，最后麻痹死亡。妊娠母猪多在妊娠后期突然发生流产，产出死胎、木乃伊和弱胎，弱胎产出后表现震颤、抽搐、癫痫等症状，同胎也见正常胎儿，发育良好；母猪流产后症状很快减轻，不影响下一次配种。公猪除有一般症状外，常发生一侧或两侧睾丸急性肿大，触之热痛，3～5天肿胀消退，多数睾丸变小变硬，失去配种繁殖能力。

2. 防制措施

在日本脑炎流行季节前1～2个月对猪群接种乙脑弱毒疫苗。加强动物的饲养管理，提高动物抵抗力，定期做好环境消毒、灭蚊、防蚊工作，减少疫病发生。

发生日本脑炎疫病时，采取严格控制、扑灭措施，防止疫病扩散。患病动物予以扑杀并进行无害化处理。死猪、流产胎儿、胎衣、羊水等均需无害化处理。污染场所及用具应彻底消毒。

二、常见细菌病

（一）猪链球菌病

1. 诊断要点

（1）流行特点　由链球菌引起。急性败血型主要发生于哺乳仔猪，架子猪次之，成年猪更少；淋巴结化脓主要发生于架子猪，传播缓慢，发病率低。

（2）临床症状　急性败血型突然发病，体温升高达41～43℃，不食；结膜潮红、流泪、流鼻液，便秘；有的病猪在耳尖、四肢下端、腹下呈紫红色或出血性红斑，后期呼吸困难。剖检可见鼻、喉头、气管黏膜充血、出血、有大量泡沫，肺充血、肿胀；全身淋巴结肿大、出血；心包积液，心内膜出血；脾、肾肿大、出血；胃肠黏膜充血、出血；关节囊内有胶样液体或纤维素脓性物。

脑膜炎型多见于哺乳和断奶仔猪，除全身症状外，主要表现神经症状，四肢共济失调、转圈、磨牙、仰卧、后肢麻痹、爬行、侧卧时四肢作游泳状，有的病猪出现关节炎。剖检可见脑膜充血、出血，脑脊髓液增多、混浊，脑脊髓白质和灰质有小点出血；心包、胸腔、腹腔有纤维素性炎症变化；淋巴结肿大、出血。

关节炎型见一肢或几肢关节肿胀、疼痛、跛行，重者不能站立；精神和食欲时好时坏。

淋巴结脓肿型多见于下颌淋巴结。有时见于咽部和颈部淋巴结；淋巴结肿胀，有热痛，破溃后流脓，一般不引起死亡。

2. 防治措施

（1）早期使用大剂量抗生素或磺胺类药物治疗　青霉素每千克体重2万～5万单位，或庆大霉素每千克体重10～15毫克，肌内注射，2次/天，也可用土霉素、四环素或磺胺类药物等。

对淋巴结化脓性病例，若脓肿成熟后，切开脓肿，排出脓汁，局部按外科方法处理，如用3%双氧水或0.1%高锰酸钾冲洗后，涂以碘酊。

（2）免疫接种　消除外伤引起感染的因素；做好猪舍、环境、用具的消毒卫生工作。必要时，可用猪链球菌氢氧化铝菌苗免疫接种。

（二）猪肺疫

猪肺疫（猪巴氏杆菌病）是由多杀性巴氏杆菌引起的一种急性传染病。主要依据流行特点、临床症状进行诊断和鉴别诊断，必要时进行实验室检查。

1. 诊断要点

（1）流行特点　由特定血清型的多杀性巴氏杆菌引起。以春初、秋末及气候骤变发生最多，南方多发于潮湿闷热及多雨季节。由于部分猪只呼吸道带菌，所以长途运输、饲养管理不当、卫生极差及环境突变是重要应激因素。我国北方大多为散发或继发性猪肺疫，南方为流行性猪肺疫。

（2）临床症状　最急性型常无明显症状而突然死亡，其典型病例表现体温升高达41～42℃，食欲废绝，咽喉部发热红肿，呼吸困难，结膜发绀，腹侧、耳根和四肢内侧皮肤出现红斑，1～2天死亡。急性型表现体温升高达40～41℃，食欲废绝，咳嗽，气喘，鼻流脓涕，皮肤出现红斑，先便秘后腹泻。慢性型表现持续性咳嗽，呼吸困难，食欲不振，体温时高时低，腹泻，消瘦。

剖检时，最急性型可见咽喉部及周围组织有出血性胶样浸润，全身淋巴结肿大、出血，肺水肿；急性型可见肺脏呈不同程度肝样变，外观呈大理石样花纹，支气管和气管内有多量泡沫状液体，胸腔和心包积液，含有大量纤维性渗出物，胸膜与肺粘连；慢性型可见肺有多处坏死灶，肺与胸膜、心包粘连。

采取心血、渗出液和各实质脏器，涂片，亚甲蓝染色，镜检，可见两极浓染的卵圆形杆菌。

2. 防治措施

（1）病猪在隔离条件下，用抗生素、磺胺类药物和喹诺酮类药物治疗氨苄青霉素每千克体重10～20毫克，或链霉素每千克体重10～15毫克，肌内注射，2次／天，直到体温下降，食欲恢复。10%～20%磺胺二甲嘧啶钠注射液10～30毫升，肌内或静脉注射，2次／天，连用3～5天。环丙沙星或恩诺沙星每千克体重2.5毫克，肌内注射，2次／天，连用3天。氟苯尼考每千克体重20毫克，1次／天，连用3天。

（2）每年春秋两季定期进行预防接种　使用的疫苗有猪肺疫氢氧化铝甲醛菌苗，断奶后的大小猪一律皮下注射5毫升，注射后14天产生免疫力，免疫期为6个月；口服猪肺疫弱毒冻干菌苗，按瓶签说明的头份，用冷开水稀释后，混入饲料或水中喂猪，免疫期6个月。

（三）猪丹毒

猪丹毒是由猪丹毒杆菌引起的一种急性、热性传染病。

1. 诊断要点

（1）流行特点　猪丹毒一年四季都有发生，病猪和带菌猪是该病的传染源，猪丹毒杆菌主要存在于带菌猪的扁桃体、胆囊、回盲瓣的腺体处和骨髓里。病猪及带菌猪从粪尿中排出猪丹毒杆菌，污染饲料、饮水、土壤、用具和场舍等，经消化道传染给易感猪。该病也可通过损伤皮肤及蚊、蝇等吸血昆虫传播。

（2）临床症状　分为急性和慢性两种。急性败血型猪丹毒常见体温升高达42～43℃，稽留不退，虚弱，不食，有时呕吐。粪便干硬呈粟状，附有黏液，小猪后期可能下痢。严重的呼吸增快，黏膜发绀，部分病猪耳、颈、背等部皮肤潮红、发紫。病程短促的可突然死亡，病死率80%左右。慢性猪丹毒病常见皮肤坏死，常发生于背、肩、耳、蹄和尾，局部皮肤肿胀、隆起、黑色、干硬，似皮革。经2～3个月坏死皮肤脱落，遗留一片无毛的疤痕。慢性关节炎表现四肢关节肿胀，腕关节较为常见，病腿僵硬、疼痛，跛行或卧地不起，呼吸急促，通常心脏麻痹突然倒地死亡。

2. 防治措施

（1）加强饲养管理　猪舍用具保持清洁，定期用消毒药消毒。

（2）每年按计划进行预防接种　目前用于防治该病的疫苗有弱毒苗和灭活苗两大类。乳猪的免疫因可能受到母源抗体的影响，应于断乳后进行；如在哺乳期已进行免疫，则应在断乳后再进行一次免疫，以后每隔6个月免疫一次。

常用疫苗及用法如下。

①猪丹毒氢氧化铝甲醛菌苗。体重10千克以上的断奶仔猪，皮下或肌内

注射 5 毫升，免疫 1 个月后再重复注射 3 毫升；体重 10 千克以下或尚未断奶的仔猪，皮下或肌内注射 3 毫升，免疫 1 个月后再重复注射 3 毫升。

②猪丹毒 G4T10 或 GC42 弱毒疫苗。不论体重大小，一律皮下注射 1 毫升。

③猪丹毒 – 猪肺疫二联灭活疫苗。用法同猪丹毒氢氧化铝甲醛菌苗。

④猪丹毒 – 猪瘟 – 猪肺疫三联灭活疫苗。每头猪皮下或肌内注射 1 毫升。

（3）做好猪舍灭蚊蝇、灭蚤虱工作

（4）检测出猪丹毒后，应立即将病猪隔离，及早治疗　猪圈、运动场、饲槽及用具等要认真消毒。粪便和垫草最好烧毁或堆积发酵进行生物热处理。发生猪丹毒疫情后，应立即对全群猪测温，病猪隔离治疗，死猪深埋或烧毁。与病猪同群的未发病猪，用青霉素进行药物预防，待疫情扑灭和停药后，进行 1 次大消毒。

将发病猪群隔离处置后，正常猪注射猪丹毒疫苗，巩固防疫效果。对有慢性病的猪及早淘汰，以减少经济损失，防止带菌传播。

（四）猪气喘病

由猪肺炎支原体引起。以哺乳仔猪和幼猪最易感，其次是妊娠后期及哺乳母猪，成年猪多为隐性感染，新疫区可呈急性暴发，老疫区大多为慢性或显性经过。气候骤变、饲料品质差等可促使隐性感染猪出现症状。

1. 诊断要点

（1）流行特征　不同品种、年龄、性别的猪只均能感染，其中以哺乳猪和幼龄猪最易感，发病率较高，但死亡率低。其次是妊娠后期的母猪和哺乳母猪，育肥猪发病较少。母猪和成年猪多呈慢性和隐性感染。

病猪和感染猪是该病的主要传染源。该病主要通过呼吸道途径感染。病毒存在于病猪的呼吸系统内，随着咳嗽、气喘和喷嚏排出，形成飞沫。健康猪吸入后感染发病。该病具有明显的季节性，以冬春季节多见。

（2）临床症状　以咳嗽和气喘为特征，一般体温、精神和食欲正常，病程较长。随着不良因素的影响，症状明显或加重。

2. 防治措施

加强饲养管理，严格控制猪群的数量，保持合理的猪只密度，确保猪场的清洁和卫生，禁止饲喂霉变的饲料等，防止应激因素导致疫病发生。可对猪群接种疫苗进行免疫预防。可选用具有针对性的药物进行药物预防和治疗。用药时要注意肺炎支原体对抗生素的耐药性，采取交叉用药或配合用药。

（五）猪传染性胸膜肺炎

1. 诊断要点

（1）**流行特征** 由胸膜肺炎放线杆菌引起。冬、春季发病率较高；饲养环境突变、饲养密度过大，猪舍通风不良、气候骤变及长途运输等都可诱发该病。

（2）**临床症状** 最急性型病猪突然发病，体温升高达 41.5℃以上，精神沉郁，食欲废绝，腹泻；后期呼吸高度困难，常呈犬坐姿势，张口伸舌，从口鼻流出血色带泡沫的分泌物，心跳加快，口、鼻、耳、四肢皮肤呈暗紫色，一般在 48 小时内死亡；个别猪见不到明显症状即死亡。

急性型病猪体温达 40.5 ～ 41℃，不食，咳嗽，呼吸困难，心跳加快，受饲养管理条件和气候影响，病程长短不定。

亚急性或慢性病例，体温不高，全身症状不明显，有间歇性咳嗽，生长迟缓。

2. 防治措施

（1）**加强科学的饲养管理，减少应激因素对猪群的影响** 猪舍要保持清洁卫生，及时清除粪尿污物，减少有害气体对猪只呼吸道黏膜的刺激与损害；保持干燥，防止潮湿，定期消毒，以减少病原体的繁殖；饲养密度不要过大，给予充足的清洁、安全的饮水和全价营养饲料，增强猪只的抗病能力。

（2）**控制病毒性疫病** 细菌性疫病经常继发于病毒性疫病，要做好猪场的基础免疫，提高猪群整体免疫水平，可减少呼吸道疫病的继发感染。使用敏感性药物对猪群进行药物预防和治疗。应注意合理交替用药，提高该病的治愈率和减少病原菌的耐药性。

（六）格拉瑟病

格拉瑟病又称副猪嗜血杆菌病、多发性纤维素性浆膜炎和关节炎，是由副猪嗜血杆菌引起猪的多发性纤维素性浆膜炎和关节炎的统称。

1. 诊断要点

（1）**流行特征** 该病虽四季均可发生，但以早春和深秋天气变化比较大的时候发生为主。该病在临床上多表现为继发感染，只在与其他病毒或细菌协同时才引发疫病。2 周龄到 4 月龄的仔猪均易感，哺乳仔猪多在断奶后、保育期间发病。与猪群密度大、环境卫生不良、应激、混合和继发感染有关。

病猪和带菌猪是该病的主要传染源。本菌为条件性致病菌，常存在于猪的上呼吸道，通常情况下，无症状、隐性带菌猪较常见，母猪和育肥猪是主要的带菌者。

该病主要经空气飞沫、直接接触及排泄物传播。多呈地方性流行，相同血清型的不同地方分离株可能毒力不同。当猪群中存在猪繁殖与呼吸综合征、猪圆环病毒病、猪流感或猪支原体肺炎的情况下，该病更容易发生。饲养环境不良时该病多发。断奶、转群、混群或运输也是常见的诱因。

（2）临床症状　急性型体温升高达40.5～42℃，精神沉郁，食欲下降或厌食，咳嗽、呼吸困难、腹式呼吸、心跳加快，部分病猪流鼻液，行走缓慢或不愿站立，出现跛行或一侧性跛行，腕关节、跗关节肿大，共济失调，临死前侧卧或四肢呈划水样。慢性型表现食欲下降，咳嗽，呼吸困难，皮毛粗乱，四肢无力或跛行，生长不良，甚至衰竭而死亡。

2. 防治措施

（1）实行"全进全出"的饲养管理制度，减少各种应激因素的影响　猪舍要保持清洁卫生，及时清除粪尿污物，减少有害气体对猪只呼吸道黏膜的刺激与损害；保持干燥，防止潮湿，定期消毒，以减少病原体的繁殖；要注意防寒、保温、通风，尽可能避免发生呼吸道感染；饲养密度不要过大，给予充足的清洁、安全的饮水和全价营养饲料，增强猪只的抗病能力。

（2）做好猪场的基础免疫　副猪嗜血杆菌病大多继发于猪繁殖与呼吸综合征、猪圆环病毒病、猪伪狂犬病、猪瘟等病毒性疾病。按程序做好免疫接种工作，保证猪群常年处于良好的免疫状态。

（3）预防和保健　使用敏感的抗菌药物对猪群进行合理的药物预防和保健，可以有效降低发病率和病死率。

（4）试用疫苗免疫　发病严重的猪场可试用副猪嗜血杆菌病灭活疫苗，但由于副猪嗜血杆菌的血清型众多，疫苗的免疫效果并不确实。

（七）猪大肠杆菌病

1. 仔猪黄痢

（1）诊断要点

①多发生于1周龄以内的哺乳仔猪，以1～3日龄最多见，7日龄以上很少发生；同窝仔猪发病率高达100%，病死率也高达90%。

②临床表现排黄色或黄白色浆状稀便、不吃奶、脱水、消瘦、昏迷死亡。

③剖检可见胃臌胀，胃内充满酸臭凝乳块，胃黏膜红肿；小肠壁薄、松弛、充气，肠内充满黄色、黄白色稀薄内容物，肠黏膜肿胀、充血或出血；

肠系膜淋巴结充血、肿大，切面多汁；心、肝、肾有时可见出血点。

（2）防治措施　最好通过药敏试验选择最敏感的药物进行治疗。一旦发现病猪，立即对全窝给药，常用氟苯尼考、庆大霉素、新霉素、氟哌酸等。

做好圈舍及环境的卫生及消毒工作；产前对母猪乳房和后躯清洗、擦拭；仔猪出生后全窝口服抗生素等。怀孕母猪产前可用大肠杆菌疫苗预防接种。

2. 仔猪白痢

（1）诊断要点

①多发生于 10 ～ 30 日龄的仔猪，以 10 ～ 20 日龄最多；一年四季均可发生，但以严冬、炎热及阴雨连绵季节较多，气候骤变、卫生条件不良可使发病率上升。

②临床表现体温升高，排白色或灰白色粥状稀粪，有腥臭味，死亡很少。

③剖检可见胃内有少量凝乳块，胃黏膜充血、出血、水肿，肠内空虚，有大量气体和少量稀薄的黄白或灰白色酸臭味稀粪；肠系膜淋巴结水肿。

（2）防治措施　可参考仔猪黄痢。还可用白龙散、大蒜甘草液、金银花大蒜液、硅碳银、活性炭、促菌生等治疗，也可补充硫酸亚铁或硒。

3. 仔猪水肿病

（1）诊断要点

①由溶血性大肠杆菌引起。多发生于断奶前后的仔猪，发病多是营养良好和体格健壮的仔猪，且与饲料和饲养方式改变等有关。

②临床上突然发病，精神高度沉郁、食欲废绝、体温不高；眼睑、头部、下颌间发生水肿，严重者可引起全身水肿；行走无力，共济失调，转圈，抽搐，四肢作游泳状，触摸皮肤异常过敏，常发出嘶哑尖叫，最后衰竭死亡。

③剖检可见眼睑、颜面、额部、头顶部皮下呈灰白色胶样水肿；胃大弯、贲门部水肿，胃的黏膜层与肌层之间呈胶冻样水肿，整个结肠系膜呈胶冻样水肿，切开流出多量液体；肠系膜淋巴结水肿，体腔有积液。

（2）防治措施　尚无特效治疗方法，应立即停喂精料，内服盐类泻剂（如人工盐），及时应用抗菌药物如庆大霉素、恩诺沙星等，并对全窝或同群小猪进行药物预防。

加强断奶前后仔猪的饲养管理，提早补料；断奶不要太突然，不要突然改变饲料和调养方法；猪舍应保持清洁干燥，幼猪应适当运动以增强抗病力。

（八）仔猪副伤寒

1. 诊断要点

（1）流行特征　由猪霍乱和猪伤寒沙门菌引起。多发生于 1 ～ 4 月龄仔猪，常在寒冷、气候多变及阴雨连绵季节发生，呈地方流行或散发，流行缓慢。

（2）临床症状　急性型多见于断奶后不久仔猪，表现体温升高到 41 ～ 42℃，食欲不振、精神沉郁、先便秘后下痢、皮肤（鼻端、耳和四肢末端）发紫、气喘。慢性型体温正常或稍高，食欲不振，持续腹泻，粪便呈灰白、浅黄或暗绿色，恶臭，常混有血，逐渐消瘦。

急性型剖检可见脾脏显著肿大，紫红色，散在小坏死灶；全身淋巴结肿大，呈弥漫性出血；肾、肝不同程度肿大，散见坏死点；盲肠、结肠严重出血。慢性型剖检可见大肠黏膜上有糠麸样假膜；肠壁变厚，失去弹性；肝、淋巴结等有干酪样坏死。

2. 防治措施

通过药敏试验，选择敏感的药物。常用药物有氟苯尼考、新霉素、磺胺类药物、喹诺酮类药物等。氟苯尼考每千克体重 20 ～ 30 毫克，口服，2 次 / 天，或每千克体重 20 毫克，肌内注射，1 次 / 天，连用 3 ～ 5 天。新霉素每千克体重 10 ～ 15 毫克，口服，2 次 / 天，连用 2 ～ 3 天。磺胺二甲嘧啶每千克体重 0.1 克，口服，2 次 / 天，连用 7 ～ 10 天。

该病常发地区，1 月龄以上哺乳或断奶仔猪用仔猪副伤寒冻干弱毒疫苗预防接种。肌内注射时用 20% 氢氧化铝生理盐水稀释，每头 1 毫升，免疫期 9 个月；口服时，按瓶签说明，服前用冷开水稀释成每头份 5 ～ 10 毫升，掺入饲料中喂服，或将每头份疫苗稀释于 6 ～ 10 毫升冷开水中灌服。

三、常见寄生虫病

（一）猪弓形虫病

猪弓形虫病是由龚地弓形虫引起的一种人畜共患原虫病。

1. 诊断要点

（1）流行特点　常发生于夏秋季节，温暖潮湿的地区，尤以 3 ～ 5 月龄的仔猪发病严重。该病可以通过母猪胎盘感染，引起怀孕母猪发生早产或产出发育不全的仔猪或死胎；另外，消化道感染，呼吸道黏膜感染以及吸血昆虫机械性的传播。

（2）临床症状　该病临床症状与猪瘟、猪流感皆相类似。病初体温升高40～42℃，稽留热7～10天，食欲减少或废绝，便秘。耳、唇及四肢下部皮肤发绀或有淤血斑。呼吸快，鼻镜干燥有鼻漏，咳嗽，呼吸困难，口吐白沫，窒息死亡。

2. 防治措施

①用磺胺类药能控制该病的发展，降低死亡率，缩短病程。可选用以下有效处方：磺胺嘧啶（SD）+乙胺嘧啶，前者按每千克体重70毫克，后者按每千克体重6毫克，内服，2次/天，首次倍量，连用3～5天；增效磺胺-5-甲氧嘧啶（内含10%磺胺-5-甲氧嘧啶和2%三甲氧苄氨嘧啶），按每10千克体重肌注不超过2毫升，1次/天，连用3～5天；磺胺-6-甲氧嘧啶（SMM），按每千克体重60毫克，配成10%注射溶液肌注，1次/天，连用3～5天，或者按内服首量每千克体重0.05～1克，维持量每千克体重0.025～0.05克，2次/天，连用3～5天。

②每天给猪喂大青叶100克，连喂5～7天，有预防发病和缩短病程作用。

③要防鼠灭鼠，防止饲草、饲料被鼠、猫粪污染。禁止用未经煮熟的屠宰废弃物和厨房垃圾来喂猪。

④加强环境卫生与消毒。由于卵囊能抗酸碱和普通消毒剂，可选用火焰，3%火碱液，1%来苏儿，0.5%氨水，日光下暴晒等方法进行消毒。

（二）猪球虫病

猪球虫病是一种由艾美耳属和等孢属球虫引起的仔猪消化道疾病，腹泻、消瘦及发育受阻。成年猪多为带虫者。

1. 诊断要点

（1）流行特点　虫体以未孢子化卵囊传播，但必须经过孢子化的发育过程，才具有感染力。球虫病通常影响仔猪，成年猪是带虫者。以6～15日龄的仔猪多发，但成年猪常发生混合球虫感染。主要发生于8—9月。

（2）临床症状　腹泻，持续4～6天，粪便呈水样或糊状，显黄色至白色，偶尔由于潜血而呈棕色。有的病例腹泻是受自身限制的，其主要临诊表现为消瘦及发育受阻。虽然发病率一般较高，但死亡率变化较大，有些猪场低，有的则可高达75%，死亡率的这种差异可能是由于猪吞食孢子化卵囊的数量和猪场环境条件的差别，以及同时存在其他疾病的问题所致。

（3）病理变化　空肠和回肠纤维素性坏死性固膜，大肠一般无病变。

2. 防治措施

各种磺胺药治疗有效。但因球虫病发展迅速，常因治疗太晚，而不能获得稳定的治疗效果。使用百球清（5% 妥曲珠利混悬液）治疗，每千克体重 20～30 毫克，口服，可使患病仔猪腹泻减轻，粪便中卵囊减少，发病率降低，对仔猪等孢球虫病确实也有良好的治疗作用。

预防猪球虫病，要搞好环境卫生，产房保持清洁，产仔前及时清除母猪粪便，并用漂白粉（浓度至少为 50%）或氨水消毒数小时以上或熏蒸。限制饲养人员进入产房，以防止由鞋或衣服带入卵囊；也应严防宠物进入产房，因其爪子可携带卵囊而导致卵囊在产房中散布。灭鼠，以防鼠类机械性传播卵囊。在每次分娩后应对猪圈再次消毒，以防新生仔猪感染球虫病。

（三）猪姜片吸虫病

姜片吸虫病是由片形科姜片属的布氏姜片吸虫寄生于猪小肠内引起的一种吸虫病。该病主要流行于亚洲的温带和亚热带地区，在我国主要分布在长江流域以南各省。随着饲料商品化生产以及饲养管理方法的改善，不再直接采用新鲜的水生植物喂猪，因而许多地区猪姜片吸虫病的感染率明显下降。

1. 诊断要点

（1）流行特点　姜片吸虫新鲜时为肉红色，肥厚，是吸虫类中最大的一种，形似斜切的姜片，故称姜片吸虫。卵比较大，淡黄色，长椭圆形或卵圆形，卵壳很薄，有卵盖。卵内含有一个卵细胞。姜片吸虫需要一个中间宿主扁卷螺，并以水生植物为媒介物完成其发育史。猪吞吃含有囊蚴的水生植物或成熟的尾蚴而遭到感染。

姜片吸虫病是地方性流行病，主要发生于以水生饲料喂猪的地区。人常因生食菱角等水生植物而感染。

（2）临床症状　幼猪发育不良，被毛稀疏无光泽；精神沉郁，低头，流口涎，眼黏膜苍白，呆滞。食欲减退，消化不良，但有时有饥饿感。有下痢症状，粪便稀薄，混有黏液。膜苍白，呆滞。

2. 防治措施

吡喹酮，每千克体重 30～50 毫克，一次喂服；硫双二氯酚，每千克体重 60～100 毫克，一次喂服；敌百虫，按每千克体重 0.1 克，早晨给猪空腹或拌入饲料中喂服（总量不超过 8 克）。

预防原则包括加强粪便管理，防止猪粪便通过各种途径污染水体。不用池塘水喂猪，也不用被囊蚴污染的青饲料喂猪。

（四）猪蛔虫病

猪蛔虫病是由猪蛔虫寄生在猪的小肠中而引起的一种常见消化道内寄生虫病，主要危害 3～5 月龄的猪，患病猪生长发育停滞，成为"僵猪"，严重者导致死亡。

1. 诊断要点

（1）流行特点　猪蛔虫是寄生于小肠肠腔或胆管中最大的寄生虫。由于猪蛔虫的生活史简单，其发育过程不需要中间宿主；蛔虫卵对外界环境的适应能力强，在土壤中可存活数月甚至数年；猪蛔虫的繁殖力强，导致地面饲养的规模化猪场蛔虫病感染率较高，危害普遍。当前，随着规模化猪场限位栏的普遍使用，猪与地面土壤直接接触的机会几乎没有了，蛔虫病的发病率也随之得到很大改观，发病率较低。

该病四季均可发生，与饲养管理条件、环境卫生状况密切相关。猪群饲养密度大、卫生条件差、饲料营养不均衡等，均可导致该病发生，尤以 3～5 月龄仔猪更易大批感染，且病症严重，常有死亡。

（2）临床症状　大量幼虫移行至肺时可引起蛔虫性肺炎，病猪表现精神沉郁，食欲减退或不食，咳嗽、呼吸加快、体温升高。幼虫移行还可导致嗜酸性粒细胞增多，可出现荨麻疹和兴奋、痉挛、角弓反张等神经症状。成虫寄生在小肠时，机械性地刺激肠黏膜，引起腹痛；蛔虫数量较多时常聚集成团，堵塞肠道，甚至可引起肠破裂；如果蛔虫从小肠进入胆管，还可造成胆管堵塞，引起黄疸等症状，在肝脏蠕动时可在表面见到云雾状痕迹。此外，成虫夺取宿主大量的营养，使仔猪发育不良、生长缓慢、被毛粗乱，形成僵猪，降低饲料报酬。

2. 防治措施

治疗可用阿苯达唑，内服一次量按每千克体重 5～10 毫克；芬苯达唑，内服一次量按每千克体重 5～7.5 毫克；阿维菌素，内服一次量按每千克体重0.3 毫克，皮下注射按每千克体重 0.3 毫克；左旋咪唑，内服一次量按每千克体重 7.5 毫克，皮下、肌内注射一次量按每千克体重 7.5 毫克。

保持环境、饲料、饮水清洁，讲究卫生。猪舍内要清洁干燥，通风透光，定期消毒，运动场干净整洁，土质地面可于春秋铲除表土更换新土，使用垫草的要定期按时更换。大、小猪实行分群饲养，引进猪先进行隔离饲养，进行 1 ～ 2 次驱虫后再并群饲养。饲料现用现配，饮水保持清洁，避免被粪便污染。粪便处理场要远离猪舍，粪便和垫草运到处理场后要进行堆积发酵或挖坑沤肥等生物热处理，以杀死虫卵。

提高猪群健康水平。日粮全价、营养平衡，保证仔猪体质健壮，增强机体抗病能力。

规模化猪场建议种猪群每 3 个月驱虫 1 次，仔猪 60 日龄驱虫 1 次。可选用复方伊维菌素拌料饲喂，空怀、妊娠、泌乳母猪用量为每吨 1.5 ～ 3 千克，妊娠母猪分娩前 10 ～ 15 天驱虫；仔猪用量为每吨 1 千克，在转群前喂用；公猪用量为每吨 4 千克。

（五）猪肺丝虫病

猪肺丝虫病由猪后圆线虫所引起。成虫寄生于猪气管内，大多在肺的膈叶边缘。猪感染率 20% ～ 30%，高的可达 50%。该病主要侵害幼猪，引起支气管炎和肺炎，往往呈地方性流行，可造成死亡，感染过的猪生长发育受阻。

1. 诊断要点

（1）流行特点　虫卵随猪粪便排出，在潮湿的土壤中孵化成幼虫，虫卵或幼虫被蚯蚓吞食，在蚯蚓体内经 10 ～ 20 天发育成为感染性幼虫。猪采食或拱土时食入蚯蚓而感染。蚯蚓在消化管内被消化掉后，幼虫逸出，由猪肠壁进入肠系膜淋巴结，经淋巴管和肺循环到肺，最后到达支气管发育为成虫。自猪吞食蚯蚓到成虫发育成熟，需要 25 ～ 35 天。

（2）临床症状　轻度感染时，没有症状或症状不明显。严重感染时，呈阵发性咳嗽，流黄脓性鼻液，呼吸迫促，肺部听诊有啰音。若合并发生气喘病等疾病时，死亡率较高。病程长者形成僵猪，有的呕吐、腹泻。胸下、四肢和眼睑水肿，结膜苍白，食欲减退，体重减轻。若虫体堵塞气管，病猪常窒息而死。

2. 防治措施

盐酸左旋咪唑每千克体重 8 ～ 10 毫克，混入饲料中一次喂服，或肌注每千克体重 5 ～ 6 毫克，也可选用伊维菌素皮下注射；氰乙酰肼每千克体重 17 毫克，溶于水中喂服，或配成 10% 溶液肌内注射，用量为每千克体重 15 毫升。

该病流行地区，不宜放牧饲养，最好使用舍饲方式。猪舍、运动场保持清洁卫生，定期消毒。粪便进行发酵处理，可定期进行预防性驱虫。有条件的猪场、猪圈及运动场，地面铺石头或水泥，防止猪拱地吃到蚯蚓。

（六）猪疥螨病

猪疥螨病是疥螨虫引起的慢性皮肤寄生虫病，大小猪均能感染，5 月龄以下小猪最易发生。健康猪与病猪相互接触是主要传染途径；使用病猪舍及病猪使用过的用具也可造成感染。

1. 诊断要点

（1）流行特点　成虫在病猪患部皮肤表皮深层咬凿隧道，采食组织及淋巴液。秋冬季节疥螨病蔓延较广，特别是阴暗、潮湿的环境里，疥螨虫较易在猪体上繁殖。

幼猪易受疥螨侵害，发病较严重，1～3.5 月龄仔猪检查阳性率为 80%。随年龄增长，猪的抗螨力不断增强。

（2）临床症状　病变主要发生在皮肤细薄及体毛短小的头、颈、肩胛等部位。大多先发生在头部，特别是眼睛周围，严重时不但可蔓延至腹部或四肢，甚至可蔓延全身。

病初患部发红而表现剧烈的奇痒，病猪经常在墙角、柱栏等粗糙处摩擦。数日后，患部皮肤上出现针头大小的小结，随后形成水疱或脓疱，破溃后，渗出液干结形成较硬的痂皮。患部被毛脱落，皮肤粗糙肥厚或形成皱褶，病情严重时，可出现皮肤枯裂。病猪食欲减退、精神委顿、逐渐衰弱、发育停滞、消瘦、贫血、严重者会引起死亡。

2. 防治措施

皮下注射伊维菌素，用量每千克体重 0.3 毫克，连用 3 天。

引猪需做仔细检查，经鉴定无病后，才可合并饲养。病猪使用过的器具，若未经消毒，不得携入健康猪舍使用。猪舍应干燥清洁、通风良好、阳光充足、冬季勤换垫草。病猪舍、栅栏、饲槽、地板等要定期消毒，可用 5% 烧碱水或 20% 草木灰水喷雾。

第二章

牛科学养殖与疫病防治

第一节　犊牛养殖技术

犊牛指的是出生到 6 月龄阶段的小牛，主要包括以下三个阶段：新生犊牛、哺乳期犊牛和断奶犊牛。犊牛生长阶段的组织器官还没有发育完善，免疫能力和抵抗能力比较差，很容易受到外界环境因素的影响，导致犊牛的正常生长受到影响。通过养殖实践表明，科学的养殖技术和疫病防控技术能够降低犊牛的发病概率，促进犊牛的健康生长。

一、哺乳期犊牛养殖技术

（一）初生犊牛的护理

1. 清除黏液

犊牛出生后应及时清除口鼻腔中的黏液。如果犊牛出现呼吸困难，应及时把犊牛从后肢提起并拍打胸部，使口腔和鼻腔黏液流出，或可使用犊牛呼吸器吸出口腔和鼻腔中的黏液，直至犊牛能正常呼吸，或使用犊牛呼吸器辅助犊牛呼吸。

2. 断脐

在距离脐孔 8 厘米处用消毒的器具将犊牛脐带剪断，再用 7% ～ 10% 的碘伏将脐带断端浸泡 1 分钟，防止脐带感染。

3. 尽早吃初乳

犊牛吃初乳越早越好。出生后尽早吃 1～2 千克初乳。此后每隔 4～6 小时，饲喂 1～2 千克初乳，24 小时内喂足 8 千克的初乳，以利于犊牛产生足够的免疫功能。

（二）犊牛的饲喂方法

1. 自然哺乳

在犊牛能站立后，人工辅助吃初乳。每间隔 4～6 小时，让母牛哺乳犊牛 1 次，3 天后正常哺乳。

2. 人工辅助哺乳

第一次喂初乳可使用奶瓶。饲养员将消毒好的手指伸进犊牛嘴里，引诱犊牛喝奶。把控犊牛喝奶速度，防止出现呛饮，如不注意可能会引起异物性肺炎。

3. 人工喂奶要做到三定

（1）定温　季节不同，犊牛的喂奶温度也略有不同。夏季奶温要达到 36～38℃，冬季奶温要达到 38～40℃。温度低易引起肠胃炎，症状为腹泻。

（2）定量　按日龄确定喂奶量。1～10 日龄每日饲喂 5 千克；11～20 日龄每日饲喂 7 千克；21～40 日龄每日饲喂 8 千克；41～50 日龄每日饲喂 7 千克；51～60 日龄每日饲喂 5 千克。

（3）定时　按规定时间有规律地饲喂犊牛。

4. 训练开食

尽早训练犊牛吃草料。犊牛出生 5～7 天开始训练犊牛吃开食饲料，自由饮水。断奶时犊牛每天连续采食精料量应达 1～2 千克。及早饲喂植物性饲料，可促进犊牛瘤胃发育，饲喂干草等粗饲料对提高瘤胃容积十分重要。

（三）犊牛管理

1. 称重和编号

犊牛出生后立即称重，并佩戴牛耳标，耳标号可以按照年份和出生个体顺序编号，育种场按照育种要求编号。

2. 去角

（1）手术前　必须将犊牛的头部保定好。

（2）**去角器手术法**　用专用的圆形电烙铁的顶端凹陷部位对准犊牛角的生长点适度按压，烧烙约 15 秒。注意整个去角器过程在 20 秒内完成。

（3）**苛性钾去角手术法**　剪去犊牛角基部及周围的毛后进行消毒；用防腐纸包紧苛性钾棒，然后将凡士林涂抹在犊牛角基部，防止苛性钾液体流入犊牛眼中；手术人员握住包好的苛性钾棒，涂抹、摩擦犊牛角生长点，直到出血为止。及时止血，防止感染。

3. 三观察

（1）**观察犊牛的精神状态**　健康犊牛双眼有神，呼吸有力，动作活泼，显示出强烈的食欲。当人接近犊牛时会双耳伸前，抬头迎接。

（2）**观察犊牛粪便变化情况**　正常的犊牛粪便呈黄褐色，黏粥状。若出现粪便稀，并伴有恶臭味和气泡、混有黏液均属不正常。随着犊牛补饲，粪便变黑变硬并呈盘状；若饮水量不足，粪便变得非常干硬；若过量采食精料，会造成胀气或瘤胃积食，要细观察、早发现。注意犊牛是否有腹泻症状。

（3）**观察呼吸状况**　正常犊牛呼吸均匀，每分钟呼吸 20 ~ 50 次。若犊牛出现发喘、呼吸时胸部活动大、咳嗽、流鼻涕、精神不振、食欲不好等症状，及时找兽医诊治。

4. 做好"六要"

①人工喂奶做到三定，即定温、定量、定时。

②分群管理，按犊牛年龄、体重、体质强弱进行分群。

③经常刷拭牛体。

④保持犊牛舍（栏）清洁、通风，定期消毒。

⑤保持喂奶器具的清洁、及时清洗消毒。

⑥保证犊牛充足干净的饮水，尽早吃到犊牛开食饲料，促进犊牛瘤胃发育和健康生长。

5. 犊牛舍环境

①犊牛舍厚垫（50 厘米以上）稻壳效果最好。稻壳堆积应疏松，渗透性好，不积尿，上面保持干燥。对改善冬季犊牛舍阴冷、湿、脏有良好作用，优于其他垫草，脐带炎发生少、痊愈快。

②及时清扫犊牛圈舍地面、食槽、水槽等，保持圈舍环境干净卫生，定期更换垫草。

③做好圈舍的防暑降温和保暖工作。夏季圈舍温度控制在 27℃以内；冬季圈舍温度控制在 10℃以上。

④犊牛出生后 8 ～ 10 日龄开始短时间的运动，随日龄增长，逐渐增加犊牛的运动量，犊牛运动时间每天保持 2 小时以上。

（四）犊牛饲养

①犊牛出生 5 ～ 7 天开始训练采食精料，任其自由采食，每天喂奶 4 ～ 5 次，饮温水 2 次。

②犊牛出生 20 ～ 25 天开始训练采食优质干草，任其自由采食、自由饮水，冬季饮温水，尽早促进犊牛瘤胃发育。

③犊牛 2 ～ 3 月龄开始饲喂青贮饲料，减少喂奶或哺乳次数，改为每天 2 次。开始饲喂青贮饲料时每天 100 ～ 150 克，3 月龄后 1.5 ～ 2 千克，4 ～ 6 月龄时可增加到 4 ～ 5 千克。

④经 3 ～ 4 个月的哺乳和采食训练后可进行断奶。

⑤断奶时要逐渐断奶，减少犊牛哺乳次数，最初隔日哺乳 1 次，后隔 2 日哺乳 1 次，直至彻底断奶。

⑥断奶时要逐渐增加精料饲喂量，减少犊牛断奶应激，每日精料饲喂量达 1.5 ～ 2 千克，任意采食优质青干草。

⑦断奶至 6 月龄的日粮可按照 1.8 ～ 2.2 千克优质干草和 1.8 ～ 2 千克混合精料进行配制。

（五）犊牛补饲

犊牛出生 15 日后，每天定时与母牛分离一段时间，逐渐增加犊牛精饲料、优质干草的饲喂量，逐渐加长与母牛分开时间。

1. 补饲精料

犊牛开口料应有良好的适口性，要求粗纤维含量低蛋白质含量高。可用代乳料或犊牛颗粒料，或自己加工的犊牛颗粒料，每天早、晚各饲喂 1 次。

2. 补饲干草

可饲喂苜蓿草、禾本科牧草等优质干草。60 日龄内的犊牛，饲喂干草则要铡到 2 厘米短，60 日龄后可直接饲喂优质干草。建议混合饲喂各类干草，其中苜蓿草占比要在 20% 以上。2 月龄犊牛每天可饲喂苜蓿草 200 克，3 月龄犊牛每天可饲喂苜蓿草 500 克。

二、犊牛早期断奶

（一）犊牛的早期断奶

1.犊牛早期断奶的意义

犊牛断奶是指犊牛的营养供给从以鲜奶为主转换到以草料为主。犊牛早期断奶，就是将原来传统的犊牛哺乳期6个月，哺乳量600～800千克，采用人为方式将犊牛哺乳期缩短至2～4个月甚至更短，哺乳量减少至300～400千克甚至更少。目前，我国大型现代化奶牛场普遍采用犊牛早期断奶技术。

犊牛早期断奶，不但可以节约奶牛的大量鲜奶，还可减轻工作人员劳动强度，降低犊牛培育成本。同时，由于较早训练犊牛采食饲料，还可以促进瘤胃等消化道机能发育，增强饲草料的摄取和营养物质的利用吸收，降低消化道疾病的发病率，提高犊牛的培育质量、生产性能和成活率。

2.犊牛早期断奶的方法

（1）断奶时间的确定　研究表明，犊牛4周龄时瘤胃容积可占全胃容积的52%，8周龄时瘤胃的净重约占全胃净重的60%，接近成年牛相应指标的70%，而且8周龄犊牛瘤胃发酵粗、精饲料产生的挥发性脂肪酸的组成和比例与成年牛相似，这说明此时的犊牛对固体性饲料已具备了较高的消化能力。因此，哺乳8周（56天）左右是犊牛断奶的适当时间。

犊牛出生后第6天就可以采食开食料，直到第60天断奶时应该采食开食料40～50千克，鲜奶约400升。当犊牛连续3～5天采食颗粒开食料达到1.5千克以上时，即可结束哺乳期。

（2）断奶期的饲喂　犊牛断奶前需饲喂过渡。具体措施是：在断奶前10天，逐渐减少喂奶量或打乱喂奶时间，每天喂奶次数由3次减少至2次；开始断奶前，由2次减少至1次；然后隔1天或2天喂奶1次，并逐渐增加精饲料和粗饲料的饲喂量，使犊牛尽快过渡到全食固体饲料，减少断奶应激。

（二）断奶后的饲喂管理

每天为犊牛提供饮水，必须保证水干净，同时还要做好器皿消毒。这个时期犊牛还比较弱，断奶会对其产生一些影响，如果不能做好消毒杀菌，易于患上疾病，影响犊牛生长与发育。犊牛饮水量要有保障，应当是实际采食量的 4 倍或者更多。

犊牛早期断奶要喂食开食料，应选择优质开食料，不但要新鲜，还要确保有良好的口感，这样犊牛才会愿意食用。犊牛在断奶以后开食料量要逐渐增加，以满足生长的需求。犊牛早期断奶在奶料混喂的过程中，在其喝一些奶之后，可将余下的奶与开食料拌在一起喂食，有助于犊牛的消化。早期断奶喂食饲料要坚持少量多次和定时定量，随着犊牛日龄的增长慢慢增加饲料量。刚断奶喂食次数不少于 4 次，在犊牛适应了固体饲料，消化能力逐渐提升情况下，减少喂食的次数，每天喂食 3 次。

犊牛早期断奶要喂食开食料，但是不能过于单一，需要提供干草料，不过要做好选择，喂食叶片比较多的优质干草料，更好促进犊牛瘤胃的发育。犊牛早期断奶以后处于对饲料适应期，期间喂食一定要注意，饲料要满足营养需求，但是不能反复更换。犊牛适应能力不够强，每种饲料口感和其他方面有差别，不断换料会对食欲产生影响，进而导致犊牛在断奶后出现发育不良或者疾病等。犊牛早期断奶饲养管理中合群非常重要，不可能一直单独饲养，因此要增强犊牛适应群体生活的能力。合群要根据圈舍的大小，以及犊牛生长发育情况，确定好合群的头数。通常情况下犊牛断奶合群在 7 头左右，过多不但会影响圈舍通风性和透气性，易于滋生细菌，也不利于犊牛活动，具体应结合犊牛实际状况确定头数。

（三）断奶后的环境管理

犊牛早期断奶不要急于更换地方，要在原来饲养的地方继续喂食 7 ~ 14 天，避免出现应激反应，环境改变本身也会对犊牛造成刺激，故而应在适应断奶后再适应环境。犊牛合群需要做好圈舍安排，尽量将差不多周龄和大小一致的放在一起，避免出现冲突。犊牛圈舍要做好卫生管理，平时依照规定应做到及时清理粪便，以保证圈舍始终处于干净状态。因犊牛早期断奶身体还不够强健，断奶又是一个由奶向食用固体饲料过渡的特殊时期，如果圈舍不干净会滋生病菌，增加患病风险，将会导致断奶饲养管理出现问题。

犊牛圈舍内外空气流通要好，并要做好干燥处理和消毒处理。每周都要选用二氧化氯消毒，这里注意应使用 50 倍液的二氧化氯，每周不少于 2 次。犊牛转移时，转移到圈舍以后，需要对原来的圈舍消毒，可使用浓度为 20% 的火碱。在平时要依照规定清洗与消毒，喂奶器皿可投入 200 倍二氧化氯溶液中，浸泡一段时间取出，以消灭细菌和病菌。喂水器皿要清洗和消毒，并要放在阳光下晾晒。除了勤打扫卫生，使饲养区干净之外，还应及时更换草垫，对圈舍内定期整体消毒。犊牛早期断奶管理要确保圈舍冬天温暖和夏天凉爽，自然条件达不到要人为干预，通过设置取暖和制冷设备等，为犊牛生长提供良好条件，有利于早期断奶管理成效提升。

（四）断奶后的健康管理

犊牛早期断奶饲养管理之中，健康管理是一个重点。在饲养中每天都要对犊牛进行观察，而且不能少于3次。健康观察主要集中在体温、食欲、粪便、精神状况等方面，发现犊牛异常要及时采取措施。犊牛早期断奶后出现食欲不振、不愿意饮食、精神萎靡，这个时候要及时进行干预，根据症状有针对性检查，然后采取有效措施。早期断奶犊牛身体出现问题后，体温会升高，平时正常体温一般在39℃左右，一旦体温超过40.5℃意味着存在问题。

犊牛早期断奶以后，犊牛的肠胃功能易于出现问题，从而导致腹泻。管理人员要观察粪便颜色，发现有腹泻的情况要进行分析，确定是哪种原因及时对症下药。犊牛早期断奶健康管理在应对疾病中，不主张使用抗生素，这是因为相关的药物会使瘤胃中微生物受到影响，最终导致消化功能出现异常，对于早期断奶犊牛的生长和发育不利。

（五）断奶后要注意的问题

①犊牛出生以后，在能够独自站立情况下，需要提供初乳。可挤出喂食，或者直接诱导犊牛在母体食用。前3天主要喂食母乳，到了第4天要调整，喂食混合母乳。每天喂食量要结合犊牛的体重，避免出现过量喂食情况。后面在喂奶的同时可添加草料，不过要确保柔软，防止无法消化。也可喂食高质量的青草，可让犊牛自行采食。犊牛在达到4周龄的时候断奶，后面要停止喂食加工乳，喂食以优质饲料、干草等为主。

②合理确定犊牛断奶的时间，断奶之后要分群，根据犊牛体重、日龄等，并要将公犊牛与母犊牛分开。这样既有助于早期断奶，又能有效防止犊牛出现冲突与过早配种。

③早期断奶犊牛饲养管理要做好制度建设，一般要做到四定。首先是定时，指的是喂奶的时间，确定好不能随意打乱；其次为定量，依照犊牛出生的时长确定喂奶量，以及后期的断奶过渡中奶量和饲料量。喂食不能太多，易于出现消化不良问题，但也不能太少，无法满足犊牛正常生长需求；再次为定温，根据实际天气情况确定好饮水和奶的温度，尤其是冬天和夏天；最

后为定人，主张将犊牛早期断奶管理责任到人，能够更好地了解犊牛早期断奶的不同时期、情况，出现问题便于应对，并且有助于增强管理人员责任心。

④犊牛早期断奶要考虑气候因素，如果不稳定，存在比较大的变化，可适当地推迟断奶，防止在断奶影响下出现应激反应，导致犊牛患病。犊牛需要接种疫苗，但是早期断奶饲养不能注射疫苗。

⑤犊牛早期断奶中可更换饲料，在断奶 30 天以后进行，但不能过于频繁。此外犊牛早期断奶后还涉及转群与合群的问题，更换饲料要避免与其同时进行，这样可有效控制应激反应。

⑥犊牛早期断奶喂养中采用代乳品，对于蛋白质与脂肪等有一定的要求。代乳品的种类比较多，应关注蛋白质成分，含量要在 20% 以上。犊牛不同日龄选用不同的代乳品，出生 21 天之内的犊牛，对于代乳品有一定要求，不能使用非乳蛋白质，主要是因为难以消化。选择的代乳品要有脂肪，一般情况下要在 10% 以上，还可以更高。代乳品中存在一定脂肪，犊牛能够从中获取能量，更为关键的是可减少腹泻。

⑦犊牛早期断奶中要喂食开食料，代乳品替代奶以后，然后过渡到喂食开食料，最终使犊牛食用饲料。开食料要满足犊牛断奶期间对营养的需求，故而要做到搭配合理，同时要满足易于消化，以及保持良好口感的要求。

第二节　育成牛养殖技术

育成牛是指 3 月龄至开始配种的牛，分为育成前期（3 ～ 6 月龄）与后期（7 月龄到初配），但也有把 14 ～ 24 月龄的牛称为青年牛。

一、育成前期饲养管理

牛在育成期生长发育迅速是该时期的重要特点，所以一定要满足营养需要。

牛的不同时期，使用不同阶段的饲料，一般在 10 天内逐渐换料，1 ～ 3 天旧料 3 份新料 1 份，4 ～ 6 天旧料 2 份新料 2 份，7 ～ 10 天旧料 1 份新料 3 份，第 10 天后全部换成新料，平稳完成过渡期。原因是牛的瘤胃生长代谢期是 7 ～ 10 天，所以换料的过渡期也为 10 天。

（一）饲养

1. 喂量

粗饲料喂量为青饲料每头 10 ～ 15 千克 / 天，干草每头 2 ～ 2.5 千克 / 天，任其自由采食，干草的采食对牛的增重很重要，一般情况下，4 月龄精料 3.2 ～ 5.2 千克 / 天，6 月龄 6 ～ 7 千克 / 天，干草都自由采食，每天增重 0.8 千克左右。

2. 饮水充足、清洁、卫生

水对所有生物来说都是非常重要的物质，牛也不例外，水虽然没有营养，但是各种营养物质在牛体内的运输基本上由水来完成。所以，水是不可缺少的。冬季寒冷气温低。饮温水，水温 18℃左右。水温不宜过高，防止降低牛的抗病力。但水温也不宜过低，过低饮水量不足，还会造成冷应激，饮水后受冷刺激的影响打哆嗦，长时间不反刍，消耗牛原有的体能来维持体温平衡。

3. 补饲

适当补充精饲料和青贮饲料。硒是牛生长期不可缺少的元素，及时补充硒元素，大约每 15 天补充一次。

（二）管理

1. 分群管理

由于牛的个体在前期营养不平衡，生长发育受到一定的限制，所以个体之间出现差异，在饲养过程中逐渐调整，采取相应的措施，使其处在同一饲养水平，共同发育，同期配种，有利于饲养与管理。分群饲养管理就是一种有效的措施，把年龄相同的牛合群在一起进行饲养与管理。

2. 定期测量体重和体尺

育成牛每月定期测量体重和体尺，对数据记录和统计、分析，发现问题及时解决。没有地磅秤的养殖场（户），可利用公式估算。

$$体重（千克）= 胸围（米）\times 体斜长（米）\times 87.5$$

87.5 为系数。正常的生长速度为每天 0.75 ～ 0.85 千克，用体重尺直接测量估算。

3. 刷拭与调教

通过刷拭与调教可提高牛与人的亲和力，使牛更加温顺。刷拭可以清洁牛体，促进血液循环，便于以后饲养与管理。

4. 增强光照和户外活动

在冬季，要在背风朝阳的地方进行阳光浴，每天运动 3 小时左右。光照对牛很重要，提供热能，减少牛因温度低消耗体能。同时促进钙的吸收和利用。促进血液循环，皮肤光亮，减少皮肤病的发生。

5. 防止过早配种、偷配

及时清除群内小公牛。

二、育成后期饲养管理

（一）饲养

当牛生长发育超过 6 月龄后，即进入育成后期。育成后期，处于 6 个月的牛，可以给牛饲喂 300 ～ 330 千克的精饲料和 300 ～ 400 千克的羊草。而 7 ～ 15 月龄育成牛是个体定型阶段身体生长发育迅速。这个时间段的牛，以粗饲料为主，可补喂一些精饲料，每天精饲料的提供量为 2 ～ 2.5 千克。还需要给牛提供质量中等的干草，促进其瘤胃机能的生长发育。

当牛生长发育到 8 ～ 10 月龄时，就会出现发情现象。过早的配种，会导致母牛出现难产的概率升高，还会使得母牛发育不良。也不利于后期奶的分泌。过晚的配种又会推迟产奶的时间，增加了前期的投资费用。因此母牛最适宜的配种年龄和体重应在其 15 月龄，母牛体重达到了 340 千克时，可以进行配种。15 月龄以后当母牛处于妊娠期，其生长速度逐渐下降，体况横向发展。应根据母牛的膘情来确定给母牛提供精饲料的饲喂量，防止母牛出现过肥的状况。通常饲料量控制在 3 千克以内，而给母牛提供的干物质控制在 12 千克以内，蛋白质水平达到了 12% ～ 13%。

对怀孕母牛，在产前 21 天到分娩前期采用妊娠后期的饲养方式。精料的饲喂量在 3 ～ 5 千克以内，干物质的饲喂量达到了 10 ～ 11 千克，其中需要含有 14% 左右的粗蛋白质，补充微量元素和维生素 A、维生素 E，可以提升奶牛的体质。在这个阶段需要采用低钙饲喂法，钙的含量占到干物质含量的 0.4%，而钙磷比例达到 1:1，这样可以防止母牛采食含钙量过高的饲料引起的产后瘫痪。

（二）管理

要定期对育成牛进行仔细观察，观察其膘情状况。既不能让生长过肥，又避免过瘦，尤其是要观察牛的骨骼和生殖器官以及乳腺等部位的发育情况。

母牛还要加强运动，这样可以提升其食欲，而且不容易发胖，能够延长母牛的利用时间，提高其产奶量。对 7 ～ 18 月龄的育成母牛，需要每天按摩 1 次乳房，5 ～ 10 分钟 / 次，能显著促进乳腺发育，提高产奶量。

第三节　肉牛育肥技术

在肉牛养殖中，在育肥期内根据对营养需求的不同大致可以分为 4 个阶段，即过渡阶段以及育肥前期、中期、后期阶段，在每个阶段内饲养及管理都有不同要求，侧重点也不一样。养殖人员需根据育肥期肉牛的生长特点制定科学合理的饲养以及管理措施，在保证牛肉品质的基础上促进肉牛体重增加，进而提升养殖效益。

一、育成肉牛育肥

（一）阶段饲养

1. 过渡阶段

过渡阶段肉牛大部分为 8 ～ 10 月龄，过渡期需要持续 3 个月左右。此阶段内饲养重点内容是在完成防疫、驱虫以及阉割等工作基础上，促使肉牛快速适应养殖环境、养殖方式以及饲料变化，促使其肠胃功能适当调整，避免出现换料应激问题影响肉牛发育。此阶段喂食饲料仍以青草为主，任其自由采食，适当搭配少量精饲料，此阶段内不宜喂食青贮料。过渡阶段的具体时间需要结合肉牛自身情况以及《肉牛饲养标准》决定，养殖人员在此期间需要注意控制，确保肉牛采食量保持在其自重的 1% 以上，但不宜超过 1.5%。

2. 育肥前期

育肥前阶段肉牛基本为 10 ～ 16 月龄，育肥前阶段通常需要持续 5 个月左右。此阶段内饲养关键点是促进肉牛器官、组织、骨骼以及肌肉快速增长，并促使肉牛逐渐适应精饲料喂养。此阶段肉牛发育较快，对于营养的需求量较大，养殖人员需要合理搭配精饲料和粗饲料，粗饲料主要以青干草和青贮料为主，需要注意的是青干草可以任由其自由采食，青贮料要注意适当限制采食量。由于肉牛生长需要，饲料中还需包含维生素、蛋白质以及矿物质元素等，因此，需要喂食一定量的精饲料，喂食精饲料时也任其自由采食，采食量控制在其自重的 2% 左右。精饲料与粗饲料的比例要随着肉牛生长不断调整，通常在育肥前阶段控制为 1:1 左右。

3. 育肥中期

此阶段需要持续 6 个月左右，此时肉牛基本为 20 ～ 24 月龄，其器官、组织、肌肉、骨骼等已经生长发育成熟，因此，养殖人员需要注意适当控制粗饲料喂食量。此阶段粗饲料采食量以及质量都需要调整，不再任其自由采食，并且需要将青干草以及青贮料改为稻草或麦草。同时要注意适当增加精饲料喂食量，使其逐步适应精饲料喂食，精饲料仍任其自由采食。

4. 育肥后期

育肥后期阶段需要持续 7 个月左右，此时肉牛月龄基本在 25 ～ 30 月龄，此阶段也是肉牛成熟期，肉牛生长发育比较缓慢，日增重逐步下降。此时养殖人员的主要目标不再是促使肉牛增重，需要将饲养的重点放在改善牛肉品质方面，注重增加牛肉的脂肪含量以及密度，这对于提升养殖效益极为关键。此阶段内精饲料的喂食量要进一步加大，提升到肉牛日进食量的 70% 以上，尤其是在出栏前的 2 ～ 3 个月，需要适当增加饲料中维生素 D 与维生素 E 含量，以提升牛肉品质。

（二）管理措施

1. 分群

分群主要是为了便于养殖人员管理，一定程度上可以提高肉牛出栏率。在肉牛 6 个月龄左右分群，根据肉牛生长发育情况、性别、体重等因素合理分群。在过渡阶段结束后，需要再次分群，由大群逐渐向小群转化，此后不再分群，同时要尽量避免转群，以免出现应激反应。小群通常需要控制为 7 头左右，且只出不进，如果需要转群，通常选择在傍晚进行，转群结束后注意马上关灯，避免牛群出现打斗情况。

2. 驱虫

驱虫处理是育肥过渡阶段的关键性工作之一，如果肉牛体表存在寄生虫会影响肉牛进食及休息，进而导致育肥效果受到影响。如果肉牛体内存在寄生虫会掠夺其营养成分，甚至还会引发疾病，严重影响育肥效果，还会增加养殖成本，因此，要注意做好驱虫工作。

3. 运动

在育肥期要使肉牛每天都保持适量运动，这不仅有助于肉牛保持健康，同时也能改善牛肉品质。要控制肉牛运动量，不能因运动过量导致营养被大量消耗，导致育肥效果不理想，建议可以采用圈养或者木桩拴系的方式，限制肉牛活动范围。

4. 卫生

在肉牛育肥期要特别注意环境卫生，为肉牛生长发育提供良好环境，牛圈要保持干燥、清洁，温湿度要适宜。每天要及时清理牛圈，包括牛床以及食槽，定期全面消毒，同时要注意牛圈通风换气，保持空气质量良好。保持良好的环境卫生可以有效避免肉牛在育肥期间患病，确保育肥效果良好。

5. 疾病预防

肉牛的育肥期比较长，在此期间如果患上疾病会严重影响其生产发育，导致出栏时间延后，从而影响养殖效果，因此，养殖人员平时要注意做好疾病预防工作。平时除了保持环境卫生以外还要注意对养殖区域定期进行全面消毒，注意观察肉牛平时的状态，发现异常情况要及时进行隔离与诊治，避免疾病扩散。同时要注意适时地接种疫苗，提高肉牛的抗病能力，确保肉牛健康生长发育。

6. 及时出栏

为最大限度降低养殖成本、提升养殖效益，在育肥期结束后要注意及时出栏。肉牛个体之间存在一定差异，单纯以年龄作为判断是否出栏的标准不够科学，应以肉牛的生长发育情况作为主要评判标准，可以通过观察、称重等方法判断。观察主要查看肉牛各个部位的脂肪沉积情况，当肉牛脂肪沉积情况满足出栏要求时及时出栏。称重主要是定期对肉牛称重并加以记录，若肉牛体重在连续称重 3 次均无明显变化时，即表明已经可以出栏，此时要及时出栏。达到出栏标准时，肉牛体重基本不再增加，及时出栏可以避免饲料浪费，降低饲养成本。

二、架子牛快速育肥

架子牛指未经育肥或不够屠宰体况的牛，通常 12 月龄以上的牛都可称为架子牛。快速育肥架子牛是特指断奶后犊牛采用强度育肥方式，集中育肥 2～3 个月，达到理想体重和膘情时进行屠宰。科学利用架子牛进行肥育，可生产出许多高档牛肉产品，从而获得良好的经济效益。

（一）架子牛的选择

1. 品种

不同品种间的生产性能差异很大，在进行快速育肥架子牛时，应选择从国外引入的优良肉牛品种，如夏洛来牛、西门塔尔牛、海福特牛、草原红牛及其与本地黄牛的杂交后代，至少也应选择我国的优良黄牛品种，如秦川牛、鲁西牛、南阳牛等。

2. 体型外貌

在体型上应选择体格高大、健壮、前躯宽深、后躯宽长、嘴大口裂深、四肢粗壮的牛，而不应选择头大、肚大、颈细、体短、肢长等不合格的架子牛。

3. 年龄

由于架子牛的体格基本发育完全，因此应选择年龄在 1.5 岁左右的牛。其年龄可以根据牙齿的脱换情况进行判断，可选择尚未脱换或第 1 对门齿正在更换的牛。有实验曾对（2±0.5）岁、（4±0.5）岁、（5～9）岁的西杂阉牛进行肥育效果研究，认为在同样的条件下进行育肥，无论增重速度、饲料转化率、大理石花纹等级还是眼肌面积均以（2±0.5）岁效果最好。

4. 性别

相同的饲养条件下，不同性别的牛生长速度、饲料报酬、屠宰率各不相同。因性别的不同，其激素的种类和分泌量也不同，雌激素能抑制长骨的生长，而雄激素能促进骨骼、肌肉的发育，又涉及整个机体的蛋白质储备、同化作用。因此，没有去势的公牛最好，其次是去势的公牛。不宜选择母牛，因公牛的日增量高于阉牛的 10%～15%，阉牛高于母牛 10%。但对于 2 岁以上的公牛，在进行肥育前宜先阉割，防止给日常的管理带来不便和影响肉质，使用价值降低。

5. 体重

一般要选择 1.5 岁时，体重达到 350 千克以上的架子牛。

（二）育肥牛的饲养技术

1. 日粮配合原则

①应根据其营养需要，按饲养标准供给营养。

②饲料的品质好，适口性要好，尽可能提高架子牛的采食量，促进消化，以利增重。

③充分利用当地的饲料资源，降低成本。

④饲料原料要多样搭配，以利养分的互补，提高饲料利用率。

⑤饲料中不应含有毒物质。

2. 营养供给

架子牛育肥过程中，应供给充足的养分，以促进其尽快增重。因此，在饲喂过程中要不断调整精粗料的比例，加大精料供给量。在预饲阶段以精料为主，适量添加麸皮，第 1 个月精粗料之比为 0.5:1，日喂精料 3～5 千克；第 2 个月精粗料之比为 0.7:1，日喂精料 6 千克左右；第 3 个月精粗料比可以达到 0.8:1，日喂精料 7～8 千克。在育肥的过程中，每天饲喂 2～3 次，但每次间隔时间要均等，每天饮水 3 次，喂后饮水。饲喂的顺序为先喂草，后喂料，最后饮水，这样有利于刺激食欲，增加牛采食量。在饲料调制时，青草应铡短，剔除杂物，洗净饲喂，精料拌湿，干草打碎软化。在夏季气温高，牛食欲下降，应采用提高日粮浓度、夜间加饲的方法促进采食。冬季低温，采用热能饲料饲喂，饮热水，饲喂热料以降低饲料消耗。

（三）架子牛快速育肥的管理

1. 卫生防疫

对牛舍先进行全面消毒，一般可以用 20% 的石灰乳或 2% 漂白粉澄清液喷洒，农村可以在地面垫上新土，再用石灰乳消毒 1 次。进牛后，应保持圈舍卫生，并经常对牛进行观察，发现问题及时处理。同时应根据当地情况做好疫苗的注射，并且对牛进行驱虫，宜在早晨空腹时进行，每千克体重用敌百虫 40～50 毫克，或丙硫咪唑 7～15 毫克。

2. 记录登记

对进场的牛应建立详细的记录登记，特别是增重、用料、用药及各种重要技术数据。

3. 运动

选择运动场要背风向阳，并设置牛桩。距桩 35 厘米用绳固定牛头，要限制运动，以利育肥。

4. 日光浴

日光照射架子牛，可以提高牛的新陈代谢水平，促进生长。因此在每天饲喂后，天气好时要让牛沐浴阳光，冬季在每天的 9:00 以后和 16:00 以前，夏季则在 11:00 以前和 17:00 以后晒太阳，以促进牛的生长。

5. 刷拭

刷拭可以促进皮肤血液循环，保持体表清洁，有利于新陈代谢，促进增重。在晒太阳前应对牛从前到后，按毛丛着生方向刷拭 1 遍。

6.设置塑料暖棚保温

在北方地区冬季严寒，枯草期长，肉牛的舍外肥育增重缓慢，耗能较多，用塑料暖棚肥育，可以减少热量损耗，增加饲料的有效转化率。时间为 11 月上旬至翌年 3 月中旬。选用白色透明 0.02～0.05 毫米农用塑料薄膜，坡式扣棚，上用草帘或麻袋等盖严，棚内设有换气孔或换气窗，以便调节气体和温湿度，这样可以提高棚内温度 10℃左右。

（四）架子牛育肥后的适时出栏

1.适时出栏

架子牛适时出栏的标准是当其补偿生长结束后，立即出栏。其原理为：在生长发育的某一阶段，由于饲养管理水平降低或疾病的原因引起生长速度下降，但不影响其组织的正常发育，当饲养管理水平提高或牛的健康恢复以后，其生长速度加快，体重仍能恢复到没有受影响时的标准。当牛的补偿生长结束后继续饲养，其生长速度减缓，食欲降低，高精料的日粮还会造成牛消化紊乱，引发疾病，因此当补偿生长结束后，应立即出栏。

2.出栏膘情

牛的膘情是决定出栏与否的重要因素，架子牛经肥育后体形饱满，膘肥肉厚，整个躯干呈圆筒状，头颈四肢厚实，背腰肩宽阔丰满，股部肥厚，触摸体躯，感到肌肉丰厚，皮下软绵，说明膘情良好，可以出栏。

3.出栏食欲

食欲是反映补偿生长完成与否的主要原因。架子牛通过胃肠调理以后，食欲很好，采食量不断增加。当补偿生长结束后，则采食量开始下降，食欲减退，消化机能降低。在架子牛育肥后期，若出现食欲降低，采食量减少，经过一些促进食欲的措施之后，牛的食欲仍不能恢复，说明补偿生长结束，需要及时出栏。

4.出栏体重

架子牛经过 2～3 个月的育肥后，达到 550 千克以上，增重达 150 千克以上，平均日增重达 1～1.5 千克时，继续饲养则增重速度减慢，应适时出栏。

第四节　奶牛泌乳期的养殖

奶牛产犊后即进入泌乳期，而泌乳期持续的时间会受到品种、胎次、年龄以及产犊季节和饲养管理措施的影响。其中饲养管理措施对奶牛的产奶量以及再次发情会产生直接影响，同时也会对奶牛的产奶量以及实际使用年限产生影响。所以该掌握奶牛泌乳期饲养管理的工作重点，以获得理想的经济收益。

一、饲料的选择

奶牛主要饲喂粗饲料，在选择饲料时，应选择绿色多汁，富含蛋白质、氨基酸和微量元素的优质草或豆类干草。具有很高的营养价值，需求量约为日常干粮的60%。在夏季，此时牧草丰富，可以采取放牧和舍饲混合喂养模式，奶牛可以自由进入草原采食鲜草，同时可以增加运动量，有充足的阳光照射促进新陈代谢，增加产奶量。在哺乳期，奶牛大量产奶，对营养物质的需求量较大，需要增加采食量以保持足够的营养物质摄入量，因此，提供给奶牛的饲料要求营养丰富，适口性好，为了提高饲料的适口性，可以在饲料中添加甜菜渣等甜味剂。

泌乳期奶牛对饲料的要求较高，饲料不能单一，要求提供2种以上的粗饲料，包括2～3种多汁饲料，超过4～5种精料，并要求混合均匀。整个泌乳期干物质的摄入量变化很大，这取决于奶牛生产的犊牛的重量和数量，以及饲料质量的变化。奶牛在泌乳期摄入高质量营养丰富的干物质，能保证奶牛产奶量的稳定高产以及保证奶牛身体健康良好，因此在配制日粮时要保持一定水平的能量浓度，增加精料的喂养量。高产奶牛在泌乳高峰期的精饲料比例要求较高。此外，奶牛的日粮中应该有适量的轻泻成分，主要是增加泌乳期间牛奶的年摄入量，减少蛋白质在瘤胃中的降解的作用。常用的饲料是麸皮，可占精料比例的25%～40%。

二、饲养方法

（一）泌乳前期

通常奶牛在分娩后期需要消耗机体大量的营养物质，所以临床中可见其表现得非常虚弱，机体的消化水平非常差，生殖器官也不能完全恢复，此时乳房呈现出水肿状态，乳腺及其机体循环系统也不能正常运转，但奶牛的产奶量呈现逐渐上升的趋势。奶牛在生产之后的前3～5天应该合理控制挤奶量和挤奶次数，产奶量过多会因损失大量的钙而表现产后瘫痪。奶牛生产后的前 2 天应该采食少量以麦麸为主的混合精料，同时配合供应适量的优质干草。第 3 天开始适量提高青贮饲料或多汁饲料的供应量。在奶牛采食情况正常而且乳房水肿状态消退之后，可以恢复正常的采食量。

（二）泌乳盛期

此时奶牛的乳房变软而且恢复正常，产道也得到彻底恢复，饲料的投喂量也恢复正常，奶牛进入泌乳高峰期。通常泌乳盛期会持续 2～3 个月，这是奶牛产奶的关键阶段，所以尽量要给其提供稳定良好的饲养环境，以保证奶牛发挥生产潜力，延长奶牛泌乳高峰的持续时间。此时期的奶牛采食的饲料主要以优质粗饲料和高能量且高蛋白的精料为主。按照少给勤添的饲喂原则，每天都应该按时给奶牛提供适合的饲料量，配置食槽以供奶牛自由采食，注意避免奶牛存在过量采食精料和糟渣饲料的情况，在泌乳盛期可采用引导饲养的方法，保证在有效的短时间内提升奶牛的实际产乳量，提高给奶牛供应高能量饲料的比例以有效降低酮病的出现，要保证奶牛精饲料的供应持续稳定状态，度过泌乳盛期则可以根据奶牛饲养的实际情况合理调整饲喂措施。

（三）泌乳中期

此阶段的饲养重点应该是延长泌乳高峰时间，以有效获得较高的产奶量。奶牛一般在生产之后的 140～150 天属于泌乳相对稳定的阶段，一般会持续 50～60 天。通常奶牛生产后的 182 天又会出现泌乳量逐渐下降，此时奶牛机体因为泌乳会消耗太多的能量，其余的能量要在机体中进行贮存以供体重增加所用。此阶段需要综合考虑奶牛的体重以及产奶量和乳脂率的实际情况，从而采取平衡饲养的方式，但是对高标准的饲养要求并不适用。此阶段供应给奶牛的饲料以全价混合料为主，并且要综合考虑奶牛的实际产奶量情况而将精料的供应量逐渐地降低。间隔 10 天需要根据奶牛的体重和产奶量情况合理调整精料的供应量。同时还应保证有充足的干草，适宜的条件下可降低青贮和多汁饲料的供应量。

（四）泌乳后期

此阶段产犊牛的发育很快，奶牛的增重速度也很快，所以此时奶牛需要摄入更多的营养物质。此阶段主要给奶牛供应粗饲料，可适当降低多汁饲料的供应量，提高精料的供应量，增加日粮中胡萝卜和矿物质添加量，但严格禁止给奶牛投喂冰冻、发霉或变质的饲料，否则会直接影响奶牛泌乳后期的健康状态和生产性能发挥。

三、管理要点

奶牛每天应保持一定的运动量，以促进血液循环，增加食欲，增强体质，改善生殖功能，防止身体脂肪过多，预防疾病等。一般需要每天锻炼时间 2～3 小时。要每天刷 2～3 次身体，保持皮肤清洁，还要清除体外寄生虫，对调节体温，促进新陈代谢也起到一定的作用。奶牛每年必须修复 2 次蹄，以防止肢蹄病和影响生产性能。还要定期对蹄部药浴，防止发生蹄叶炎，特别是在饲养条件下，应开展此项工作。

夏季要做好奶牛防暑降温工作，避免热应激影响奶牛的健康和产奶量。通常的方法是在舍外搭建一个冷却棚，加强舍内的通风，在舍内安装一个冷却装置。在炎热的夏季，为奶牛提供凉爽的饮用水，最好是深井水，可以用冷水将精制饲料制成低温粥状的饲料，可以起到防暑降温的作用。夏季高温会导致奶牛食欲不振，因此有必要及时调整日粮配方，以增加奶牛营养素的摄入量，可以增加日粮中营养的浓度，也可以在日粮中添加维生素、碳酸氢钠，以减少因热应激而导致的产奶量和奶质的下降。在高温期间，可以多饲喂泌乳期奶牛一些青绿多汁饲料。饲喂时应选择早晚较凉爽的时间，夜间补饲一次，可提高奶牛采食量，保持良好的身体状态。

四、正确掌握挤奶技术

正确的挤奶方法是获得高产的有效手段，挤奶不当不仅降低产奶量，还会损伤乳房，导致乳房炎。一般产后 0.5～1 小时应开始挤奶。在挤乳前用 45～50℃温水，将毛巾沾湿，先洗乳头及乳孔，再洗乳房底部中沟、左乳区、右乳区及乳房后部，然后拧干毛巾，自上而下擦干整个乳房，注意挤奶卫生。

每次挤乳时要按摩乳房 1 分钟左右，当其膨胀，乳房神经努张，即可挤奶。挤乳人员应蹲坐在牛体右侧后 1/3 处，用拇指和食指紧握乳头基部，然后再用其余各指顺次压挤乳头，通过左右手有节奏地一紧一松连续进行，挤乳用力要均匀，动作要熟练，挤乳速度 80～120 次 / 分钟，先挤后 2 个乳头，挤到一定程度，再挤前 2 个乳头，然后再挤后，再挤前，直至挤净，全过程在 6～10 分钟完成。挤奶 3 次 / 天，白天间隔 7 小时，夜间 10 小时。在奶牛泌乳 300 天左右应停止挤奶，让奶牛有充分的时间来弥补营养的损耗，为其下胎较高产打基础。一些养牛户从产后一直挤到没有奶时方才停止，这种掠夺式挤奶，造成奶牛过度消耗营养，出现发情不明显、性周期紊乱、较难受孕进而影响泌乳量等问题。必须加强繁殖管理，把握好初配年龄，切忌过早配种。

第五节　养牛常用粗饲料的加工调制

一、青贮饲料的加工调制

青贮是指将新鲜的全株玉米及其他青绿饲料切短铡细后贮存于密封的青贮窖（或青贮袋、青贮池）中，在适宜的温度和湿度环境下，通过微生物发酵和化学作用，在密封无氧条件下调制成的一种耐贮存、多汁饲料。品质好的青贮饲料能最大限度保存原料本身的营养成分。全株青贮玉米及其他粮食作物等青贮的目的是提高种植效益，扩大饲料来源，调节饲料的季节性供需不足矛盾，推进农业供给侧结构性改革。

（一）适期刈割

适期刈割可以保证饲料中含有适量的水分和碳水化合物，并且可以获得单位面积中最高的干物质产量和最高的营养利用率，以此来增加家畜的采食量。豆科牧草和野草适合在开花初期进行收割，禾本科牧草以及麦类适合在抽穗初期进行收割，而甘薯藤的收割期是在霜前或收薯前的 1～2 天，带穗玉米秸需要在玉米成熟时进行收割等。

（二）调节水分含量

青贮饲料的成功主要是由青贮饲料原料的含水量来决定的，一般青贮饲料原料的含水量为 70% 是最适宜的含水量。刈割后直接进行青贮的原料含水量比较高，可以加入适量的干草或秸秆等来降低含水量，或者可以进行适当的晾晒。谷物的含水量是比较低的，可以对其进行加水或使用嫩绿新割来的饲料增加谷物的含水量。测定青贮原料的含水量可以采用手抓的方法，即将已经铡碎的原料放在手里握成团，如果草团缓慢地散开且没有汁液渗出或者是有少量的汁液渗出，这时原料的含水量就是在 70% 左右。

（三）切碎

青贮原料的长短是青贮饲料质地的关键，青贮原料切得越短，青贮饲料的品质就越好。因此，在进行切割时，要将青贮原料切成 0.5 厘米左右的长短，而一些质地比较粗硬的青贮原料，可以切成 2～3 厘米的长短。

（四）装填与压实

青贮原料要在切碎之后进行装贮。如果在窖外放置太长时间，就会使青贮原料发生霉烂。在填装时要对青贮原料进行压实，这是装填中非常重要的步骤，将青贮原料压实可以为青贮窖的厌氧乳酸菌发酵提供有利的条件。青贮原料在装填时压得越紧实，就会将空气排出得越彻底，青贮饲料的质量就越好。

（五）密封

在青贮原料装填完成后，要及时将其进行严密的封埋。如果在装填之后没有及时地进行封埋，就会使青贮饲料的质量下降，使干物质的损失量增加，因此，要做到一边装填、一边压实并及时进行封窖。通常情况下，可以在原料装至高出窖面 30 厘米左右时，用塑料薄膜盖严之后，用土进行覆盖，覆盖的厚度在 30～50 厘米。窖顶呈馒头形状或屋脊形状，并且要保证窖顶是不漏水、不漏气的密封状态。

（六）管护

在青贮原料窖贮程序完成之后，需要在窖周围 1 米左右的地方挖排水沟，防止雨水渗入青贮窖。在一些雨水比较多的地区，需要在青贮窖上方搭建防雨棚，并随时检查窖顶是否有裂缝，如果发现有裂缝，要及时用土覆盖并压实。

二、粗饲料的加工调制

（一）粗饲料的种类

粗饲料主要是指干物质中粗纤维的含量大于或者等于 18% 的可以给畜禽

提供营养，具有饱腹感又无毒无害的一类物质的总称。粗饲料的种类主要有干草类、农副产品类（秸秆、秕壳等）、树叶类等。

1. 干草类

干草是草食动物比较喜食的饲料，干草的气味芳香，颜色为青绿色，加工方便，容易保存，而且来源比较广，营养丰富，贮备大量的优质干草可以确保牛羊等安全越冬，预防春季掉膘。

干草没有统一的分类方法，根据植物学来源，可以将干草分为豆科干草、禾本科干草和野杂干草等；根据栽培方式可以分为天然牧草和人工栽培牧草调制而成的干草；根据干燥方法可以分为自然干燥和人工干燥的干草。干草的营养价值差别较大，一般来说，豆科牧草调制而成的干草粗蛋白质的含量要高于禾本科，能量含量两者之间差别不大。牧草收获越晚，产量越高，但是其中粗纤维的含量会越高，饲料的利用率就会降低。干草的营养价值还和干燥方法有很大的关系，人工干燥时间短，营养成分损失少，反之，自然干燥时间长，营养成分损失就较大，但是经过自然干燥的干草，里面的麦角固醇在阳光的照射下会转变成维生素 D_2，增加了干草中维生素 D_2 的含量。

2. 农副产品类

农副产品类是来源最广，产量最高的一类粗饲料，主要是指农作物收获籽实以后剩余的农作物副产品，主要包括农作物的枯叶和茎秆，常见的有玉米秸秆、马铃薯的茎叶、豆秸、麦秸等。农副产品类也包括农作物籽实脱粒以后剩余的秕壳，主要包括种子的外壳和颖片等。

秸秆类农副产品的质地较硬，而且表面比较粗糙，适口性比较差，其中粗蛋白质的含量较低，含有一定量的矿物质，粗纤维的含量特别高，一般在30% ～ 45%，而且其中木质素含量高，不容易被牛羊等利用，要经过科学的加工调制，提高适口性，改善粗纤维结构，才可以提高其利用价值。

秕壳类饲料，常见的有麦壳、谷壳、稻壳等，这类的饲料蛋白质和矿物质的含量要高于秸秆类，但是此类饲料质地要比秸秆类坚硬，同时在加工过程中容易混入泥沙，甚至有的含有芒刺，饲喂动物时，容易对口腔黏膜造成损伤，利用价值较低。

3. 非常规粗饲料

树叶类、糟渣类等都属于非常规粗饲料，这类饲料的来源差异较大，营养价值也有明显的差别。树叶类的饲料一般粗蛋白质的含量相对较高，如槐树叶粗蛋白质的含量高达 20%（以干物质计），是优良的蛋白质饲料，而且槐树叶磨成粉还可以用作添加剂的载体；核桃叶、柳树叶中含有丰富的维生素C、胡萝卜素等，是优良的草食动物饲料。有些树叶加工成的叶粉还可以用作家禽、猪等单胃动物的饲料，但是用量不宜过多。

（二）影响粗饲料利用的因素

1. 粗饲料存在营养缺陷

粗饲料的种类多，如秸秆、藤蔓、秕壳等，在草食动物的养殖生产中占有非常重要的地位。粗饲料中含有蛋白质、脂肪、碳水化合物、维生素，矿物质等，这些都是动物生长发育和生产畜产品的重要营养物质，但是粗饲料中碳水化合物的主要组成为粗纤维，粗纤维中木质素的含量对粗饲料的利用有很大的影响，会降低其他营养物质的利用率。粗饲料自身存在的营养缺陷主要表现在以下几个方面。

（1）粗饲料中粗纤维的含量高，饲料的消化率比较低　干草类的饲料粗纤维的含量在 25%～30%，秸秆、秕壳类的粗饲料中粗纤维的含量在 25%～50%，而且粗纤维的构成有纤维素、半纤维素、木质素，其中木质素很难被动物利用。粗饲料中含有淀粉等易消化的碳水化合物较少，有机物的消化率一般在 65% 左右，而且粗饲料含有的植物细胞壁较多，饲料粗硬，适口性差，相对于其他籽实类的饲料消化率要低很多。粗饲料作为单一日粮饲喂家畜，很难满足家畜的营养需求。

（2）粗饲料中粗蛋白质的含量差异比较大　豆科牧草调制的干草是比较优质的粗饲料，粗蛋白质的含量高，为 10%～19%，但是其粗蛋白质的含量会受到施肥、品种以及收获季节的影响，变化范围较大。同时，苜蓿、紫云英等豆科牧草中含有皂角素，反刍动物采食以后可以在瘤胃中形成大量的泡沫，使碳水化合物、脂肪等在消化过程中形成二氧化碳、甲烷等气体不容易排出，引起瘤胃臌胀，因此，饲喂量受到限制，不能太多；禾本科的干草粗蛋白质含量为 6%～8%，但是其粗纤维的含量高，低蛋白和高纤维素的含量限制了动物的利用，影响动物的采食量；秸秆类粗蛋白质的含量仅为 3%～5%，而且不易被消化，粗蛋白质的消化率仅为 15%～20%。禾本科干草的消化率一般为 50% 左右，豆科干草的粗蛋白质消化率为 70% 左右。

（3）粗饲料中粗灰分含量高　粗饲料中粗灰分以硅酸盐为主，钙磷含量少，并且钙少磷多，钙磷比例和动物的需求不匹配，饲喂过程中要补充钙源。

（4）维生素含量少　粗饲料在干燥或者贮存过程中，会造成 90% 左右的维生素损失，但是其中维生素 D 损失较少，含量丰富；青干草中胡萝卜素损失也较少，含量也比较丰富。

（5）粗饲料的体积大　粗饲料的体积大，采食量受到限制，而且粗饲料的消化率低，用作反刍动物饲料，不能满足其营养需求，还要适当补充部分精料。

2. 农作物的收获期

农作物在生长发育过程中，其中营养成分的含量并不是一成不变的，会随着农作物的成长过程发生很大的变化。随着农作物的成熟，其茎秆中不容易被消化的木质素逐渐增多，粗蛋白质的含量下降，消化率也相应下降，这主要是因为随着农作物的生长，茎秆在粗饲料中的比例增加，叶片所占的比例降低造成的。在家畜采食量不变的情况下，农作物生长期延长一天，家畜的消化率就会降低 0.5%。通常情况下，根据饲喂的动物的不同、调制方法的不同在适合的时间刈割来收获高质量、高产量的粗饲料。

3. 日粮中精料和粗料的比例

家畜日粮中精料和粗料的比例会影响家畜对粗饲料的利用，粗饲料中易消化的碳水化合物含量少，不能给微生物生长繁殖足够的能量，因此适当增加日粮中精料的比例，就会有利于瘤胃中微生物的生长繁殖，提高粗饲料的消化率。当饲料中精料的添加量在 10% 以下时，随着精料添加量的增多，会改善瘤胃的微生物环境，有利于瘤胃微生物的繁殖，粗饲料的采食量和利用率都会有明显的提升。当饲料中精料的添加量在 10%～70% 时，随着精料添加量的增多，反而会降低对粗饲料的采食量。当精料的添加量高于 70%，过高的碳水化合物在瘤胃中快速分解，反而会抑制微生物的增殖，大量的能量不能被利用造成浪费，碳水化合物分解产生的挥发性脂肪酸也会降低瘤胃的pH 值，抑制细菌对纤维素的降解。

（三）粗饲料的利用技术

1. 物理加工技术

物理加工技术是比较传统的处理粗饲料的方法，操作简单，投入的资金较少，在农村应用比较普遍。但是物理处理方法只是改变了粗饲料的外形，没有使化学成分发生变化，不能明显地提升其消化率。常用的物理处理方法主要有切断、粉碎、压扁、制成颗粒、揉碎、盐化、蒸煮、膨化等。

①切断、粉碎、压扁等改变了粗饲料的形状，增加了家畜的采食量，而且经过加工后的粗饲料进入瘤胃后，提高了和消化液的接触面积，使饲料能够充分浸润，提高了粗饲料的可消化性。但是也不是粉碎得越细越好，否则会降低粗饲料在瘤胃中的停留时间，微生物的消化时间也相应缩短，并且也会减少唾液的分泌，导致粗饲料的消化率降低。以牛为例，通常秸秆等切断

的长度 3 ～ 4 厘米为宜。

②制粒技术，一般是将粗饲料和精料、添加剂等混合均匀后，利用机械加工成颗粒饲料。颗粒饲料粒度均匀、粉尘少、改善了粗饲料的适口性、提升了采食量，而且加工成颗粒饲料提升了机械化水平，可以促进粗饲料加工的产业化、规模化发展。

③膨化技术也是处理粗饲料的一种常用方法，是将粗饲料利用高压水蒸气处理一段时间，然后瞬间泄压，使粗纤维的结构得以改变，增加了饲料中易消化的无氮浸出物含量，也使木质素低分子化，纤维素的结构变得疏松，提升了其消化率。膨化技术由于投入的资金多，目前还没有广泛推广，水产饲料应用比较多。

2. 化学处理技术

对粗饲料进行化学处理在养殖生产中应用非常普遍，主要是利用酸、碱等化合物将粗饲料中的纤维素、半纤维素、木质素之间的化学键分裂开，使秸秆等粗饲料变软、变疏松，而且经过处理后还会增加粗饲料的营养成分，如经过氨化处理的粗饲料可以提升氮元素的含量，增加粗饲料的营养价值。化学处理方法主要有碱化处理、氨化处理、氨碱复合处理、酸处理等，其中氨化处理应用最普遍，处理的效果也最好。

（1）氨化处理　氨化处理是利用尿素、氨水等溶液对粗饲料进行处理，提升粗饲料营养价值，改善适口性，提高消化率的一种方法。将粗饲料切断，长度为 2 ～ 3 厘米为宜，然后用适量的尿素溶液、氨水溶液进行逐层喷洒，然后再逐层压实，喷洒完毕后，用塑料布封严。25 ～ 30℃的环境下经过一周的氨化（温度低，可以适当延长氨化时间），就可以开封利用。饲喂前要先将塑料布揭开，晾一段时间再饲喂家畜，但是放置时间不宜过长。粗饲料经过氨化处理以后，含有大量的铵盐，提高了粗蛋白质的利用率，还有一种糊香味，变得柔软，家畜的采食量提升，饲喂效果好。刘畅的研究表明，经过氨化的秸秆，饲喂奶牛，奶牛的采食量明显提高，饲料的转化率提升，降低了饲料成本。但是，氨化处理时，一定要均匀喷洒氨水等溶液，否则会容易引起家畜氨中毒。

（2）碱化处理　碱化处理常用氢氧化钠溶液、石灰水等对粗饲料进行处理，通过碱化作用，使粗纤维的结构被破坏，并使部分的硅酸盐溶解，达到提升对粗饲料利用的目的。

用氢氧化钠溶液对粗饲料进行处理，然后配制成30%的溶液，均匀喷洒在粉碎的粗饲料上，堆积数日后就可以直接饲喂家畜。经过处理后的粗饲料，有机物的消化率可以提升10% ～ 20%，但是家畜采食处理的粗饲料后，粪便中钠离子的浓度会提高，对土壤会产生污染。

利用石灰水处理粗饲料，成本低，处理简单，还可以提高粗饲料中钙离子的浓度，而且对环境的污染较小，应用比较普遍。将石灰水溶液（1千克生石灰溶于100升水中，取上清液）均匀喷洒在粉碎的粗饲料上，然后堆积处理1～2天，就可以直接饲喂家畜。经过处理后的粗饲料中钙离子浓度升高，为防止钙磷比例失调，要适当添加磷元素。

（3）氨碱复合处理　氨碱复合处理是先将粗饲料进行氨化处理，然后再进行碱化处理，充分利用氨化、碱化的优点，提升粗饲料的消化率，如秸秆经过氨化处理以后，消化率为55%左右，经过氨碱复合处理以后，消化率可以高达71%以上。

3. 生物处理技术

生物处理主要是指利用纤维素酶、细菌、真菌等对粗饲料进行处理，使纤维素在体外分解，提高其采食量和消化率的一类方法，除了青贮以外，目前常用的有酶解和发酵等技术。

酶解和发酵技术通常综合利用，是利用纤维素酶、半纤维素酶等或者利用能够分解纤维素的真菌或者细菌等，在一定的条件下使粗饲料中的粗纤维等降解，转化为糖或者菌体蛋白，从而提高粗饲料的利用率。有实验中，利用绿色木霉、青霉菌纤维素发酵液对秸秆进行发酵，然后利用发酵的秸秆饲喂成年梅花鹿，可以显著地提高梅花鹿的增重和产茸量。随着研究的深入，这种处理技术越来越受到人们的关注，只是由于处理成本高，操作不方便，不容易在养殖生产中推广。

第六节　牛常见疫病的防治

一、病毒病

（一）口蹄疫

口蹄疫也叫"口疮""蹄癀"，是由口蹄疫病毒引起的一种急性、热性、高度传染性疫病，农业农村部将其列为一类动物疫病。

1. 诊断要点

（1）流行特点 该病的病原是口蹄疫病毒，属 RNA 型病毒，容易变异，有 7 种血清型，临床上 O 型、A 型、C 型较为流行。2018 年 1 月 2 日，我国农业农村部宣布口蹄疫亚 1 型正式退出免疫，当前我国口蹄疫流行毒株主要是 O 型中的 CATHAY、Ind-2001e 和 Mya-98 毒株，A 型中的东南亚 Sea-97 等 4 个毒株。牛、羊、猪等偶蹄类动物易感，尤其是黄牛和奶牛；人较少感染，但如果与患病动物接触过多，也可被感染。通过直接接触病畜的排泄物、分泌物，或间接吸入含有口蹄疫病毒的尘埃、飞沫，饮用或食用被口蹄疫病毒污染的水、草料等而直接或间接传播；一年四季均可发病，以春、秋两季易流行。

（2）临床症状 家畜口蹄疫中，牛的临床症状最典型。病牛表现体温升高，口腔内黏膜、蹄部、乳房等部位出现单个或多个充满液体的水疱并溃烂。初期，体温升高达 40～41℃，食欲不振，精神沉郁；流涎，1～2 天后，在唇内面、齿龈、舌面和颊部黏膜上出现短暂的、蚕豆至核桃大的水疱并很快破裂，临床上有时难以观察到。早期病变可能会在以上部位出现一些很小的白皙区域，随着水疱破裂，白皙的区域变红，形成边缘整齐的红色糜烂，如继发细菌感染，有时会发生溃疡，并可见到新发育上皮的分界线。蹄部发生水疱时，临床上可见到趾间和蹄冠皮肤红、肿，水疱破溃后留下红色糜烂面，严重感染者可化脓，蹄不着地，甚至蹄壳脱落，运动障碍。乳房水疱常出现在乳头，继发感染或转为慢性时可引起乳房炎，导致泌乳减少甚至停滞。

新生犊牛如感染口蹄疫，成活率降低；母牛可导致流产。

2. 防制措施

自 2001 年以来，我国一直对口蹄疫实施强制免疫措施。疫苗免疫过程中要遵循三个"确实"，即确实接种了疫苗、选择了效果确实的疫苗、接种后确实有效（用抗原含量高、杂蛋白少的疫苗）。

（1）疫情处置 按照 2010 年原农业部关于《口蹄疫防控应急预案》要求，立即进行疫情监测与预警、应急响应。对疑似疫情上报、划定疫区、扑杀销毁、隔离消毒、无害化处理、紧急接种等综合性扑灭措施。

（2）制订合理的免疫程序 规模化养牛场，犊牛 90 日龄首免，120 日龄二免，以后每隔 4～6 个月免疫一次；散养肉牛实行春、秋两季各进行一次集中免疫，每月定期补免。发生疫情时，要对疫区、受威胁区域的全部易感牛进行一次强化免疫，但最近 1 个月内已免疫的牛可不再进行强化免疫。有条件的牛场和地区，可根据母源抗体和免疫抗体的检测结果，制订相应的免疫程序。

（3）合理选用疫苗　必须选择与当地流行毒株抗原性匹配的疫苗。当前，可选用口蹄疫 O 型、A 型二价灭活疫苗（O/MYA98/BY/2010 株 +Re-A/WH/09 株），1 毫升 /（头·次），肌内注射，90 日龄首免，120 日龄二免。选择其他种类的疫苗时，可在中国兽药信息网国家兽药基础信息查询平台兽药产品批准文号数据中查询。

（4）免疫效果监测　在免疫注射 21 天后，需进行免疫效果监测，存栏牛免疫抗体合格率必须达到 70% 以上判定合格。

（二）牛结节性皮肤病

牛结节性皮肤病是由牛结节性皮肤病病毒引起的牛的一种全身性感染疫病，以皮肤出现结节为主要临床特征。牛结节性皮肤病不是人兽共患病，人不感染。我国农业农村部将其列为二类动物疫病。

1. 诊断要点

（1）流行特点　该病的病原是痘病毒科、山羊痘病毒属、牛结节性皮肤病病毒。牛易感，黄牛、水牛、奶牛不分年龄，均可感染。病牛、带毒牛的皮肤结节、唾液、精液等均含有病毒，经吸血昆虫如蚊蝇、蝉虫、蠓等叮咬，或牛间相互舔舐，摄入被病毒污染的草料、饮水，共用带毒的针头，人工授精或自然交配等方式传播。发病有明显的季节性，吸血虫媒活跃的季节多发。

（2）临床症状　该病的潜伏期一般 28 天。病初，感染牛体温升高到 41℃，高热稽留 1 周左右；浅表淋巴结尤其是肩前淋巴结多肿大；眼结膜炎，鼻流涕；奶牛产奶量下降。发热后大约 2 天，病牛头、颈肩、乳房等处见大小不等的结节突起，有时结节破溃，招来蚊蝇，经久不愈；口腔黏膜上起水疱，之后破溃、糜烂，口角流涎；有的病牛四肢、腹部、会阴等处水肿。公牛可导致不育，母牛发情延迟，孕牛可发生流产。

2. 防制措施

（1）疫情处置　2020 年，农业农村部发布的《牛结节性皮肤病防治技术规范》（农牧发〔2020〕30 号）中，一方面要做好外防输入性病例，必须严把国门，严防引进疫区国家的活牛及其肉制品、皮张、精液等产品；还要求对确诊的牛结节性皮肤病病例和病原学阳性病例立即扑杀，和病死牛及产品、污物、垫料等同时进行无害化处理。做好同群病原学阴性奶牛的隔离饲养和临床监视，发现异常，及时处置；对奶牛场环境、设施、车辆、用具、人员等进行彻底消毒，消灭蚊、蝇、蠓、虻、硬蜱等昆虫媒介，防止叮咬奶牛；

疫区、受威胁区内，限制同群奶牛移动，禁止所有活牛调出和引进，严密监测和排查养殖场、屠宰场、交易场等感染风险和疫情动态，做好疫情监测和预警；在国内尚无特异性疫苗的情况下，选择临时替代疫苗，即山羊痘活疫苗，对所有牛只进行紧急免疫，以保护非疫区健康牛群。

（2）加强饲养管理 要加强奶牛饲养管理，严格落实各项生物安全措施，加强并实施严格的卫生消毒，杀灭蠓、蜱、蚊、蝇等吸血虫媒，填埋养殖场周边死水塘，清理杂草和污物、垃圾，消除蚊虫滋生环境；按照动物疫病监测与流行病学调查计划的要求，加强对重点防控地区和重点环节的监测，加大对边境地区散放奶牛的巡查力度，为牛结节性皮肤病风险评估提供科学依据。

（3）免疫接种 如有必要，根据各地实际情况，疫区可进行免疫接种，但必须逐级上报，待批准并备案后方可实施。

①常规免疫程序。每年3月，可试用山羊痘活疫苗5头份对所有易感牛进行普免，21～30天再进行强化免疫1次；犊牛在出生后，可试用5头份山羊痘疫苗进行首次免疫，21～30天强化免疫1次。

②一刀切式免疫程序。下列一刀切式免疫程序（表2-1）可供参考。

表2-1 一刀切式免疫程序

项目	免疫次数	时间	免疫对象
基础免疫	首免	3月底到4月初	全部易感牛
	二免	4月底到5月初	
犊牛免疫	首免	0～30日龄	犊牛
	二免	30～60日龄	

（三）牛传染性鼻气管炎（传染性脓疱外阴阴道炎）

牛传染性鼻气管炎是由牛传染性鼻气管炎病毒或Ⅰ型牛疱疹病毒引起的一种以呼吸道型和生殖道型为主的接触性传染病。我国农业农村部将其列为二类动物疫病。

1. 诊断要点

（1）流行特点 该病的病原是牛传染性鼻气管炎病毒或Ⅰ型牛疱疹病毒。不分年龄和品种，牛均有易感性，20～60日龄犊牛易感性高。秋、冬季多见，舍饲、高密度饲养更容易诱发该病的传播流行。

（2）临床症状 可出现多种类型，但因临床表现复杂，且多种类型往往同时存在，很少单独发生。

①呼吸道型。最常见的是轻重不一的鼻气管炎。病初高热，40℃以上；精神委顿，不食；呼吸高度困难，偶有咳嗽但不严重，呼出气有恶臭味；鼻腔流出大量分泌物，黏性或脓性，鼻黏膜高度充血肿胀，鼻镜发红，故又称红鼻病。奶牛泌乳量突然下降。

②生殖道型。母牛表现传染性脓疱外阴阴道炎，外阴肿胀，流出脓性分泌物。公牛表现传染性龟头包皮炎，丧失配种能力，但可成为传染源。

③角膜结膜炎型。眼睑、眼结膜水肿、充血，角膜轻度混浊，流泪；严重病牛眼睑肿胀粘连，眼结膜外翻，角膜云翳，流出脓性分泌物。

④脑膜炎型。多见于犊牛。表现共济失调，无目的转圈运动，空口磨牙，口吐白沫，角弓反张。

⑤肠炎型。多见于2～3周龄犊牛。腹泻，血便。

2. 防控策略

（1）疫情处置　发现可疑病例，立即采取隔离、封锁和消毒等措施，使用弱毒疫苗，对所有假定健康牛群进行紧急免疫注射。

对于牛传染性鼻气管炎，目前没有特效药，可对症治疗，中药防止病牛继发感染。如病牛高烧不退时，可1次肌内注射复方氨基比林注射液20～50毫升。

（2）综合防控　引进牛要严格检疫，隔离饲养；严禁从疫区引进种牛；加强日常饲养管理，时刻注意卫生消毒，保持合理的养殖密度，加强通风保温，定期检疫。

根据情况，灵活选用弱毒疫苗、灭活疫苗、亚单位疫苗等进行疫苗免疫；通过PCR检测技术，检出阳性牛并进行扑杀，是根除该病的有效措施。

（四）牛流行热

牛流行热是由牛流行热病毒引起的一种虫媒性急性热性传染病，以呼吸迫促、突然高热、流涎、跛行等为特点。又称暂时热、三日热。

1. 诊断要点

（1）流行特点　牛流行热是由牛流行热病毒引起的急性、热性、全身性传染病，一般称暂时热，呈良性经过，发病率高、病死率低。由于临床症状与感冒相似，兽医称之为牛流感，又因四肢僵硬，走路跛行，不少人称为搓腿瘟或软脚病。该病在不少地区都有发生，因传播迅速，发病率高，对奶牛的产奶量有明显影响，一般经过2～3天恢复正常，个别严重者常因瘫痪而被淘汰，有的因未及时治疗而死亡，给养殖户带来相当大的经济损失。

（2）临床症状　该病特征是牛突然发病，一过性高热，虚弱，呼吸系统障碍。潜伏期 2 ～ 7 天。初期少量牛发病，随时间发病牛逐渐增多，病牛体温上升，可高达 40 ～ 42℃，食欲开始减退，停止反刍，精神萎靡，瘤胃蠕动弱，有轻度瘤胃臌气，部分牛粪便带血，犊牛拉血痢。黏膜潮红，流泪，甚者羞明，鼻镜干燥，初期鼻流浆液性鼻涕，后期呈黏性；呼吸紧迫，咳嗽，头颈直伸，张口伸舌，个别行走困难，多呈腹式呼吸，每分钟 50 ～ 100 次，喘气如拉风箱。少数病例于发病 12 ～ 36 小时内死亡，急性病例发病 1 ～ 2 小时突然倒地死亡，听诊肺泡音粗粝；妊娠母牛发病早产、流产或死胎，患病牛尿量减少，尿液呈黄色或褐色、混浊；部分病牛肌肉及关节痛疼，个别步态不稳，喜卧不站，跛行瘫痪，常因瘫痪被淘汰，或因治疗不及时继发感染而死亡。

2. 防治措施

（1）对症治疗　肌内注射复方氨基比林、安乃近等药物，以解热退烧。高烧不退的患牛，同时给予强心补液，静脉注射安那加注射液 10 ～ 20 毫升，葡萄糖生理盐水 1 500 ～ 2 000 毫升，配合用凉水敷头、洗身、灌肠；对呼吸困难或伴有肺水肿的病牛，配合静脉滴注氟美松注射液 50 ～ 150 毫升，加葡萄糖生理盐水 500 ～ 1 000 毫升。肌内注射青霉素和链霉素及磺胺类药物，以防继发感染。跛行和瘫痪病牛可静脉注射水杨酸钠或氢化可的松等，以减轻疼痛，缓解症状。

中药治疗以制止瘤胃臌气，促进胃肠功能恢复为治疗原则。可用柴胡 40 克，黄芩 30 克，甘草 20 克，大青叶 30 克，双花 30 克，连翘 30 克，薄荷 25 克，大枣 20 克，共同研磨成末，开水 1 次冲服。

（2）预防

①保持环境整洁。饲养环境的清洁可以降低病毒的传播，坚持每隔几天用生石灰水对牛舍及周围的环境进行喷洒消毒，也可以用高效杀虫剂喷洒牛身。蚊蝇叮咬是该病主要的传染源，做好驱蚊虫工作，也可以避免该病发生。

②加强饲养管理。饲喂易消化且营养丰富的草料，以增强牛的体质。经常保持牛舍清洁干燥、通风凉爽。减少阳光直射，防止牛群中暑，做好降温工作。定期接种疫苗，第一次接种之后，隔 3 ～ 4 周再进行一次接种。

③对病牛的处理。对已经染病的病牛进行隔离，未染病的假定健康的牛进行观察，对其注射高免血清进行紧急预防，对重症患牛特别是乳牛，应在加强护理的同时，采取相应的综合疗法。

二、细菌与支原体感染

（一）布鲁氏菌病

布鲁氏菌病简称布病，是农业农村部《全国畜间人兽共患病防治规划（2022—2030年)》确定需重点防治的畜间人兽共患病之一，农业农村部将其列为二类动物疫病。

1. 诊断要点

（1）流行特点　该病的病原为布鲁氏菌，以牛种菌株种型、羊种菌株种型为主，在牛羊混养的地区，存在牛种和羊种布鲁氏菌跨畜种混合感染的情况。华北、西北和东北地区的牧区或农牧区多发，近年来有向南方扩散蔓延的态势。无明显季节性，一般呈散发，羊种布鲁氏菌有时呈地方流行性。

多种动物对布鲁氏菌均易感，以羊、牛、猪的易感性最强。在牛的布鲁氏菌病中，母牛比公牛易感，成年牛比犊牛易感。病牛和带菌牛是主要的传染源，尤其是感染的妊娠母牛，在流产或分娩时将大量的布鲁氏菌随胎儿、胎水、胎衣排出，流产后的阴道分泌物和乳汁中都含有布鲁氏菌。

（2）临床症状　该病潜伏期一般为14～180天。感染病牛显著的临床特征是妊娠5～8个月的母牛流产，部分病牛流产后出现胎衣滞留，并伴发子宫内膜炎，从阴道流出污秽不洁、恶臭的分泌物，最终导致不孕。新发病地区的病牛流产较多，老疫区少，但病牛表现乳房炎、子宫内膜炎、关节炎、胎衣滞留、子宫积脓症状的较多。公牛睾丸肿大，触摸疼痛，并有附睾炎、关节炎，有时会发生坏死、化脓。

2. 防制措施

农业农村部《全国畜间人兽共患病防治规划（2022—2030年)》中对布病的防治目标是：到2025年，50%以上的牛羊种畜场（站）和25%以上的规模奶畜场达到净化或无疫标准；到2030年，75%以上的牛羊种畜场（站）和50%以上的规模奶畜场达到净化或无疫标准。

（1）疫情处置　发生疑似病例时，要及时向有关部门和人员进行疫情报告，严格按照《布鲁氏菌病防治技术规范》要求处置；严格隔离阳性牛，奶牛隔离区内要配备专用挤奶设备和全密封巴氏高温杀菌设备，鲜奶必须进行巴氏高温杀菌，隔离区每天至少2次全面彻底消毒；病死、扑杀的牛，患病牛的分泌物、排泄物、流产的胎儿及胎衣等必须进行无害化处理，病牛及阳性牛污染的场所、用具、物品严格进行消毒。

（2）推进区域化管理　各地根据布病流行状况和畜牧业产业布局，以县为单位划定免疫区和非免疫区。免疫区内，严格进行布病的强制免疫；非免疫区要强化布病的日常监测和剔除，不断加大对高风险畜群、高风险地区等的监测力度。严格落实牛、羊产地检疫和落地报告制度，做好隔离观察。支持奶牛场户开展布病自检。

（3）免疫程序与疫苗选用　根据《国家动物疫病强制免疫指导意见（2022—2025年）》（农牧发〔2022〕1号）要求，对种畜以外的牛羊进行布鲁氏菌病免疫，种畜禁止免疫。各省份根据评估情况，原则上以县为单位确定本省份的免疫区和非免疫区。对免疫区内不免疫、非免疫区免疫、奶牛是否实施免疫等情况，养殖场（户）应逐级上报省级农业农村部门，待同意后方可实施。

使用布鲁氏菌基因缺失活疫苗（A19-ΔVirB12株）或布鲁氏菌活疫苗（A19株），对3～8月龄牛免疫，皮下注射，必要时可在12～13月龄（即第1次配种前1个月），再低剂量接种1次；以后根据牛群布病流行情况决定是否再进行接种。不可用于孕牛。

（二）牛结核病

牛结核病是由牛型结核分枝杆菌引起的一种慢性消耗性传染病，是《全国畜间人兽共患病防治规划（2022—2030年）》确定需重点防治的畜间人兽共患病之一，农业农村部将其列为二类动物疫病。近年来，由于奶牛饲养量大、调运频繁等原因，我国牛结核病在奶牛群体中仍有一定程度的流行，奶牛结核病防控形势不容乐观。

1. 诊断要点

（1）流行特点　牛结核病的病原为结核分枝杆菌，有牛型、人型以及禽型三种类型，以牛型结核分枝杆菌的致病力最强。奶牛结核病的流行特点是传染源广、传播速度快、疾病治愈率低。奶牛最易感，水牛、黄牛、牦牛、鹿等多种动物也易感，人也易感。经牛、病畜及病人排出的痰液、乳汁、粪尿等污染的饮水、草料、空气及环境等传播，人食用了带有结核分枝杆菌的奶、肉时，易感染。该病无明显的季节性和地域性，若检疫不严格、没有及时消灭阳性牛，则会导致较大面积的交叉感染。

（2）临床症状　自然感染的牛结核病潜伏期一般为16～45天甚至长达数年，呈慢性经过，以泌乳量减少、逐渐消瘦和干咳为主要临床特征。临床上常见的类型有以下几种。

①肺结核。病初无明显临床症状，只有短干咳，渐变为湿咳；随之咳嗽加重，呼吸增数，轻微气喘，肺部听诊有摩擦音；有淡黄色黏液或脓性鼻液；午后、夜间低烧；贫血，但体温一般正常或稍高；病程顽固，经久不愈。

②淋巴结核。可见于各型结核病的各个时期，体表淋巴结肿大明显，如咽喉淋巴结核肿大，可引起吞咽、嗳气障碍。

③乳房结核。以后方乳腺区的乳房上淋巴结肿大最常见，两乳病区发生局限性或弥漫性硬结，乳房表面有局限性或弥漫性硬结，呈现大小不等、凹凸不平的硬结，无热痛，乳汁变稀，有时混有脓块。

④肠结核。肠结核多见于犊牛，以腹痛、下痢和便秘交替发生，后期顽固性下痢，粪便粥样带血或脓汁，腥臭粪便。

⑤神经结核。中枢神经系统受结核分枝杆菌侵害时，在脑和脑膜等处可发现粟粒状或干酪样结核而表现神经症状，多呈癫痫样发作，转圈运动或运动障碍等。

2. 防治措施

农业农村部发布的《全国畜间人兽共患病防治规划（2022—2030 年）》对牛结核病防治目标是：到 2025 年，25% 以上的规模奶牛养殖场（户）达到净化或无疫标准；到 2030 年，50% 以上的规模奶牛场养殖场（户）达到净化或无疫标准。为此，必须严格落实监测净化、检疫监管、无害化处理等综合防治措施。

（1）监测净化　当前，规模化奶牛场对结核病的监测比较重视，但部分肉牛养殖场（户）却忽视了对该病的监测，或监测的积极性不高或监测能力不足，尤其是在春、秋季节，可能会导致因阳性牛未被及时检出而出现结核病传播、扩散，伪阳性、假阴性状况的发生，给结核病的有效防控带来隐患。

建立健全并认真实施奶牛的防疫制度。各地动物防疫监督机构要不断强化和加大对牛结核病疫情的监测力度，加强对奶牛场结核病防治工作的指导和监督，及时准确把握当地养殖场、屠宰场、交易市场等场所的牛结核分枝杆菌分布和结核病疫情动态，在科学监测和评估结核病疫情风险的同时，及时发布预警信息，提高应对的时效性。

要逐步建立奶牛个体健康档案和追溯标识。规模化奶牛场要逐步完善奶牛的系谱、产奶等基础信息，饲料及饲料添加剂购买、饲喂信息，消毒信息，免疫和诊疗记录等内容为主的健康档案。对规模化奶牛场的每一头奶牛都要实行"一牛一标"的可追溯标识，发现感染奶牛要及时进行追踪溯源并持续跟踪监测。在此基础上，根据"一场一策"的要求，对规模化奶牛场实行分类指导，分别制订切实可行的净化计划和净化方案，统筹推进对结核病的防治工作。

在非结核病疫区，对结核病监测发现的阳性牛和临床发现的患病牛，发现一头淘汰一头，加速对牛场结核病的净化。

（2）检疫监管 加强对奶牛的产地检疫和屠宰检疫。奶牛跨省调运过程中，必须切实加强产地检疫和流通监管，严格落实《跨省调运乳用、种用家畜产地检疫规程》，按标准、按程序检疫并做好检疫记录和检疫结果处理。规范牛的屠宰检疫，对淘汰的奶牛，要严格按照《牛屠宰检疫规程》要求进行屠宰检疫，坚决杜绝已经染上结核病的奶牛和奶牛产品包括牛乳、牛肉、皮张等产品流入市场。

（3）无害化处理 要加大推进奶牛标准化规模养殖的力度，提高饲养管理水平。努力构建以科学选址与规划、规范引种和生产管理、严格防疫、隔离和定期消毒、对病死奶牛和粪污进行无害化处理等为主要内容的、持续有效的生物安全防御体系，促进奶牛养殖业转型升级。结核病阳性奶牛要坚决扑杀，积极培育奶牛结核病阴性群。

（三）犊牛巴氏杆菌病

1. 诊断要点

（1）流行特点 由多杀性巴氏杆菌引起，又称牛出血性败血症。多杀性巴氏杆菌是一种条件性致病菌，存在健康动物体内，当外界应激因素导致动物免疫能力下降时，可引发该病。发病一般无明显的季节性，但秋末、冬初及天气骤变时容易发病。

（2）临床症状 急性败血型病犊常突然发病，不吃奶，体温升高到40～42℃，寒颤、流涕、流涎、流泪、咳嗽、气喘、张口伸颈呼吸，多在12～24小时内死亡。临床常见肺炎型，以痛性干咳为主，气喘、腹式呼吸，个别从鼻孔流出浆液性和脓性鼻液，听诊呈支气管啰音、胸膜摩擦音，胸部叩诊呈浊音。严重的患病犊牛不吃奶，鼻镜干燥无汗，结膜潮红，排糊状粪便，后期有血性下痢，病程3～7天，如不及时有效治疗，常因虚脱衰竭死亡。有时可见水肿型病犊，表现胸前、头颈部水肿，舌咽高度肿胀，呼吸困难，眼睛红肿、流泪，有时出现血便。

2. 防治措施

（1）治疗 病犊牛和疑似病犊牛，严格隔离观察，测量体温，环境消毒，对症治疗。早期使用青霉素100万～300万单位肌内注射，2次/天，连用3

天；或 20% 磺胺嘧啶钠注射液肌内或静脉注射，2 次 / 天，连用 3 天；也可肌内注射瑞可新（泰拉霉素）注射液 3 毫升 / 头，7 天 1 次；土霉素注射液 5 毫升 / 头、5% 氟尼辛葡甲胺注射液 1 毫升 /25 千克体重，连用 3 天。同时，加强病犊护理，圈舍通风保暖，提供清洁饮水和易消化饲料。

（2）预防　常发地区可每年定期接种牛出血性败血症氢氧化铝菌苗，体重 100 千克以上的牛只 6 毫升，100 千克以下犊牛 4 毫升，皮下或肌内注射。

（四）犊牛大肠杆菌病

1. 诊断要点

（1）流行特点　由致病性大肠杆菌引起，又称犊牛白痢。多发于 10 日龄以内的犊牛，一年四季均可发生，但冬春季节常见。气候骤变、阴冷潮湿、饲料和饲养条件变更、卫生不洁、母乳过浓或母乳不足，均可促进该病发生与传播。

（2）临床症状与病理变化　急性败血型多见于 2 ～ 3 日龄犊牛，发病突然，体温升高，间有腹泻，可视黏膜充血，冲击式触诊腹部有振水音，触诊耳、鼻镜冷凉，脐带肿大，四肢关节肿大，腹泻严重时常有死亡。肠毒血型常突然死亡，以 1 周龄以内的犊牛多见。病程稍长者，表现兴奋不安，后沉郁昏迷，腹泻，死亡。肠炎型多见，以 1 ～ 2 周龄犊牛多发，病初体温升高达 40℃左右，排黄色粥样酸臭稀便，继而排水样、灰白色、混有凝乳块、泡沫或血丝的稀便。病的末期排粪失禁，污染后躯、尾部和腿部，腹痛，回头顾腹或后肢踢腹，病程长的可继发肺炎和关节炎症状。

急性败血型、肠毒血型病犊常无明显病理变化。腹泻的病犊，尸体消瘦，因脱水而皮肤失去弹性，眼窝下陷，肛周、尾部和后肢被粪便污染。剖检，腹腔内有纤维素性渗出。真胃内有大量凝乳块或灰色液体，胃黏膜充血、水肿、脱落、有点状出血。小肠有出血性炎症，黏膜充血、出血，肠内容物常混有血液、气泡，恶臭。肠系膜淋巴结肿大，切面多汁。肝肾苍白，有时有出血点，胆囊内充满黏稠、暗绿色胆汁。病程长的病犊牛有关节炎、肺炎病变。

2. 防治措施

（1）治疗　发病后要及时治疗。

①补充体液。脱水明显的病犊，可用 5% 葡萄糖注射液 1 000 ～ 2 000 毫升，一次静脉注射，1 ～ 2 次 / 天；或 0.9% 氯化钠注射液 1 000 ～ 2 000 毫升，25% 葡萄糖注射液 250 毫升，5% 碳酸氢钠注射液 100 ～ 200 毫升，一次静脉

注射，1～2次/天；也可用5%葡萄糖注射液2 000毫升，0.9%氯化钠注射液2 000毫升，5%碳酸氢钠250毫升，通过口服补液，1～2次/天。

②抑菌消炎。可用10%恩诺沙星注射液每千克体重0.05毫升，肌内注射，2次/天，连用3～5天；或用庆大霉素每千克体重1毫克灌服，每千克体重12～15毫克肌内注射或静脉注射；还可用5%盐酸头孢噻呋注射液每千克体重0.1毫升肌内注射，1次/天，连用3～5天。内服0.5%高锰酸钾溶液，4～8克/次，2～3次/天，也有良好效果。如输注母牛全血100～200毫升，可有效缓解病犊全身症状，提高治愈率。

（2）预防　保持牛舍清洁干燥，定期用火碱、过氧乙酸等彻底消毒，保证牛舍、垫料和牛体卫生。产房环境清洁干燥，加强新生犊牛护理，断脐时用10%碘酊消毒，并浸泡1～2分钟，12小时内吃足初乳。妊娠母牛日粮营养充足、均衡，适当运动，饮水清洁。

（五）犊牛支原体肺炎

1.诊断要点

（1）流行特点　由牛支原体引起，也叫烂肺病。潜伏期7～14天，冬春季易发常见。2月龄内尤其是1周龄内的犊牛易感性强，病情严重，死亡率高，2月龄以上的犊牛发病较少。牛支原体可通过飞沫经呼吸道传播，也可通过哺乳、生殖道或人工授精过程传播，还可经胎盘垂直传播给胎儿。

（2）临床症状与病理变化　急性型病例体温升高到40～42℃，咳嗽、气喘，有浆液性鼻液，精神沉郁，常在圈舍四周趴卧。随病情发展，咳嗽逐渐加重，呼吸急促，清亮的鼻液变黏液性、脓性并呈铁锈红色或红棕色，在鼻孔周边和上唇等处形成干的污垢块。胸部叩诊敏感、疼痛，听诊有支气管呼吸音和喘鸣音。腰背拱起，头颈伸直。眼睑肿胀，有多量黏液性分泌物。常有腹泻。最后衰竭死亡，濒死期体温下降，病程一般7～10天，不死的病犊转为慢性病例。

临床最多的是慢性型病例，多见于1～2月龄犊牛。临床表现与急性型病例相似，但全身症状较轻，咳嗽、腹泻、鼻涕时有时无，被毛粗乱无光，逐渐消瘦，体弱。如不及时有效治疗，易继发其他疾病而死亡。

剖检病死犊牛，胸腔积液并形成纤维蛋白凝块，肺和胸膜不同程度粘连。肺脏不同程度实变，轻者在肺尖叶、心叶及膈叶等处见有红色或灰色肉变，或有散在的化脓灶，气管管壁出现零星小出血点或充血斑。严重病例肺脏的实变区及干酪样化脓灶增多，质地变硬，并有脓液挤出；气管、支气管内有干酪样分泌物或乳白色泡沫。

2. 防治措施

（1）治疗　早诊断，快隔离，早治疗。可用 10% 恩诺沙星注射液每千克体重 0.05 毫升，肌内注射，2 次 / 天，连用 3 ～ 5 天。同时肌注 5% 氟尼辛葡甲胺注射液 1 毫升 /25 千克体重，1 ～ 2 次 / 天，连用 3 ～ 4 天。口服酒石酸泰乐菌素磺胺二甲嘧啶可溶性粉 1 克 /10 千克体重，1 次 / 天，连用 5 ～ 7 天。病情较重的病犊可结合临床症状输液治疗。

（2）预防　目前我国没有牛支原体疫苗供接种预防。预防该病关键是加强牛群引进管理，防止从疫区和发病区引入病牛和带菌牛。新引进的牛必须隔离饲养，1 个月后检疫确认无病后方可混群饲养。加强犊牛饲养管理，保持圈舍通风、卫生、干燥，冬春注意保暖，防止过度拥挤。

三、寄生虫病

（一）肝片吸虫病

肝片吸虫病是由肝片吸虫寄生于牛肝脏胆管引起，主要表现食欲减退、反刍异常、腹胀、贫血、消瘦、被毛粗乱、颌下水肿、腹泻，并伴发有肝炎、胆管炎等。

1. 诊断要点

（1）流行特点　由肝片吸虫寄生于牛的肝脏和胆管中引起。其发生与中间宿主椎实螺密切相关，多发于低洼地、湖泊草滩、沼泽地带。干旱年份流行轻，多雨年份流行重；夏季为主要感染季节。

（2）临床症状与病理变化　患肝片吸虫病的牛，其临床表现与虫体数量、宿主体质、年龄、饲养管理条件等有关。当牛体抵抗力弱又遭大量虫体寄生时，症状较明显。急性症状多发生于犊牛，表现为精神沉郁、食欲减退或消失、体温升高、贫血、黄疸等，严重者常在 3 ～ 5 日内死亡。慢性症状常发生在成年牛，主要表现为贫血、黏膜苍白、眼睑及体躯下垂部位发生水肿、被毛粗乱无光泽、食欲减退或消失、肠炎等，往往死于恶病质。

剖检，急性病例肝肿大、质软，包膜有纤维素沉积，有长 2 ～ 5 毫米的暗红色虫道，虫道有凝固的血液和很小的童虫；腹腔中有血色的液体，有腹膜炎病变。慢性病例肝实质萎缩、褪色、变硬，胆管肥厚、扩张呈绳索样突出于肝表面，胆管内壁粗糙，内含大量血性黏液和虫体及黑褐色或黄褐色磷酸盐结石。

2. 防治措施

（1）治疗　硝氯酚（拜耳9015），按每千克体重3～7毫克用药，一次内服；或用阿苯达唑（丙硫咪唑），按每千克体重10～15毫克用药，一次内服，禁用于产奶牛和怀孕前期45天牛；硫双二氯酚（别丁），按每千克体重40～60毫克用药，装于小纸袋内一次投服。

（2）预防　定期驱虫的时间和次数可根据流行区的具体情况而定。在我国北方地区，每年应驱虫2次，一次在秋季，另一次在春季。在南方地区一年应驱虫3次。同一牧地放牧的动物最好同时进行驱虫。消灭中间宿主，灭螺是预防肝片吸虫的重要措施。草场进行改良，化学药物灭虫。加强饲养卫生管理，选择地势较高、干燥地方放牧，动物的饮水必须干净，从流行区运来的牧草经处理后再饲喂牛。

（二）前后盘吸虫病（胃吸虫病）

前后盘吸虫病是指由于大量前后盘吸虫的童虫（已变为成虫但尚未长大的虫体）寄生于牛皱胃、小肠和胆管，引起以腹泻、消瘦等症状为主的寄生虫病。大多数牛都有成虫寄生于瘤胃和胆管壁上，但一般危害性不大，但当较多童虫寄生于皱胃、小肠和胆管时，可引起严重疾病，甚至引起牛大批死亡。

1. 诊断要点

（1）流行特点　肠道内幼虫可经小肠黏膜移行到胆管、胆囊和皱胃，在瘤胃发育为成虫。

（2）临床症状　幼虫移行时危害严重，表现为顽固性腹泻，粪便恶臭，呈粥样或水样，有时粪中带鲜血并含有幼小的虫体。颌下水肿，逐渐消瘦。

急性幼虫移行期病例，往往在粪便中找不到虫卵，可取大量粪便，采取反复水洗沉淀法，可在沉淀物中发现未成熟的幼小吸虫。慢性病例可用水洗沉淀法检查粪便，发现大量虫卵即可确诊。注意与肝片吸虫虫卵相区别。

（3）不同时期的诊断

①成虫寄生的诊断。用水洗沉淀法在粪便中检查虫卵。虫卵形态与肝片吸虫相似，但颜色不同。

②童虫的诊断。生前用驱虫药物试治，如果症状好转或在粪便中找到相当数量的童虫，即可做出判断。

③死后诊断。成虫吸附于瘤胃及其与网胃交接的黏膜，局部黏膜充血、出血或有溃疡。死于童虫感染的牛，除恶病质变化外，胃、肠道及胆管等黏

膜充血、出血、水肿及脱落，其内容物中可检出童虫或虫卵。

2. 防治措施

（1）治疗　参考肝片吸虫的治疗方法。氯硝柳胺（灭绦灵），按每千克体重 50 ～ 60 毫克用药，一次内服。也可用溴羟苯酰苯胺，按每千克体重 65 毫克内服；吡喹酮，按每千克体重 10 ～ 15 毫克内服；硫双二氯酚，按每千克体重 40 ～ 50 毫克，内服，均有较好疗效。

（2）预防　应根据流行病学特点采取定期驱虫，消灭中间宿主，加强饲养管理和卫生管理等综合防治措施。

（三）肺丝虫病

牛肺丝虫病又称牛网尾线虫病，是胎生网尾线虫和丝状网尾线虫寄生于牛气管、支气管引起的以呼吸系统症状为主的寄生虫病。病初表现干咳，逐渐频咳有痰，喜卧，呼吸困难，消瘦。

1. 诊断要点

（1）流行特点　由胎生网尾线虫和丝状网尾线虫寄生于反刍兽支气管和细支气管内引起，又称大型肺虫病。主要为害犊牛。

胎生网尾线虫主要寄生于牛等动物的气管、支气管、细支气管和肺泡，主要引起患牛的呼吸系统症状。我国西南的黄牛和西藏的牦牛多有此病发生，常呈地方性流行；牦牛常在春季牧草枯黄时大量地发病死亡，是牦牛春季死亡的重要原因之一。

寄生于牛体内的主要是胎生网尾线虫，其虫体乳白色，呈细丝状，雄虫长 40 ～ 55 毫米，交合伞发达，交合刺也为多孔性构造；雌虫长 60 ～ 80 毫米，阴门为杀虫体中内部位，虫卵呈椭圆形，内含幼虫，大小为（82 ～ 88）微米 ×（33 ～ 39）微米。寄生于牛气管、支气管内的网尾线虫的雌虫产出含有幼虫的虫卵；当患牛咳嗽时，被咳到口中咽入胃肠道里；虫卵中的第一期幼虫孵出后随牛之粪便排出体外；幼虫在适宜的条件下经 3 周左右发育成具有感染能力的第三期幼虫；这种幼虫被牛吞食后沿血液循环经心脏到达肺，逸出肺的毛细血管进入肺泡，再移行到支气管内发育成成虫。

（2）临床症状　最初出现的症状为咳嗽，初为干咳，后变为湿咳，咳嗽的次数逐渐频繁；有的发生气喘和阵发性咳嗽，流淡黄色的黏液性鼻液。体温有时升高到 39.5 ～ 40℃，食欲减少或消失、消瘦、贫血，放牧时落群，精神不振，呼吸困难。听诊有湿啰音，在 8 ～ 9 肋间有浊音。严重者常导致肺泡性及间质性肺气肿，表现为吃力的咳嗽及严重的呼吸困难；后期卧地不起，口吐白沫，多经 3 ～ 7 日窒息死亡。

2. 防治措施

（1）治疗　阿苯达唑（丙硫咪唑），每千克体重 10 ～ 15 毫克用药，一次内服，注意禁用于产奶牛和怀孕期前 45 天牛；或用伊维菌素每千克体重 0.2 毫克一次肌内注射，注意禁用于产奶牛；或用左旋咪唑，每千克体重 7.5 毫克，一次内服，注意禁用于产奶牛。

（2）预防　加强饲养管理，合理补充精料，以增强牛体的抗病能力，从而达到减少寄生数量和缩短寄生时间的目的；避免在低湿牧地放牧，有条件时应实行分区轮牧，定期更换牧地，注意饮水清洁。由放牧改为舍饲前后进行 1 ～ 2 次驱虫；放牧期间做好普查和定期驱虫工作；成年牛与犊牛分群放牧，以避免接触感染幼虫；对粪便及时堆积发酵处理，以免虫体污染外界环境。

（四）绦虫病

牛绦虫病主要是莫尼茨绦虫和曲子宫绦虫寄生于小肠引起，对犊牛危害严重。虫体寄生数量多时，牛表现为食欲减退、消瘦、衰弱、贫血、急腹症、腹泻，粪便中可见乳白色孕卵节片。

1. 诊断要点

（1）流行特点　莫尼茨绦虫为世界性分布，在我国的东北、西北和内蒙古的牧区流行广泛；在华北、华东、中南及西南各地也经常发生。农区较不严重。

由绦虫的成虫寄生于牛的小肠引起。莫尼茨绦虫主要感染当年生的犊牛；曲子宫绦虫主要感染老龄牛，且一般不出现临床症状。

动物感染莫尼茨绦虫是由于吞食了含似囊尾蚴的地螨。地螨种类繁多，现已查明有 20 余种地螨可作为莫尼茨绦虫的中间宿主，其中以肋甲螨和腹翼甲螨受染率较高。地螨在富含腐殖质的林区、潮湿的牧地及草原上数量较多，而在开阔的荒地及耕种的熟地里数量较少。性喜温暖与潮湿，在早晚或阴雨天气时，经常爬至草叶上；干燥或日晒时便钻入土中。在 20℃，相对湿度 100% 时，六钩蚴在地螨体内发育为成熟似囊尾蚴的时间需 47 ～ 109 天。成螨在牧地上可活 14 ～ 19 个月。因此，被污染的牧地可保持感染力近 2 年之久。地螨体内的似囊尾蚴可随地螨越冬，所以动物在初春放牧一开始，即可遭受感染。

（2）临床症状　严重感染时，犊牛消化不良，便秘，腹泻，慢性臌气，贫血，消瘦，最后衰竭而死。有时有神经症状，呈现抽搐、痉挛及旋回病样症状。有的由于大量虫体聚集成团，引起肠阻塞、肠套叠、肠扭转，甚至肠破裂。

检查粪便中的绦虫节片，特别是在清晨清扫牛圈时，查看新鲜粪便，如在粪球表面发现孕卵节片即可确诊。用饱和食盐水浮集法检查粪便，有时可以发现莫尼茨绦虫卵。曲子宫绦虫和无卵黄腺绦虫卵较难检出。

2. 防治措施

（1）治疗　氯硝柳胺（灭绦灵）每千克体重 50 毫克，一次内服；或吡喹酮每千克体重 10～15 毫克，一次内服；或硫双二氯酚（别丁）每千克体重 40～60 毫克，一次内服。南瓜子 750 克、槟榔 125 克、白矾 25 克、鹤虱 25 克、川椒 25 克。水煎取汁，候温灌服。

（2）预防　在虫体成熟前，即羊放牧后 30 天内进行第一次驱虫，再经 10～15 后进行第二次驱虫。此法不仅可驱除寄生的绦虫，还可防止牧场或外界环境遭受污染。有条件的地区，可有计划地与单蹄兽进行轮牧。尽可能避免雨后、清晨和黄昏放牧，以减少羊吃中间宿主地螨的概率。结合牧场改良，进行深耕，种植优良牧草或农牧轮作，不仅能大量减少地螨，还可提高牧草质量。

（五）犊牛隐孢子虫病

1. 诊断要点

（1）流行特点　由小隐孢子虫寄生在犊牛的回肠、十二指肠和大肠上皮细胞内而引起。8～15 日龄是犊牛隐孢子虫病的发病高峰，偶见 3 日龄犊牛感染，超过 30 日龄的犊牛则少见。感染隐孢子虫卵囊的牛犊，被牛粪污染的饮水、土壤及牛舍、产房垫料，接生员污染的手清理犊牛口腔内的羊水，污染的奶桶，不洁的灌胃器等，均可使牛隐孢子虫卵囊经口传入新生犊牛体内，经 1～7 天潜伏期，引起隐孢子虫感染。该病常合并感染其他肠道病原体，如轮状病毒、冠状病毒、大肠杆菌等，使病情复杂化。

（2）临床症状　少量感染小隐孢子虫的犊牛无明显临床症状，为隐性带虫者。大量感染时表现嗜睡，体温升高；严重腹泻，粪便黄绿色，常混有血液、黏液；犊牛渐进性消瘦，被毛粗乱，运动失调；使用普通抗生素治疗无效。

2. 防治措施

（1）治疗　目前无特效治疗方法，发现病犊后及时隔离，对症治疗。牛舍消毒、杀卵。用5%葡萄糖氯化钠注射液1 000～1 500毫升，25%葡萄糖注射液250～300毫升，5%碳酸氢钠注射液250～300毫升，一次静脉注射，2～3次/天，连用3～5天。可同时给患病犊牛口服补液盐。在奶桶中加入蒙脱石粉或膨润土等吸附剂。腹泻严重的犊牛，灌服螺旋霉素或阿奇霉素。

（2）预防　规范产房管理，严格脐带消毒，喂足优质初乳，最好将新生犊牛饲养在干净的犊牛岛或单个小隔间，避免直接接触母牛粪便。对牛舍环境使用30%过氧化氢、10%福尔马林、5%氨水等消毒杀卵。

（六）犊新蛔虫病

1. 诊断要点

（1）流行特点　犊新蛔虫病是由弓首科新蛔属的犊新蛔虫，寄生于初生犊牛的小肠内，引起的一种寄生虫病。遍及世界各地，我国南方各省犊牛多见该病流行。主要危害2～5月龄内的犊牛，出生后2周龄内犊牛大量感染时死亡。

犊新蛔虫成虫虫体粗大，雄虫长15～25厘米，雌虫长22～30厘米。虫体柔软且透明，易破裂，淡黄色。犊新蛔虫的虫卵近球形，短圆，大小为（70～80）微米×（60～66）微米，壳厚，外层蜂窝状，新鲜虫卵淡黄色，内含单一卵细胞。

（2）临床症状　病犊以肠炎、下泻、腹部膨大、腹痛等为主要临床特征。病初精神沉郁、嗜睡、不愿行动。继而消化不良、食欲不振、吮乳无力或停止吮乳、腹胀、腹泻、腹痛。继发感染时，粪便糊状、腥臭、带血，口腔发出刺鼻的酸味。后期病牛虚弱、贫血、消瘦、臀部肌肉无张力、站立不稳。当虫体大量寄生时，可致病犊肠阻塞或肠穿孔而死亡。

2. 防治措施

（1）治疗　枸橼酸哌嗪每千克体重200～250毫克，盐酸左旋咪唑每千克体重8毫克，混入牛奶或饮水，一次灌服。丙硫咪唑每千克体重10～20毫克，一次口服。伊维菌素注射液每千克体重0.2毫克，一次皮下注射。

（2）预防　该病流行地区，对10天的犊牛进行1次预防性驱虫。对6月龄内犊牛普查，粪检发现新蛔虫卵囊的犊牛进行1次驱虫。

（七）犊牛球虫病

1. 诊断要点

（1）流行特点　由艾美耳球虫寄生于犊牛小肠、盲肠和结肠引起。近年来，我国规模化牛场犊牛球虫病的发生与流行，呈暴发上升趋势，主要集中在3.5～4月龄犊牛，也发生在6月龄犊牛。

（2）临床症状　病犊精神沉郁，厌食，水样腹泻，极个别犊牛粪便带血或有血凝块。因肠黏膜损坏，影响饲料消化和水吸收，1周后，病犊明显消瘦，不吃草料，不反刍，增重停滞，严重病例可死亡。

2. 防治措施

（1）治疗　可用5%妥曲珠利混悬液内服，一次每千克体重15毫克。

（2）预防　牛舍保持干燥、通风、清洁、无积水、定期消毒。饲料和饮水清洁，严防粪尿污染。对病犊及时隔离治疗。成年牛和犊牛分开饲养。哺乳母牛的乳房要经常擦洗。规模化牧场饲养在犊牛岛内的犊牛，由于实行全进全出的饲养模式，此阶段犊牛一般不生球虫病，应在断奶混群后第3周投药预防。一般中小型养牛场和散户养牛，可在断奶时预防性驱虫。犊牛每次转群、重新混群，都要在混群后第3周，使用5%妥曲珠利混悬液，投药1次预防。

第三章

羊科学养殖与疫病防治

第一节　羊的饲养方式

一、放牧饲养

（一）放牧羊群的组织

合理组织羊群，既能节省劳动力，又便于羊群的管理，可达到提高生产效率的效果。因此，应根据羊的特性、采食能力和行走速度及对牧草的选择能力和放牧草场的面积条件，按羊品种、性别、年龄和健康情况等合理组群。羊群的大小应按当地放牧草场状况而定。草场大、饲草资源丰富、组群可大些，一般可达 200 只左右；山区草坡稀疏、地形复杂，一般 100 只左右为一群；农区牧地较少，羊群一般不超过 80 只。不同性别和不同年龄的羊对饲养管理条件要求不同，公羊组群定额应小，母羊组群大些。各群中的羊年龄应尽量相近，以便管理方便。

（二）放牧时羊群的队形和控制方法

放牧时，要在不同的条件下控制羊群形成不同的队形，尽力使羊多采食，少游走和适当地卧息。在放牧实践中，群众有许多控制放牧队形的方法，如"一条鞭""顺一线""满天星"和围栏放牧等。

1. 一条鞭

羊群进入放牧地排成"一"字形横队，放牧员在羊群前面拦强羊、等弱羊，控制羊群，使羊缓慢前进，齐头并进地吃草。刚出牧时，因有露水或阴天，早晨空腹，羊群急于采食，前进速度较快，这时要压住羊头，控制前进。放一段时间或露水消失后，羊群贪食前进速度缓慢下来，就不要再加以控制，让其安静地采食。大部分羊只吃饱后，会出现站立或卧息，这时可停止前进，就地休息，给一段反刍时间，再将羊群哄起采食。这种放牧方法适用于春、秋两季和草场面积较小，收草稀疏，植被不良的牧场。

2. 顺一线

羊群出牧时，放牧员在羊群前面引路，控制羊群左右，防止突出群外，使羊排成顺"一"字形，缓慢前进，但比"一条鞭"前进速度快一点，这样羊就能拉成一条长线，避免拥挤或妨碍采草。这种队形要勤换草地和勤调头（即队尾变队头）。这种放牧方法适用农区牧地狭小，仅放道边、地格、林带等处。

3. 满天星

就是羊到牧地后，控制羊群不能乱跑，羊群在一定范围内均匀散开，自由采食。当羊吃一段时间时，再把羊群往前移动更换牧场。这种队形适于牧区，草场较好，牧地面积大，牧草稀疏而且生长不均匀的牧地，在夏季多采用此种队形。

4. 围栏放牧

就是利用围篱把草原划分很多放牧小区，根据面积、牧草生长情况来决定载羊只数和放牧日期，经常轮换放牧区。羊在围栏内任其自由采食。这种放牧方法比较先进，是养羊的方向。围栏放牧要经常检查修理供水系统和围篱，观察有无病羊，并有计划地调换牧地。围栏放牧的优点：因羊散开吃草，对草原利用较好；减少对羊群的驱赶；最初投资大，但从长远看比较经济，节省人力；用电围篱可保护羊群，避免野兽侵害。

总之，无论采取哪种形式放牧，一定要因地因时制宜，随时改变队形。放牧中要严加控制，做到"三勤"（腿勤、眼勤、嘴勤），"四稳"（出牧稳、放牧稳、收牧稳、饮水稳），"四看"（看草、看水、看地形、看天气），少走漫游，宁要让羊多磨嘴，不让羊只多跑腿。每天要使羊吃 2～3 个饱，如果放牧时控制不好羊群，放得不稳，就会把羊放馋，光想挑草吃，形成走路多，吃草少，不利抓膘。

（三）四季放牧技术要领

放牧饲养的关键是抓好羊源，这是保证绵羊安全越冬度春的重要措施。我国养羊较多的地区大部分冬、春寒冷，牧草枯干。绵羊源情的增减随气候而变，形成夏壮、秋肥、冬瘦、春乏的现象。为了减少自然界的影响，根据当地地势、气候、草场情况，选好四季牧场，增强抗灾能力，是促进绵羊发展的重要措施。

1. 春季放牧

春季放牧是指 3—5 月，天气渐暖，枯草逐渐转青，是羊由补饲逐渐转入全放牧的过渡季节。这时羊营养不良，体质瘦弱，又是接羔保育，抗灾保畜的关键季节。青草开始萌芽时，羊看前面一片青，低头啃吃不上口，奔青找草，消耗体力，更易加速瘦弱羊只的死亡。牧草的过早啃食，影响其再生能力，降低牧草产量，破坏植被。因此，在放牧技术上要求躲青拢群，防止跑青。在牧地选择上，应找低平阴坡或谷地枯草较高的地方，使羊看不见青草，但在草根部分也有新发草，羊只可以青干一起吃。待牧草长高后，迅速找返青早的开阔向阳牧地放羊，以促进羊群复壮。

饲料贮备充足的羊场，也可采取短期舍饲的办法，防止跑青。舍饲期半个月左右，待青草生长到 6 厘米以上时再逐渐转入牧场放牧。早春草矮鲜嫩，羊不易吃饱，要实行终日放牧。过度放牧对牧草生机影响较大，要勤换牧地，以保护草原。放牧队形以"一条鞭"队形为宜，也可用"满天星"队形，使羊散开吃草。春风大的地区，要顶风出牧。农区放羊不要进入林带，防止啃树，损坏林木。早春放牧要注意防止羊误食毒草中毒。

2. 夏季放牧

夏季放牧是指 6—8 月这段时间，天气炎热，雨水多，牧草繁茂，蚊蝇较多。绵羊、绒山羊要适时剪毛抓绒，抓紧药浴、修蹄工作，及时进行羔羊断奶，集中精力抓好夏牧。夏季牧场要选择地势高燥，通风凉爽的岗坡和平坦开阔牧场。放牧时应早出晚归，延长放牧时间，中午天热可多休息。每天要饮两遍水，不要饮死水。放牧中不要过于控制羊群，使羊散开吃草，傍晚羊最喜采食，一直可以放牧到黑天，还可以夜牧。伏天雨水多，争取做到小雨当晴天，中雨坚持放，大雨停时尽量放。羊不爱吃露水草，可先往远处赶，待露水消失后回放。露水大时，羊群不要到豆科草地放牧，尤其是苜蓿地，防止引起急性臌胀。

农区夏季放羊，要找伏草多的地方，中午在林带休息。

小苗长出后，羊群要小些，注意保护庄稼。配种期间，要做到配种抓膘两不误。抓好增膘是提高配种受胎率和双羔率的重要基础。夏季放牧由于蚊蝇骚扰，影响羊吃草，可用 0.02% 的敌敌畏每半个月进行一次羊体、羊舍喷雾，防止蚊蝇骚扰，还能控制羊鼻蝇、羊蛆的危害和减少蜱虫的寄生。

3. 秋季放牧

8月下旬到 10 月秋高气爽，牧草结籽，营养丰富，二茬草又再生。这时期羊食欲增强，是一年中抓膘的黄金季节，要争分夺秒地抓好秋膘，力争使羊只体重和膘情达到最高峰，为安全过冬度春打好基础。放牧时要早出晚归午不回，尽量延长放牧时间。要稳走慢赶少抓羊，先放高草找草籽，吃得差不多时再转到二茬草地放牧。要多吃草少走路，多放山岗、平原，少放山沟洼塘。要放"满天星"，不能拉成线。秋后第一场霜对羊有害，要避开不能顶霜放牧。只要避过初霜草，以后逐渐习惯吃霜冻草，就能吃得饱，对胎儿也无影响。秋天要控制羊群不到菜地和甜菜地放牧，防止引起急性膨胀或下痢。

4. 冬季放牧

11月至翌年的 2 月，天气寒冷，风雪天多，是抗灾保畜阶段，也是母羊妊娠期或产羔季节。入冬前要做好羊群整顿淘汰工作，把计划出售、自食和不能过冬春的老弱羊在放牧时挑出处理。合理安排冬季牧场，将母羊群放在较近的牧场，羯羊和育成羊群放到较远的牧场，瘦弱羊单独组群，加强放牧饲养管理。

要克服"九月九大撒手"的陈旧放牧习惯，坚持跟群放牧，精心饲养，使羊群少走路，多吃草，饮足水。要经常检查羊群，适时补草补料，防止羊只掉膘，做到保膘保胎，安全生产。冬季放牧，可以使羊增加运动，增强抗寒能力，还能节约用草用料。每天要有 6 小时以上的放牧时间。补饲的羊群要在上午 9 时至下午 3 时进行放牧，中午不回圈。要顶风出，顺风归，不跳壕沟，不惊吓，不找背风地方"扎窝子"。饲料条件差的地方，也可以早出晚归，午间饮遍水。这样放牧采草量大，运动足。放牧时要根据地形和饲草条件，先放阴坡，后放阳坡；先放远处，后放近处；先放沟底，后放沟坡；先放低草，后放高草。大雪覆盖牧场时，要破雪放牧，或先赶马群蹚雪，再放羊群。

二、舍饲饲养

（一）结合当地实际情况

注重品种选择舍饲养羊要结合当地的生产实际，选择适应本地气候生态条件；生产性能高；产品质量好；饲养周期短；经济效益高的品种。绵羊如小尾寒羊，山羊如波尔山羊杂交羊等均适宜于舍饲，并且效果较好。

（二）建好羊群圈舍

舍饲养羊要建好圈舍，并留有较充足的活动场地。羊圈舍要做到夏能防暑、冬能避寒。一般场址应选在地势高燥、通风向阳、避风良好、排水方便的地方。为便于防疫，最好远离公路和村庄 500 米以上。

羊舍多为砖木结构，坐北朝南，呈长方形布局。冬季可搭成塑料暖棚，以便于保温，但应注意在棚顶留有排气孔，以防舍内空气污浊和湿度过大。羊舍前面要设有运动场，其面积为羊舍面积的 3～4 倍。运动场的四周和中间要放有固定式或移动式饲槽，固定式饲槽用水泥或砖砌成，槽内要上宽下窄，槽底呈圆形，移动式饲槽可用木料制作。

羊舍面积根据羊只饲养数量来定。通常每只羊平均占地面积 $0.8～1.2$ 米^2，母羊、成年羊占地面积要大些，育成羊、羔羊要小些，绵羊要大些，山羊要小些。羊舍高度一般为 2.5 米，门的宽度不小于 1.6 米，窗户距地面的高度不低于 1.5 米，以保证有良好的采光和通风效果。门窗以木料制作为好，跨度以 7～8 米为宜。按消防要求每栋羊舍长度不应超过 30 米，运动场中间要放置固定式水槽或水盆，用于羊只饮水。

（三）保证饲料供应

舍饲养羊必须保证有足够的饲草饲料，以便全年均衡供给饲料。饲料分为粗饲料和精饲料，羊舍饲主要饲喂饲草。粗饲料主要为各种青、干牧草，农作物秸秆和多汁的块根饲料。羊喜食多种饲草，若经常饲喂少数的几种，会造成羊的厌食、采食量减少、增重减慢、影响生长。因此要注意增加饲草品种，尽可能地提高肉羊食欲。舍饲期间还必须补喂一定的精饲料，精饲料主要由豆粕、玉米组成，适量添加多种维生素和矿物质。其中矿物质主要以铁、锌、硒、铜为主，同时还要根据本地区土壤中微量元素缺乏情况适量添加其他矿物质。

为降低饲料成本，可在日粮中添加部分非蛋白氮如尿素等来作为蛋白饲料源的供应。一般日添加量为 8～10 克。精饲料可由 80% 的玉米、17% 的豆粕和 3% 的专用预混料组成。

养羊户可根据实际养羊规模做好饲草饲料的贮存，储备草料的来源有打草贮青、晒制干草、收集农副产品、调制颗粒料、种植饲草饲料等。常见的日粮中一般有饲草、饲料、多汁饲料、青贮饲料等。贮存数量取决于当地越冬期的长短，饲养羊只的多少和草料的质量好坏等因素。

通常储备的饲草料量要有一定余地，比需要量高出 10%，以防冬期延长。每只羊的日补饲量可按干草 2 ～ 3 千克、混合精料 0.2 ～ 0.3 千克来安排。有条件的养殖户可利用饲料地种植牧草和青贮玉米，也可在玉米蜡熟期收购带穗的玉米秸进行青贮，可大大降低饲草费用。

饲草饲料的消耗量、青贮玉米的种植（收购）面积、青贮窖的容积和青贮量可按以下方法计算：一只成年公、母羊平均日消耗粗饲料量为 3 千克，年消耗粗饲料量为 1 吨。平均日消耗精饲料量为 0.25 千克，年消耗精饲料量为 90 千克。育成羊、羔羊分别按成年羊的 75%、25% 计算。

粗饲料种植面积与产量：紫花苜蓿等优质牧草每公顷可产干草 8 ～ 12 吨，青贮玉米每公顷产量 60 ～ 70 吨，1 米³ 青贮窖贮存 500 ～ 600 千克青贮玉米。

（四）按规程饲养

饲草要少喂勤添，分顿饲喂。每天可安排喂 3 次，每次可间隔 5 ～ 6 小时。饲喂青贮饲料要由少到多，逐步适应，为提高饲草利用率，减少饲草的浪费，饲喂青干草时要切短，或粉碎后和精饲料混合饲喂，也可以经过发酵后饲喂。种植一定数量的牧草并且有劳动能力能组织去割草的养羊户，夏季粗饲料可以青贮或干草为主，适当饲喂青草。

饲喂时要先青贮、干草，后青草。有充足的牧草生产基地，包括人工种植的牧草和天然牧草，并且有劳力可以每天割草的养羊户，可以完全饲喂青草。在完全饲喂青草时要注意每天割的青草要随时随喂，不要隔天喂，割回的青草不要堆放在一起，以防发热、产生异味或变质，影响羊的采食和造成饲草的浪费。

在枯草期，因草质较差，粗饲料中的能量和蛋白质难以满足母羊生理需要，故要进行补饲。补饲时间应在放牧回来进行。补饲的精料常与切碎的块根均匀地拌在一起，同时加入食盐、钙粉等，在羊进入羊舍之前撒入食槽；若喂青贮饲料，应在喂完精料后进行；粗料补饲要放在最后，可让羊慢慢采食，喂给的干草要切短，或者放在草架里喂，以防浪费。

三、放牧加补饲饲养

放牧是我国从古至今流传下来的一种养羊模式，这种饲养模式可以在一定程度上降低养殖成本，但同样面临着羊群营养不足的问题。为了提高生产效率，要对各阶段放牧羊进行合理的人工补饲，这种养羊模式称为放牧加补饲饲养方式。

半放牧的羊群，为了保证自身的生长发育所需营养物质，在羊群归圈之后补充一定量的粗饲料和精饲料供羊正常生长。我们一般散养户说的补饲，有时候特指补充精饲料。

（一）补饲方法

放牧羊补饲时应该先补充精饲料，再补充粗饲料。当放牧羊群归圈之后（重点在冬春两季），按羊群分类先给它们补充精饲料，精饲料每天补充 1 ～ 2 次，常见的放牧羊大多数都是下午归圈后补充一次精饲料。喂完精饲料应该给它们饲喂少量多汁饲料，然后再补充精饲料。此外，为了弥补放牧羊群微量元素摄取不足，我们还可以在羊圈内放置羊用舔砖，让它们自由舔食补充微量元素。

（二）补饲数量

放牧羊每天的精饲料补充量为羊自身体重的 0.5% ～ 1%。在实际补饲过程当中，成年羊的精饲料补充量为每天 0.5 千克左右，羔羊精饲料补充量按羔羊体格大小决定，在 100 ～ 250 克不等。为了补充放牧羊蛋白质营养不足，我们可以在给羊补饲的饲料中加入适量尿素，可对羊生长发育起到非常明显的效果。尿素的添加量为羊只体重的 0.02% ～ 0.05%，即每只成年羊每天可以补充 10 ～ 15 克，或者按照日粮中干物质的 1% ～ 2% 添加。

值得注意的是，尿素喂羊要严格控制用法用量，防止用量过多引起尿素中毒。尿素喂羊一定要记住每天的用量不能 1 次喂完，要分 2 ～ 3 次添加。可以先将定量的尿素溶于水中，然后均匀喷洒在干物质上或者拌入精饲料中。尿素既不能单独喂羊，也不能溶于水中给羊饮用，等羊吃完含有尿素的饲料后不能马上饮水，要等半个小时后才可喝水。羊一旦发生尿素中毒，可用食醋 250 ～ 500 克，白糖 50 ～ 100 克，加入适量的水进行急救。

（三）放牧加补饲技术要点

1. 羔羊补饲

一般羔羊在出生 15 天左右开始学着吃草吃料，有的小尾寒羊羔羊在刚出生 3 天之后就可以跟着羊妈妈出门玩耍了。不过刚开始还不会吃草，等 15 天左右会吃草料时就需要给它适量补饲。羔羊早期补饲日粮的适口性非常重要，等羔羊渐渐适应以后，重点要保证饲料里面蛋白质的质量和数量。现在有羔羊专用的全价颗粒饲料，只需购买回来按量饲喂即可。

2. 育成羊补饲

育成羊放牧采食能力较差，尤其是在冬春季节，自身营养物质需求量的80%以上来自补饲，因此育成羊的饲养管理方式最好以放牧为辅、补饲为主。给育成羊补饲的时候主要由优质青干草、混合精饲料、青贮饲料、矿物质元素组成。

3. 妊娠期母羊补饲

妊娠期母羊分为妊娠前期（前3个月）和妊娠后期（后2个月）这两个阶段，妊娠前期需要的营养物质较少，放牧归来的补饲量、补饲配方和育成羊大致相同，重点在于妊娠后期。母羊妊娠后期是胎儿生长发育最快的阶段，这时母羊对营养物质的需求量增加，所以必须要对怀孕后期的母羊进行补饲，这样做可以有效提高羔羊的成活率。但有一点要注意，妊娠后期母羊的营养水平不能过高也不可过低，母羊太胖或太瘦均不利于分娩和胎儿生长发育，在产前1周应该停喂精饲料。

4. 哺乳期母羊补饲

母羊在产后起开始泌乳并在3天后就能放牧，泌乳量随之慢慢增加，在4～6周内达到泌乳高峰，之后保持平稳，14～16周逐步下降。根据母羊的泌乳特点和羔羊的消化特点，把母羊的哺乳期分为哺乳前期（产后1.5～2个月）和哺乳后期（1.5～2个月后直至断奶）。哺乳期母羊的补饲重点工作在哺乳前期。

第二节　羊的日常管理

一、绵羊的剪毛

羊毛是毛用羊的主要产品，剪毛是毛用养羊业的收获工作。我国地域辽阔，各地气候、环境差别较大，因此各地应在适宜时间组织好剪毛工作，以提高羊毛的产量和质量，确保羊体健康和养羊效益。

（一）剪毛次数和时间

1. 剪毛次数

根据纺织工业对羊毛长度的要求、羊毛的生长状况、气候条件等因素，决定一年中毛用羊的剪毛时间和剪毛次数。在我国，一般纯种毛用羊及其杂种羊，在春季剪毛一次，粗毛羊多数在春、秋季节各剪毛一次。

2. 剪毛时间

具体时间依当地气候变化而定。过早和过迟对羊体都不利，过早则羊体易遭受冻害；过迟既能阻碍羊体散发热量而影响羊只健康，土种粗毛羊有的还会出现羊毛自行脱落而造成经济损失。因此，春季剪毛，应在气候变暖，并趋于较稳定时进行。我国西北牧区春季剪毛，一般在 5 月下旬至 6 月上旬，青藏高寒牧区在 6 月下旬至 7 月上旬，农区在 4 月中旬至 5 月上旬。秋季剪毛多在 9 月进行。

（二）剪毛前的准备

剪毛的季节性很强，剪毛持续的时间越短，越有利于羊只的抓膘。为保质保量做好绵羊的剪毛工作，在剪毛前要拟定剪毛计划，内容包括剪毛的组织领导、剪毛人员及其物品的准备。

剪毛场地的选择，应根据具体条件而定。若羊群小，可采用露天剪毛，场地应选择高燥清洁，地面为水泥地或铺晒席，以免沾污羊毛；羊群大，可设置剪毛室。剪毛室一般包括三部分，即羊只等候剪毛的待剪羊只室、剪毛室和羊毛分级包装室。

在剪毛台上剪毛，既有利于剪毛操作，也可减轻剪毛员的体力消耗。剪毛台长 2.5～3 米，宽 1.5～1.7 米，高 0.3～0.5 米。羊毛分级台长 2.5～3 米，宽 1.2～1.5 米，高 0.8 米；台面用木质格栅制成，格栅木条间距为 2～2.5 厘米；台下设有收集小毛块的毛袋。分级台的前面设盘秤，用来称量每只羊的毛被重；剪毛台的附近设有盛装羊毛的毛袋。在剪毛室大门出口处，设有磅秤，用来称量绵羊体重和毛包重量。

羊群在剪毛前 12 小时停止放牧（或饲喂）和饮水，以免在剪毛过程中粪尿沾污羊毛和因饱腹在翻转羊体时引起胃肠扭转事故。剪毛前可使羊群拥挤在一起，使油汗融化，便于剪毛。雨后因羊毛潮湿不应立即剪毛，否则剪下的羊毛包装后易引起发热霉烂。剪毛可从羊毛品质较差的绵羊开始。在不同品种中，可先剪异质毛羊，后剪基本同质毛羊，最后剪细毛羊和半细毛羊；

同一品种中，剪毛顺序为羯羊、试情公羊、育成公羊、母羊和种公羊，这样可利用价值较低的羊只，让剪毛人员熟练技术，减少损失。

（三）剪毛方法

主要有手工剪毛和机械剪毛两种。手工剪毛是用一种特制的剪毛剪进行剪毛，劳动强度大，每人每天能剪 30～40 只羊。机械剪毛是用一种专用的剪毛机进行剪毛，速度快，质量好，效率比手工剪毛可提高 3～4 倍。

机械剪毛大大降低了剪毛工的劳动强度，同时提高了套毛的整体质量。但是用电动剪毛机剪毛必须掌握一定的要领和技巧才能又快又好的地完成剪毛工作。

1. 做好剪毛前准备

剪毛前的准备工作包括计划剪毛时间、安排场地、准备器械设备、配备技术人员、安置待剪羊群。剪毛前一天，由剪毛工调试安装好剪毛设备，并在正式剪毛前试机。

2. 剪毛技术人员的培训

剪毛技术人员必须接受过技术培训和安全知识教育并考核合格后方可参加剪毛工作。

3. 提高剪毛效率

（1）正确的保定羊的姿势　剪毛工主要依靠双腿及左手的辅助来控制在整个剪毛过程中羊的姿势的变化，在剪毛操作过程中，主要依赖剪毛工的双腿来保定被剪羊，剪毛期间应尽可能固定羊只，防止羊只活动，保定羊只，剪毛时动作要轻柔。

（2）正确的剪毛顺序　从腹部开始，腹毛通常是最脏且价值最低，因此选择从腹部开始，也便于套毛的分级。剪正身套毛前，先将臀部排泄处集中污染的粪块尿黄毛剪除，并单独集中包装，标明头腿尾毛。

（3）正确的持剪手势　持剪的手势及辅助的手势必须正确，剪毛工右手持剪，左手辅助绷紧羊的皮肤。剪毛工必须手腕灵活，能够较大幅度地摆动和弯曲。每完成一次剪毛动作后，需贴近羊皮肤快速回旋电剪，使剪刀移至下次剪毛的起始位置。剪毛操作应平稳流畅，剪完后整只羊全身毛茬长度均匀。

（4）高效机械剪毛操作流程　机械剪毛先从羊腹部开始剪，依次剪后腿内侧、头毛、左肩部、左臀部、颈部、左体侧、右侧，具体步骤如下。

①预备保定。将羊放倒在地，剪毛工位于羊背侧，用膝盖撑起羊肩部，

使羊臀部着地，背对剪毛工半坐在地上，羊右前肢绕过剪毛工右腿靠在右腿外侧，剪毛工左手臂可方便地控制羊的头部及左前肢。体格较小的剪毛工可采取羊只侧卧于地的方式，右脚跨过羊体，左脚位于羊只背侧，使羊的右肢前绕过剪毛工右腿靠在右腿外侧。整个过程中如果羊只保定的姿势较为舒适，会减少羊挣扎的状况，这样会使剪毛员的工作更为容易。

②从腹部开始。右手持剪，左手帮助抚平羊皮肤皱褶，从胸骨开始向后肢方向剪，第一剪应从右手边开始，第二剪从左手边开始，然后斜向下推剪前两次推剪之间的部分，确保前两次推剪之间的距离足够宽，这样后面的推剪就比较容易，顺着这两次推剪进行了。用左手绷紧皮肤并保护好羊乳头及睾丸。注意剪刀走向跨过皱褶，同时避免剪到腹部凸起的静脉。

③后肢内侧。先从右后肢上部向蹄部推剪，然后顺势从蹄部向腹部推剪，经过胯部，向左后肢蹄部推剪，再从左后肢腹部向蹄部推剪，直至把后肢内侧及胯部的羊毛剪完。推剪至胫部时，为防止剪伤筋腱，电剪头应微微向上翘起。

④左侧臀部。转动被剪羊，使羊只右侧臀部着地，紧靠剪毛工双腿，充分暴露被剪羊左侧。剪毛工右手持剪，左手辅助绷紧皮肤，从左后肢外侧蹄部向脊柱方向尽可能往远处推剪，将左侧腿部、臀部毛剪下并不断向上翻起。

⑤头部。双膝固定羊头部，从近右手端向远处推剪完羊头顶部。

⑥颈部。剪毛工向前移一步，右脚放在羊的两后肢间，两腿撑起羊体，保持羊臀部着地，左手控制羊头部，充分暴露颈部，向上推剪颈部至羊下颌，如果被剪羊颈部皮肤松弛，左手按压羊头部偏向左侧，绷紧皮肤，剪刀跨过皱褶，推剪至羊下颌，向上推剪完颊部及眼周，左手抓住羊耳朵，向上推剪完头颈部。

⑦左肩及体侧部。左臂控制羊头颈部，向脊柱方向推剪肩部。然后左手抓起羊左上肢，两腿辅助转动羊只，使其右侧卧，充分暴露左侧，从臀部向头部大幅度推剪左侧。左手控制羊头部，右膝轻轻压住羊左下肢，推剪脊柱。

⑧右侧。保持被剪羊右侧卧，剪毛工移动右腿站在被剪羊肩外侧，抬起羊头部，双腿控制羊头部，向下推剪羊右侧颊部，向下推剪右侧颈部；剪毛工后退，左手抓起羊右上肢，从脊柱往右上肢方向，推剪右肩部；剪毛工后退，双腿撑起羊体，使羊臀部着地，羊头穿过剪毛工两腿向后，左手辅助绷紧羊皮肤，斜向下推剪羊右体侧，直至剪完右侧臀部，注意剪刀走向跨过皱褶，避免与皱褶方向一致。

⑨推剪完毕，剪毛工协助羊只站起。机械剪毛技术性强，需要对剪毛技术人员进行专业培训，使其掌握技术要领，才能提高剪毛效率和剪毛质量。

（四）羊毛的分级和包装

剪毛员将剪下的毛被送到分级台，由技术人员称重记录后，再根据国家羊毛收购标准，包括文字标准和实物标准，进行羊毛分级。确定等级后，除去粪块毛和边坎毛，将套毛卷折好，可将各类羊毛分开，如白色的同质细毛、半细毛和异质毛，杂色的同质毛、异质毛和边坎毛等。

二、山羊梳绒

（一）梳绒的时间

春季是梳山羊绒的最佳季节。绒山羊一般每年梳绒一次，当绒毛根部与皮肤脱离时（俗称"起浮"），梳绒最适宜，一般在春季的4—5月。

（二）梳绒的常用工具

梳绒梳。分2种，一种是稀梳，由5～8根钢丝组成，钢丝间距2～2.5厘米；另一种是密梳，由12～18根钢丝组成，钢丝间距0.5～1厘米。

（三）梳绒的技术要领

1. 按序抓

按身体的部位是先头部、耳根，逐渐移向颈、肩、胸、背、腰和股部；按群应按成年母羊、后备母羊、成年公羊、后备公羊顺序来抓。

2. 抓干净

一般抓两次，有的地方在抓绒时，先用大沙剪剪去梢子毛（即高于绒顶部的粗毛部分），然后立即进行第一次抓绒，隔15天后再重抓一次，第二次的抓绒量是第一次抓绒量的20%。

3. 保安全

被抓绒的羊只，先禁食12小时以上，对妊娠后期的母羊抓绒时，特别要注意避免动作粗暴，防止引起流产，对于种公羊和育成羊也要注意安全，防止蛮干造成大块皮肤抓破和挤压而造成内脏出血。

4. 保质量

捉到羊后，首先用手轻轻拍打，把身上的草粪和土等杂物拍落掉，把羊的三蹄捆束，放倒在干燥洁净的地上再开始抓。在抓绒前，把所有参加抓绒的羊只，按绒的颜色分开，保证分别抓出白绒、青绒、紫绒和棕色绒。

5. 分等级

要在每一个绒色中抓出头路绒。各种颜色中按含粗含杂率分为三等：一等绒含粗毛、皮屑等杂质不超过 20%；二等绒不超过 50%；三等绒不超过 70%。

6. 巧剪毛

有的地方为了抓绒轻便、好抓，在抓绒时先打掉梢子长毛，等抓过绒5 ~ 7天把毛剪掉。天气凉的山区，打过梢子毛抓绒以后，相隔 15 天再抓一次绒，不进行剪毛，或者只留下背绒的毛不剪。

三、奶山羊的挤奶

挤奶是奶山羊泌乳期的一项日常性管理工作，技术要求高，劳动强度大。挤奶技术的好坏，不仅影响产奶量，而且会因操作不当而造成羊乳房疾病。应按下列程序操作。

（一）挤奶羊的保定

将羊牵上挤奶台（已习惯挤奶的母羊会自动走上挤奶台），然后再用颈枷或绳子固定。在挤奶台前方的食槽内撒上一些混合精料，使其安静采食，方便挤奶。

（二）擦洗和按摩乳房

挤奶羊保定以后，用清洁毛巾在温水中浸湿，擦洗乳房2 ~ 3遍，再用干毛巾擦干。并以柔和动作左右对揉几次，再由上而下按摩，促使羊的乳房变得充盈而有弹性。每次挤奶时，分别于擦洗乳房时、挤奶前、挤出部分乳汁后按摩乳房三四次，有利于将奶挤净。

（三）正确挤奶

挤奶可采用拳握法或滑挤法，以拳握法较好。每天挤奶 2 次，如日产奶量在 5 千克以上，挤奶 3 次。每次挤奶前，最初几把奶弃之不要。挤奶结束后，要及时称重并做好记录，必须做到准确、完整，以保证资料的可靠性。

（四）过滤和消毒

羊奶称重后经 4 层纱布过滤，之后装入盛奶瓶，及时送往收奶站或经消毒处理后短期保存。消毒方法一般采用低温巴氏消毒，即将羊奶加热（最好是间接加热）至 65℃，并保持 30 分钟，可以起到灭菌和保鲜的作用。

（五）清扫

挤奶完毕后，需将挤奶时的地面、挤奶台、饲槽、清洁用具、毛巾、奶桶等清洗、打扫干净。毛巾等可煮沸消毒后晾干，以备下次挤奶使用。

（六）要适时进行干奶

为使母羊及时补充身体营养，保证胎儿正常生长发育，有利于下一个泌乳期获得高产，要根据母羊膘情、年龄的不同，在母羊怀孕 2 ～ 3 个月（即临产前 2 ～ 3 个月）停止挤乳，并通过乳头注入青霉素 80 万单位，以预防干奶期乳腺炎。

四、药浴

羊药浴是饲养管理中一个必不可少的工作，各种羊在剪毛后 1 周都必须进行一次药浴，目的是消灭体表的寄生虫。规模养羊场为了预防，对没有体外寄生虫的羊，每年也要进行一次药浴。

（一）药浴时间和药剂选择

药浴时间分为 2 次，第一次是剪毛后的 7 ～ 10 天，这时绵羊也能适应外界的刺激，还有就是剪毛时的皮肤伤口也差不多愈合了；第二次就在第一次药浴的 7 ～ 10 天。药浴所有的药剂可购买，也可自行调配，可选用 0.1% ～ 0.2% 杀虫脒溶液，80 ～ 200 毫升 / 升速灭菊酯溶液，50 ～ 80 毫升 / 升溴氰菊酯溶液，0.025% ～ 0.03% 林丹乳油水溶液，0.5% ～ 1% 敌百虫水溶液，0.05% 的辛硫磷乳油水溶液，0.05% 双甲脒溶液等，加入水中即可。也可用石灰 7.5 千克、硫黄粉末 12.5 千克，加水搅拌成糊，再加入 150 千克水熬制，待色呈深褐色后即可，将底层的残渣丢弃，留取沉淀后的清液即可，将清液加入 500 千克温水即可调配成功，可根据饲养规模自行按比例调配。

（二）药浴方法

药浴时如果是小规模养殖，可用木桶或水缸器具即可，在木桶或水缸中加入药浴液，两人将绵羊的四肢抓住，让其腹部朝上，除头部外，将羊身放入药液中浸泡 2～3 分钟即可，最后将头部快速浸泡 2～3 次，每次 1～2 秒即可，防止绵羊呛水。如果是大规模养殖，此种方法就不适应，须修建一个专用的药浴池，将浴池入口做成斜坡，绵羊由此滑入，慢慢通过浴池，而出口则应设为台阶，方便绵羊走出，还应设一个滴流台，待羊出浴后，稍稍停留一下，让身上的药液回流池中。

（三）注意事项

在开始药浴时，一定要进行检查，如果是病羊、皮肤有伤口但未完全愈合的，这些羊是不能进行药浴的。在药浴前和剪毛前一样，要停止放牧和喂食，让羊空腹 8 小时，再在药浴前 2 小时，让其饮饱水，防止在药浴时误食药液。在药浴时先要选择体质较弱的羊先实验下，看药浴的浓度是否会导致绵羊中毒，待实验后，确定药浴无毒之后，即可组织羊群药浴。在药浴时，要及时清除药浴中的粪便污物，保持药液清洁，还有药浴时一定保证全身受到药浴浸泡，不要放过羊身任何一个部位，确保杀虫灭菌彻底。

五、编号

羊的个体编号是开展羊育种工作不可缺少的技术项目。编号要求简明，易于识记，字迹清晰，不易脱落，有一定的科学性、系统性，便于资料保存、统计和管理。现阶段主要采用耳标法。

一般习惯将公羊编为单号，将母羊编为双号，每年从 1 号或 2 号编起，不要逐年累计。可用红、黄、蓝三种不同颜色代表羊的等级。耳标一般戴在左耳的耳根软骨部，避开血管，要在蚊蝇未起时安好耳标。

羊只经过鉴定，在耳朵上将鉴定的等级进行标记，等级号在鉴定后，根据鉴定结果，用剪耳缺的方法注明该羊的等级。纯种羊打在右耳上，杂种羊打在左耳上。具体规定是：特级羊，在耳尖剪一个缺口；一级羊，在耳下缘剪一个缺口；二级羊，在耳下缘剪 2 个缺口；三级羊，在耳上缘剪一个缺口；四级羊，在耳上、下缘各剪一个缺口。

墨刺法和烙角法虽然简便经济，但都有不少的缺点，如墨刺法字迹模糊，无法辨认，而烙角法仅适用于有角羊。所以，现在这两种方法使用较少，或者只是用作辅助编号。

六、断尾

断尾主要用于细毛羊、半细毛羊及高代杂种羊，断尾应在羔羊出生7～10天进行。

（一）橡皮筋断尾

这种方法适合于小羔羊，而且对羔羊的伤害很小。

小羊羔还在发育阶段，所以在这个时候，我们可以使用专门断尾的橡皮圈，把橡皮圈套到钳子上，将钳子撑开，然后把羊羔尾巴套进去。我们可以在小羊羔尾巴的第三、四节尾椎摸到一条关节缝，就把橡皮圈套到这缝里，阻断血液流通，过几天尾巴自然就会脱落了。

刚开始几天，小羊羔会不太舒服，会表现得有些焦躁不安，过几天就好了，这几天我们可以饮水添加多维太保，提高小羊羔抵抗力和适应性。

（二）切割法

这是最常用的方法，操作起来也不难，只需要用手术刀或者是剪刀将羊的尾巴切下来，然后用止血钳止住出血部位，等到不流血了之后，把伤口缝合起来就行。

这个方法虽然简单，但是操作者在进行操作的时候，要掌握好力度，还有切的位置和深度，以免对羊造成更大的伤害。

养殖户使用这个方法给羊断尾的时候，一定要给工具做好消毒杀菌工作，以免导致羊伤口感染，我们可以使用菌灭太保，给操作工具还有羊的伤口消毒。

（三）热断法

找一个木板，在木板上掏一个圆孔，然后把羊的尾巴穿过圆孔，将木板抵在羊的屁股上，然后用烧热的烙铁式断尾器，夹在羊羔第三、四个尾椎之间，轻轻转动羊尾，让羊尾能更顺利烙断。这个方法就是将羊的尾巴给烫掉，这个办法适合用在脂尾羊身上。

七、去势

去势后的羔羊或公羊，性情温顺，管理方便，节省饲料，肉无膻味且较细嫩，容易育肥。因此，凡不作为种用的公羔或公羊，一般都去势。去势的羊称为羯羊，公羔去势最好在生后 2～3 周时进行，常用的去势方法如下。

（一）去势钳法

用特制的去势钳，在阴囊上部用力紧夹，将精索夹断，睾丸则逐渐萎缩。此法因不切伤口，无失血、感染的危险。但无经验者，往往没有把精索夹断而达不到去势的目的。

（二）刀切法

使用锋利小刀切开阴囊，摘除睾丸。刀切法需两人配合，保定羊只，在羊阴囊外部用 3% 碳石酸或碘酒消毒。消毒后施手术者，一手握住阴囊上方，以防羊羔的睾丸缩回腹腔内。另一手用消过毒的刀在阴囊侧面下方切开一小口，约为阴囊长度的 1/3，以能挤出睾丸为度。切开后把睾丸连同精索拉出撕断，一侧的睾丸取出后，依法取另一侧的睾丸，有经验的人，把阴囊的纵隔切开，把另侧的睾丸挤过来摘除亦很好。这样，少开了一个刀口，睾丸摘除后，把阴囊的切口对齐，涂碘酒消毒，并撒上消炎粉。过 1～2 日可检查一下，如阴囊收缩，则为安全的表现，如果阴囊肿胀，可挤出其中的血水，再涂抹碘酒和消炎粉，一般不会出什么危险。去势后的羔羊，要收容在有洁净褥草的羊圈内，以防感染。

（三）结扎法

当公羔 1 周大时，将睾丸挤在阴囊里用橡皮筋或细绳紧紧地结扎在阴囊的上部，断绝了血液的流通，经半个月左右，阴囊及睾丸萎缩自然脱落。此法简便易行，效果好。

八、驱虫

羊体的寄生虫有数十种，根据当地寄生虫病的流行情况，每年应定期驱虫。羊易感染的寄生虫病用羊鼻蝇蛆病、羊捻转胃虫病、羊结节虫病、羊肝片吸虫病、羊绦虫病、羊肺丝虫病、羊多头蚴病、羊肝线虫病、羊毛圆线虫病等。常用的驱虫药物有敌百虫、硫双二氯酚、咪唑类药物、驱虫净、伊维菌素、阿维菌素等。一般每年春秋两季选用合适的驱虫药，按说明要求进行驱虫。驱虫后 10 天内的粪便集中收集，进行无害化处理。

九、去角

羔羊去角是奶山羊饲养管理的重要环节，奶山羊有角容易发生创伤，不便于管理。

（一）选择合适的时间

小羊去角的最佳时间是在出生后的 7～10 天内进行。此时小羊的角尚未完全发育，去角过程对小羊的疼痛感较小。人工哺乳的羔羊，最好在学会吃奶后进行。

（二）准备工具和设备

在进行小羊去角之前，确保准备好必要的工具和设备。常用的工具包括去角剪、止血剂、消毒液等。确保这些工具干净、锋利，并且消毒液用于消毒工具和伤口。

（三）安全措施

在进行小羊去角之前，确保小羊和操作人员的安全。将小羊固定在一个安全的位置上，以防止其受伤或逃跑。操作人员应佩戴适当的防护手套和服装，以保护自己免受伤害。

（四）进行去角操作

在进行小羊去角之前，先用消毒液清洁小羊角部位。然后，使用去角剪将角部分剪掉，确保剪断的位置尽可能靠近角底部。剪断后，立即使用止血剂涂抹在伤口上，以防止出血。

（五）喂养和观察

在小羊去角后，确保给予小羊足够的饲料和水，以帮助其恢复和生长。

定期观察小羊的伤口，并确保伤口干净和无感染。如发现伤口感染或其他异常情况，及时请兽医进行处理。

十、修蹄

养羊场户给羊群进行修蹄，应在给羊修蹄前事先将羊蹄用清水浸泡变软，也可选择在雨后天气进行修蹄，这时经过雨水浸泡过后的羊蹄蹄质变软，且容易修剪。一般经修剪好的羊蹄，底部平整，形状方圆，羊站立时体型端正。如个别羊因羊蹄生长过长、过尖未及时修剪已出现了变形蹄，则需要经过几次的仔细修理才能矫正，切不可操之过急。一般放牧的羊群每年春季进行一次的修理即可，而在舍饲和半舍饲的饲养条件下的羊群则应每间隔4～6个月修蹄一次，以确保羊群体型的端庄。

羊蹄是其皮肤衍生物，一直处于生长状态。放牧羊由于不断磨损羊蹄较短，一般不用进行修剪。舍饲羊由于运动较少羊蹄生长较快，需要定期进行"剪指甲"。不然羊蹄过长或畸形的情况下，会造成跛行或腐蹄病等问题，严重者可引起羊只采食减少、母羊流产等。给羊修蹄是养羊户必做的工作，一般选择开春天气转暖后进行。可以按如下方法给羊进行修蹄。

（一）先对蹄部进行软化

可采用清水或2%硫酸铜溶液对羊蹄进行浸泡使其软化，亦可选择雨后进行修蹄。只有蹄部软化后，才更方便进行修剪。

（二）对羊进行保定

给羊修蹄时，一定将其保定牢固，不然羊乱动可能造成羊蹄受伤或修剪人员受伤。最常采用的是侧卧法，即将羊放倒侧卧，一人压住羊防止乱动，一人进行修剪。有颈夹或保定架的情况下可采用站立保定法，一人抓紧羊小腿部位，一人进行修剪。

（三）修剪方式

需要先将羊蹄间污物以及腐烂羊蹄清理干净，方可进行修剪。修剪时先修剪边缘，再进行内部修剪，将羊蹄修剪成中间稍高四周平的椭圆形。并注意两蹄瓣以及两腿间修剪高度一致，避免出现一高一低的现象。

（四）注意事项

当修剪到可见毛细血管时应停止修剪，再往里进行修剪便要出血。如不小心将其修剪出血的情况下，可采用烙铁止血或高锰酸钾止血。对于严重畸形或腐烂的羊蹄，为不损伤羊蹄应采取多次进行修剪矫正。

（五）修蹄工具

给羊修蹄工具众多，有弯刀、刻刀、修蹄剪、修蹄钳等，一把果树剪便可解决给羊修蹄的问题，最关键是方便快捷。使用果树剪在熟练的情况下，一天可以对 50～100 只羊进行修蹄。

十一、防疫

羊的防疫是预防羊群传染病发生的有效手段。当前需要重点预防的羊的传染病有炭疽、口蹄疫、羊痘、小反刍兽疫、羊快疫、羊肠毒血症、羔羊痢疾、羊布鲁氏菌病、羊大肠杆菌病、羊坏死杆菌病等。

（一）建立健全防疫检验制度

这个要靠相关部门和养殖户全力配合才能做好。检验检疫是切断羊群传染病发生的重要环节，如果条件允许，自家羊群最好每年进行一次彻底的传染病检查。一般自繁自养的羊群发生传染病的概率比较小，若有从外面引种的需求，则引种回来之后必须隔离观察 20～30 天，等确保没有病羊之后才可混入大群羊内饲养。

（二）要定期接种各类防疫疫苗

接种疫苗这点非常重要。因为很多羊传染病都有相对应的防疫疫苗，这些疫苗可有效预防羊各类传染病发生的概率，养殖户只要按照相关的免疫接种程序挨个给羊接种就好。疫苗的接种时间一般在每年春、秋这两个季节，应该注意的是，接种疫苗时一定要看清楚有效免疫期，以便下次及时接种。此外还要询问清楚哪些疫苗不可以给怀孕母羊注射，以免造成母羊流产。

（三）加强羊群的饲养管理方法

平时加强羊的营养补充，让它们保持不错的体况，可有效预防一部分传染病。定期对羊圈舍消毒，也能减少传染病发病概率。若发现自家羊出现群体性不适症状，最好隔离观察，等确定病因之后立刻想办法治疗。如果实在没有治疗价值，必须在当地防疫部门的要求下捕杀焚烧深埋（好多传染病病毒怕高温，焚烧深埋是有效的解决措施）。

十二、刷拭

用鬃刷或草根刷，经常在羊群中给羊刷拭，可以改善羊体的清洁度，促进羊的新陈代谢，同时有利保持和羊的一种亲密关系，便于对羊群的管理。在刷拭操作时，要顺着毛渣进行，不可逆毛渣刷拭，一般采取从上到下，从左到右，从前到后的方法。

如果养的羊数量过多，不能全部顾及时，可以挑取种公羊进行刷拭，这样可以更有利公羊的体况健康，保持旺盛的公羊特征。

第三节　不同生长阶段羊的养殖

一、羔羊的养殖

羔羊是指从出生到断奶前这一时期的羊。羔羊阶段是羊一生中生长发育最快的时期，这一时期必须严把出生关、哺乳关、断奶关、补饲关。

（一）出生关

羔羊出生后，首先用毛巾将羔羊口、鼻中的黏液擦拭干净，以防羔羊呼吸时把黏液吸入气管引起异物性肺炎。羔羊出生后 15～30 分钟，就会站起来找奶吃，这时应尽快让羔羊吃到初乳。初乳是指母羊分娩后 5 天以内分泌的乳汁。初乳营养丰富，富含蛋白质、脂肪、维生素和矿物质，富含镁盐，可促进肠蠕动，有利于胎粪排出，含有免疫球蛋白，可增强羔羊抗病能力。给羔羊喂初乳时，首先要用40℃的热毛巾把母羊乳房擦洗干净，挤出乳头内最初的几滴奶，然后再喂，随后几日让羔羊随母羊自由活动，吃足初乳。

（二）哺乳关

哺乳期的羔羊生长发育很快,3个月的体重是出生体重的6～8倍,0～45天是羔羊体尺增长最快时期，所以，出生30日龄内的羔羊每天喂奶次数以4～6次为宜,31～60日龄内的羔羊每天喂奶次数以3～4次为宜。随着日龄的增加，羔羊对营养的需求也越来越多，依靠鲜奶难以满足生长发育的需求，羔羊在出生15天后，可给羔羊补饲槽内加少量优质苜蓿干草，让其自由采食，以促进瘤胃发育。20天后，还要加一些适口性好、易消化的精料或颗粒饲料，以满足羔羊的生长发育需要。

（三）断奶关

羔羊哺乳到了60～90日龄时要逐渐断奶，羔羊断奶有两种方法。一是直接断奶法，就是到了断奶时间，直接停止喂奶；二是逐渐断奶法，就是将羔羊吃奶次数逐渐减少，直到断奶。为了让羔羊适应这一过程，一般采用逐渐断奶法，这样有利于羔羊适应新的生活方式，促进胃肠机能正常发育。

（四）补饲关

母羊产后1个月泌乳量达到高峰,2个月后逐渐下降，母乳已逐渐不能满足羔羊的快速生长，必须及早补饲。羔羊生后7～10天可开始喂一些嫩草和树叶，枯草季节可喂些优质青干草，并提供清洁饮水。补饲精料时要磨碎，最好炒一下，并添加适量食盐和骨粉。补多汁饲料时要切成丝状，并与精料混拌后饲喂。补饲量可作如下安排。

15～30日龄的羔羊，每天补混合精料50～75克,1～2月龄补100克,2～3月龄补200克,3～4月龄补250克，饲草任其自由采食。1月龄左右可使母、羔分开，羔羊单独组群放牧，中午和晚上哺乳，有利于增重抓膘和预防寄生虫疾病。

二、育成羊的养殖

育成羊是指断奶至第一次配种这一年龄段的幼龄羊。断奶后3～4个月，生长发育快，增重强度大，对饲养条件需要高。8月龄后，羊生长发育强度逐渐下降。

（一）分段饲养

1. 育成前期的饲养管理要点

育成前期一般指 4 ～ 8 月龄的羊。在这个时期，尤其是刚断奶的羔羊，生长发育快，瘤胃容积有限且机能不完善，对粗饲料的利用能力较差。因此，此时期羊的日粮应以精料为主，并能补给优质干草和青绿多汁饲料，日粮的粗纤维含量不超过 15% ～ 20%。

下列混合精料配方和日粮组成可供育成前期的羊使用。

配方 1：玉米 68%，胡麻饼 12%，豆饼 7%，麸皮 10%，磷酸氢钙 1%，食盐 1%，添加剂 1%。日粮组成：混合精料 0.4 千克，苜蓿干草 0.6 千克，玉米秸秆 0.2 千克。

配方 2：玉米 50%，胡麻饼 20%，豆饼 15%，麸皮 12%，石粉 1%，食盐 1%，添加剂 1%。日粮组成：混合精料 0.4 千克，青贮饲料 1.5 千克，燕麦干草或稻草 0.2 千克。

2. 育成后期的饲养管理要点

育成后期一般指 8 ～ 18 月龄的羊。此时期羊的瘤胃机能基本完善，可以采食大量的牧草和青贮、微贮秸秆。日粮中粗饲料比例可增加到 25% ～ 30%，同时还必须添加精饲料或优质青贮、干草。

下列混合精料配方和日粮组成可供育成后期羊使用。

配方 1：玉米 44%，胡麻饼 25%，葵花饼 13%，麸皮 15%，磷酸氢钙 1%，添加剂 1%，食盐 1%。日粮组成：混合精料 0.2 千克，青贮饲料 3 千克，干草或稻草 0.6 千克。

配方 2：玉米 80%，胡麻饼 8%，麸皮 10%，添加剂 1%，食盐 1%。日粮组成：混合精料 0.4 千克，苜蓿干草 0.5 千克，玉米秸秆 1 千克。

（二）科学管理

1. 称重与分群

对育成羊要定期称重，检验饲养管理和生长发育情况，可以根据体重大小重新组群，对发育不良、增重效果不明显的育成羊可重新调整日粮配方和饲养量。

羔羊断奶后逐步进入育成阶段，该时期应该按照性别、身体、大小、体质强弱进行科学的分群管理，及时转群饲养，并按照不同羊群的生长情况配置饲草饲料，保证饲料营养价值充分。

公、母羊在发育近性成熟时应分群饲养，进入越冬舍饲期，以舍饲为主、放牧为辅。冬羔由于初生早，断奶后正值青草萌发，可以放牧采食青草，有利于秋季抓膘。春羔由于出生晚，断奶后采食青草的时间不长即进入枯草期，这时要提前准备充足的优质青干草和混合饲料。

2. 防疫与驱虫

育成羊是实现羊育肥的重要生产资料，在养殖中一定要做好育成羊的科学免疫和预防驱虫工作。养殖场应该结合当地动物疫病流行特点制订科学的免疫程序，选择恰当的疫苗进行预防接种。羔羊生长到 90 日龄后进行第 1 次驱虫和常规免疫接种，对于某些传染性疾病还需要在 135 日龄再进行一次免疫接种和第 2 次强化驱虫。

3. 科学搭配饲料

粗饲料搭配要保证多样化，每天日粮中蛋白质含量控制在 15% ～ 16%，平均精饲料投喂量每天控制在 0.4 千克，还应该注重饲料中钙、磷、食盐、微量元素、维生素的补充。在牧草生长旺盛季节，可以使羊采食大量优质青草，保证羊每天有充足的日照和运动量，促进胃肠道消化系统生长发育。

4. 科学配种

对于非种用的羊，应该及时进行育肥处理。对于种用的繁殖母羊应该在生长到 8 ～ 10 月龄、体重达 40 千克以上，或者达到成年羊体质的 65% 以上时，及时进行配种。初次配种的母羊通常发情症状不是很明显，在发情鉴定中可以观察羊的临床症状，进行直肠检查，用种公羊进行试情等方法，提高配种率。

三、繁殖母羊的养殖

母羊是羊群发展的基础，饲养种母羊的主要任务是促进发情、排卵、泌乳，提高繁殖率。种母羊在一年中可分为空怀期、妊娠期和哺乳期三个生理阶段，应根据不同阶段进行合理的饲养。

（一）空怀期

空怀期即从哺乳期结束至配种受胎时段，约为 3 个月。此时母羊经过妊娠期和哺乳期，体质一般较差。此期的营养状况直接影响着下一个繁殖周期。营养好，体况佳，则母羊发情整齐，排卵数多，受孕率高。因而空怀期必须加强饲养管理，充分放牧，使之迅速恢复体况，促进正常发情、排卵和受孕。在配种前可实行短期优饲，使母羊达到配种时所需的体况膘情。方法为配种前 10 ～ 15 天，母羊日补饲混合精料 0.2 千克，补充适量的胡萝卜或维生素 A，使羊群膘情一致，发情集中，便于配种，多产羔。

（二）妊娠期

1. 饲养

妊娠母羊除本身需要营养外，还供给胎儿生长发育所需营养，并储备一定的营养供产后泌乳，因此，要提高怀孕母羊的营养水平。怀孕前期 3 个月，胎儿发育较慢，其绝对增重只占初生重的 10%。该阶段除配种后 7 ～ 10 天给予短期优饲外，其余时间的营养水平与配种前差不多，但要求营养更加全面。饲养时应予充分放牧，个别瘦弱母羊可适当补饲。怀孕后期 2 个月，胎儿生长加快，绝对增重占初生重的 80% ～ 90%，母羊需要大量的营养以供胎儿生长发育和备乳，营养标准应比平时高 30% ～ 40% 饲料单位，可消化蛋白质应增加 40% ～ 60%，钙、磷需增加 1 ～ 2 倍。这一阶段饲料应营养充足、全价，如果此期营养不足会影响胎儿发育，羔羊初生重小，被毛稀疏，生理机能不完善，体温调节能力差，抵抗力弱，羔羊成活率低，易发病死亡。而且母羊体质差，泌乳量降低，由此影响羔羊的健康和生长发育。因此，怀孕后期应在放牧的基础上，根据母羊的膘情合理补饲，每天可补饲混合精料 0.45 千克、优质青干草 1 ～ 1.5 千克、青贮饲料 1 千克，胡萝卜 0.5 千克，骨粉 5 克。

2. 管理

①选择平坦的幼嫩草地放牧，防止走远路，以免过于疲劳。舍饲时应适当运动，以促进食欲，有利于胎儿发育和产羔。

②不喂腐败、发霉的饲料或易发酵的青贮料，放牧时避免吃霜冻草和寒露草，不饮冰渣水和污水。

③防止紧迫急赶、鞭打羊群，避免羊只斗架，出入圈时严防拥挤，草架、料槽及水槽数量要足够，防止喂饮时拥挤，否则易造成流产。临产前 1 个月，做到单栏饲养。如发现母羊流产，应将流产胎儿、胎盘、垫草及粪便扫出羊舍深埋，栏舍用石灰水消毒。

（三）哺乳期

这一阶段的主要任务是供给羔羊充足的乳汁，饲养上应根据母羊的泌乳规律和产后的生理情况进行饲养管理。哺乳期的长短取决于饲养方案，一般为 90 ～ 120 天。

母羊产后最初几天，其生理情况比较复杂，因产后腹压减小，胃肠空虚而表现较强的饥饿感，但身体虚弱，消化能力较差，必须加强护理。饲养上以舍饲为主，以优质嫩草、干草为主要饲料，每天给 3 ～ 4 次清洁饮水，并在饮水中加少量的食盐、麸皮，或喂给米汤，让其自由饮用。母羊体况好，产羔少，乳汁充足可不补或少补精料。如乳汁不足，可给母羊补饲青绿多汁饲料和适量精料。

母羊产后 15 ～ 20 天已处于泌乳高峰期，这时母羊食欲旺盛，饲料利用率高，体内储存的养分不断消耗，体重下降，为了促进泌乳，使泌乳高峰期持续较长时间，提高羔羊的成活率和断奶重，应在充分放牧的基础上增加精料补饲，补饲量应根据母羊体况及哺乳的羔羊数而定。产单羔的母羊每天补精料 0.3 ～ 0.5 千克，青干草、苜蓿干草各 1 千克，多汁饲料 1.5 千克。产双羔母羊要在此基础上增加精料，每天可补 0.4 ～ 0.6 千克。补饲时间要适宜，过早补饲大量的精料往往会伤及肠胃，引起消化不良或导致乳腺炎，过晚则大量消耗体内营养，羊体迅速消瘦，影响泌乳。

母羊产后 2 个月为哺乳后期，以恢复体况为主，为下次配种作准备。此时羔羊的瘤胃功能已趋于完善，可以大量利用青草及粉碎精料，不再完全依靠母乳营养。当母羊泌乳量开始下降时，应视体况逐渐减少精料。

哺乳母羊的管理要注意保持栏舍干燥、清洁，并做到定期清粪、消毒。不要到灌水丛、荆棘中放牧，以免刺伤乳房。哺乳母羊因采食量大，常离群采食，放牧时应防止羔羊丢失。

四、种公羊的养殖

俗话说："公羊好，好一坡；母羊好，好一窝"，种公羊饲养得好坏，对提高羊群品质、生产繁殖性能的关系很大，种公羊在羊群中的数量少，但种用价值高。对种公羊必须精心饲养管理，要求常年保持中上等膘情，健壮的体质，充沛的精力，保证优质的精液品质，提高种公羊的利用率。

（一）种公羊的管理要求

种公羊的饲料要求营养价值高，有足量的蛋白质、维生素和矿物质，且易消化，适口性好，保证饲料的多样性及较高的能量和粗蛋白质含量。在种公羊的饲料中要合理搭配精、粗饲料，尽可能保证青绿多汁饲料、矿物质、维生素能均衡供给，种公羊的日粮体积不宜过大，以免形成"草腹"，以免种公羊过肥而影响配种能力。夏季补以半数青割草，冬季补以适量青贮料，日粮营养不足时，补充混合精料。精料中不可多用玉米或大麦，可多用麸皮、豌豆、大豆或饼渣类补充蛋白质。配种任务繁重的优秀公羊可补动物性饲料。补饲定额依据公羊体重、膘情与采精次数而定，另外，保证充足干净的饮水，饲料切勿发霉变质。钙磷比例要合理，以防产生尿路结石。

1. 圈舍要求

种公羊舍要宽敞坚固，保持圈舍清洁干燥，定期消毒，尽量离母羊舍远些。舍饲时要单圈饲养，防止角斗消耗体力或受伤；在放牧时要公母分开，有利于种公山羊保持旺盛的配种能力，切忌公母混群放牧，造成早配和乱配。控制羊舍的湿度，不论气温高低，相对湿度过高都不利于家畜身体健康，也不利于精子的正常生成和发育，从而使母羊受胎率低或不能受孕。另外要防止高温，高温不仅影响种公羊的性器官发育、性欲和睾酮水平，而且影响射精量、精子数、精子活力和密度等。夏季气候炎热，要特别注意种公山羊的防暑降温，为其创造凉爽的条件，增喂青绿饲料，多给饮水。

2. 适当运动

在补饲的同时，要加强放牧，适当增加运动，以增强公羊体质和提高精子活力。放牧和运动要单独组群，放牧时距母羊群尽量远些，并尽可能防止公羊间互相斗殴，公羊的运动和放牧要求定时间、定距离、定速度。饲养人员要定时驱赶种公羊运动，舍饲种公羊每天运动 4 小时左右（早、晚各 2 小时），以保持旺盛的精力。

3. 配种适度

种公羊配种采精要适度。一般 1 只种公羊可承担 30 ～ 50 只母羊的配种任务。种公羊配种前 1 ～ 1.5 个月开始采精，同时检查精液品质。开始一周采精 1 次，以后增加到一周 2 次，到配种时每天可采 1 ～ 2 次，连配 2 ～ 3 天，休息 1 天为宜，个别配种能力特别强的公羊每日配种或采精也不宜超过 3 次。公羊在采精前不宜吃得过饱。在非繁殖季节，应让种公羊充分休息，不采精或尽量少采精。种公羊采精后应与母羊分开饲养。

种公羊在配种时要防止过早配种。种公羊在 6 ～ 8 月龄性成熟，晚熟品种推迟到 10 月龄。性成熟的种公羊已具备配种能力，但其身体正处于生长发育阶段，过早配种可导致元气亏损，严重阻碍其生长发育。

在配种季节，种公羊性欲旺盛，性情急躁，在采精时要注意安全，放牧或运动时要有人跟随，防止种公羊混入母羊群进行偷配。

4. 日常管理

定期做好种公羊的免疫、驱虫和保健工作，保证公羊的健康，并多注意观察平日的精神状态。有条件的每天给种公羊梳刷 1 次，以利清洁和促进血液循环。检查有无体外寄生虫病和皮肤病。定期修蹄，防止蹄病，保证种公羊蹄坚实，以便配种。

（二）种公羊的合理利用

种公羊在羊群中数量小，配种任务繁重，合理利用种公羊对于提高羊群的生产性能和产品品质具有重要意义，对于羊场的经济效益有着明显的影响。因此除了对种公羊的科学饲养外，合理利用种公羊提高种公羊的利用率是发展养羊业的一个重要环节。

1. 适龄配种

公羊性成熟为 6 ~ 10 月龄，初配年龄应在体成熟之后开始为宜，不同品种的公羊体成熟时间略有不同，一般在 12 ~ 16 月龄，种公羊过早配种影响自身发育，过晚配种造成饲养成本增加。公羊的利用年限一般为 6 ~ 8 年。

2. 公母比例合理

羊群应保持合理的公母比例。自然交配情况下公母比例为 1：30，人工辅助交配情况下公母比例为 1：60，人工授精情况下公母比例为 1：500。

3. 定期测定精液品质

要定期对种公羊进行体检，每周采精一次，检查种公羊精液品质并做好记录。对于精液外观异常或精子的活率和密度达不到要求的种公羊，暂停使用，查找原因，及时纠正。对于人工授精的饲养场，每次输精前都要检查精液和精子品质，精子活率低于 0.6 的精液或稀释精液不能用于输精。

4. 合理安排

在配种期最好集中配种和产羔，尽量不要将配种期拖延得过长，否则不利于管理和提高羔羊的成活率，同时对种公羊过冬不利。种公羊繁殖利用的最适年龄为 3 ~ 6 岁，在这一时期，配种效果最好，并且要及时淘汰老公羊并做好后备公羊的选育和储备。

5. 人工授精供精

公羊的生精能力较强，每次射出精子达 20 亿 ~ 40 亿个，自然交配每只公羊每年配种 30 ~ 50 只，如采用人工授精就可提高到 700 ~ 1 000 只，可以大大提高种公羊的配种效能。在现代的规模化羊饲养场、养羊专业村和养羊大户中推广人工授精技术，可提高种公羊的利用率，减少母羊生殖道疾病的传播，是实现羊高效养殖的一项重要繁殖技术。

五、育肥羊的养殖

（一）选择育肥羊

1. 成年羊育肥

淘汰老、弱、乏、瘦羊，丧失繁殖机能、少量去势公羊来进行育肥。要选择个体高大、精神、无病、毛色光亮的羊进行育肥，价格适中，没有传染病即可。

2. 驱虫健胃

由于羊采食粗饲料、牧草等而经常接触地面，因此，消化道内易感染各种线虫、吸虫、绦虫等，体外也易感染虱、螨、蜱、蝇蛆等寄生虫。所以在羊育肥之前首先要做的就是驱虫，简单的操作可用驱虫舔砖来进行常规驱虫。或用高效驱虫药左旋咪唑每千克体重 8 毫克兑水溶化，配成 5% 的水溶液作肌内注射，能驱除羊体内多种线虫，同时用硫双二氯酚按每千克体重 80 毫克，再加少许面粉兑水 250 毫升，喂料前空腹灌服，能驱除羊肝片吸虫和绦虫，这就避免了羊只额外的体内损失，对快速育肥和减少饲草料损耗均十分重要。羊只健胃一般采用人工盐和大黄苏打进行。要注意用药剂量，否则严重的会造成无效或中毒死亡。

（二）育肥方式和方法

1. 放牧育肥

（1）加强放牧管理，提高育肥效果　放牧育肥的羊要尽量延长每天放牧的时间。夏秋时期气温较高，要做到早出牧晚收牧，每天让羊充分采食，加快增重长膘。在放牧过程中要尽量减少驱赶羊群的次数，使羊能安静采食，减少体能消耗。中午阳光强烈、气温过高时，可将羊群驱赶到背阴处就近休息。

（2）适当补饲，加快育肥　在雨水较多的夏、秋两季，牧草含水量较多，干物质含量相对较少，单纯依靠放牧的育肥羊，有时不能完全满足快速增重的要求。因此，为了提高育肥效果，缩短育肥时期，增加出栏体重，在育肥后期可适当补饲混合精料，每天每只羊 0.2 ～ 0.3 千克，补饲期约 1 个月，育肥效果可明显提高。

补饲精料可参考下列配方。

配方 1：玉米 55%，油饼 35%，麸皮 8%，食盐、尿素各 1% 溶于水。

配方 2：玉米 50%，胡麻饼 30%，统糠 9%，麸皮 10%，食盐 1%。

2. 舍饲育肥

（1）建设羊舍　舍饲育肥肉羊首先要准备好合适的羊舍。羊舍要设在背风向阳、地势平坦、排水性好、附近水源充足的地方。

羊舍的面积要根据肉羊的饲养量来确定，一般每只羊的占地面积在 0.8～1.2 米², 种羊的占地面积要相对地大一些，育成羊和羔羊的占地面积则相对地小一些。羊舍的高度一般在 2.5 米，门的宽度也不能小于 1.5 米，并且为了采光和通风良好，窗户与地面的高度也不能低于 1.5 米。每栋羊舍按照消防要求其跨度保持在 7～8 米，羊舍的长度不能超过 30 米。冬季羊舍为了保暖，需要搭建塑料暖棚，但是要在棚顶打孔排出湿气。羊舍内的设备设施要尽可能地齐全，料槽和水槽的数量要配备充足，保证羊舍通风良好，因此要合理地设计羊舍的朝向，选择合适的材料建造羊舍，另外，还需要在舍内安装强制通风换气的装置，便于夏季降低舍温。

此外，还需要设置有运动场，运动场的面积一般为羊舍面积的 2～4 倍，在运动场的中间放置固定的水槽，四周放置固定的料槽。夏季还应搭设凉棚。

（2）品种选择　良好的饲养管理需要结合优良的品种，才能获得最佳的养殖经济效益，因此，舍饲肉羊还需要做好品种的选择工作。品种的选择要结合当地的实际情况来确定，要选择生产性能高、适应性强、肉质好、饲料利用率高、饲养周期短、经济效益高的优良品种。

目前我国饲养的品种主要是国外引进的优良品种与本地羊的杂交后代，一般常用的有夏洛来、萨福克、美利奴羊等，与小尾寒羊或者是当地绵羊杂交的后代。在个体选择上一般来说选择幼龄羊要比选择老龄羊增重速度快、育肥效果好。因此育肥首选 4～6 月龄的羔羊。这样的羊生长发育速度快、肉的品质好。也可以选择成年羊育肥，主要包括架子羊育肥和淘汰的成年羊育肥。

（3）备足饲料　舍饲肉羊需要准备充足的饲草和饲料，这是肉羊育肥的物质基础，肉羊有摄入充足的营养物质才能快速地生长发育和增重。因此，要做好饲料的贮备工作。

育肥羊的饲草饲料来源较为丰富，主要以当地的饲草资源为主，也可以种植牧草养羊，另外可以将收获的青绿饲料进行青贮或者微贮，以备冬春季节青绿饲料短缺时使用，确保肉羊全年获得充足的营养物质，用于调制成青贮料的饲料原料主要是农作物秸秆和一些牧草。另外还可以用糟渣类的副产品，如酒糟、豆腐渣等喂羊。除此之外，还需要准备充足的精饲料，包括玉米、豆粕等，还包括一些营养性饲料添加剂。

（4）育肥技术

①羔羊育肥技术。做好羔羊育肥的准备工作，羔羊在 1.5 月龄断奶前需要在前 15 天开始隔栏补饲的工作，补饲用的饲料应与断奶后的育肥羊相同，以让羔羊及早地适应育肥期的饲料。在最开始补饲时使用的饲料需要稍加破碎，待羔羊习惯后可以整粒饲喂。

羔羊的抗病能力较差，易感染病菌，患多种疾病而发生死亡，因此要加强羔羊舍环境的管理工作，保持羔羊舍温暖、干燥、通风良好，做好疾病的预防工作。

到了羔羊育肥期，要给羔羊配制适宜的饲料，可以使用能量含量较高的玉米饲喂，并将多种饲料配合饲喂，这样的饲喂效果要比饲喂单一的饲料好。饲料中还需要加入适量的饲料添加剂。羔羊育肥时在饲喂中要让其自由采食，自由饮水，这样可以提高羔羊的采食量，促进生长发育和增重。一般羔羊的育肥期为 50 天，但是具体的时间还需要根据所选择的品种和实际的养殖情况来确定，但是要注意做到适时出栏，否则会造成饲料的浪费，还会影响到肉羊的品质。

②成年羊育肥技术。成年羊育肥需要选择健康无病、体躯较大、牙齿良好、精神状态良好、育肥潜质好的个体，并且要做好育肥前的准备工作，无论是选择架子羊育肥还是选择淘汰羊育肥都要有一个过渡期，目的是让其适应新的环境、饲养管理方法和饲料，并在过渡期完成驱虫和健胃的工作，以使其顺利地进入育肥阶段。

进入育肥期的肉羊要根据实际的情况选择最合适的育肥方法，因为所选择的成年羊处于的生理期不同，对营养物质的需要和代谢也不同，所以应配制全混合日粮，合理饲喂，同时要提供充足的饮水，以达到最佳的育肥效果。

舍饲育肥的饲料参考配方。

配方 1：玉米粉、草粉、豆饼各 21.5%，玉米 17%，葵花籽粉 10.3%，麸皮 6.9%，食盐 0.7%，尿素 0.3%，添加剂 0.3%。前期 20 天每只羊喂精料 350克 / 天，中期 20 天每只 400 克 / 天，后期 20 天每只 450 克 / 天，粗料不限量，适量青绿多汁饲料。

配方 2：玉米 66%，豆饼 22%，麸皮 8%，骨粉 1%，细贝壳粉 0.5%，食盐 1.5%，尿素 1%，添加含硒微量元素和维生素 A、维生素 D_3 粉。混合精料与草料配合饲喂，其比例为 60:40。一般羊 4～5 月龄时每天喂精料 0.8～0.9千克，5～6 月龄时喂 1.2～1.4 千克，6～7 月龄时喂 1.6 千克。

3. 放牧加舍饲育肥

多适用于田多、地广的地方，白天放牧，晚上补料 0.2 千克，减少养殖成本，育肥期平均 70 天左右。

补饲精料参考配方如下。

配方 1：玉米粉 26%，麸皮 7%，棉籽饼 7%，酒糟 48%，草粉 10%，食盐 1%，尿素 0.6%，添加剂 0.4%。混合均匀后，每天傍晚补饲 300 克左右。

配方 2：玉米 70%，豆饼 28%，食盐 2%。饲喂时加草粉 15%，混合均匀拌湿饲喂。

第四节　奶山羊科学养殖

奶山羊的外貌特征，因品种和饲养地区不同而各有差异，其共同特点是成年奶山羊的前躯较浅较窄，后躯较宽较深，整个体躯呈楔形。全身细致紧凑，各部位轮廓非常清晰，头小额宽，颈薄而细长，背部平直而宽，胸部深广。四肢细长强健，皮肤薄而富有弹性，毛短而稀疏。产奶量高的奶山羊，乳房呈扁圆形，丰满而体积大，没有粗毛，仅有很稀少而柔软的细毛。乳头大小适中，略倾向前方。

一、奶山羊的饲养

（一）羔羊培育

对初生羔羊，可根据具体情况，实行人工哺育和随母哺育。人工哺育初乳，宜于生后 20 ～ 30 分钟开始。1 天内的初乳喂量，至少应为其体重的 1/5。体重 3 千克的羔羊，第 1 天喂乳 0.6 ～ 0.7 千克，到生后第 6 天逐渐增至 0.8 ～ 1 千克。日喂初乳不宜少于 4 次，此时日增重可达 200 ～ 220 克。

生后 40 天内，奶应是这阶段的主要饲料。但为了尽早锻炼其肠胃消化草料的机能，应从 15 日龄开始喂草，20 日龄开始喂料。

生后 40 ～ 80 天，是奶与草并重的阶段，如其体重已经达到或超过标准，则可酌情用干草替换精料。

生后 80 ～ 120 天断奶，此阶段应以草、料为主，奶已退居次要地位。如干草的品质好，并有混合饼渣类的精料作补充，则提前到 90 天断奶是不会影响其生长发育的。

一昼夜的最高哺乳量，母羔不应超过体重的 20%，公羔不应超过体重的 25%。

在体重达到 8 千克以前，哺乳量随着体重的增加渐增。体重达 8 ～ 13 千克时，哺乳量不变。在此期应尽量促其采食草、料。体重达 13 千克以后，哺乳量渐减，草、料渐增。

体重达 18 ～ 24 千克时，可以断奶。整个哺乳期平均日增重，母羔不应低于 150 克 / 天，公羔不应低于 200 克 / 天，如日增重太高，平均每天在 250 克以上，喂得过肥会损害奶羊体质，对以后产奶不利。

哺乳期间，如有优质的豆科牧草和比较好的精料，只要能按期完成增重指标，也可以酌情减少哺乳量，缩短哺乳期。

如以能脂奶代替全奶，最早需从生后第 2 个月起，日粮中如有优质精料，经常有充足的豆科牧草，不致影响增重计划。

（二）育成羊的培育

日粮中如有优质精料，经常补充饲喂给断奶之后的育成羊，全身各系统和各种组织都在旺盛地生长发育。体重、躯体的宽度、深度与长度都在迅速增长，此时，如日粮配合不当，营养不能满足机体需求，会显著影响生长发育，形成体重小、四肢高、胸窄、躯干细的体型，并能严重影响其体质、采食量和将来的泌乳能力。

生后 4 ～ 6 个月间，仍须注意精料的喂量，每日饲喂混合精料 300 克。其中可消化粗蛋白质的含量不可低于 15% ～ 16%。日粮中营养不足之数，均应从不断增加干草、青草或青贮饲料中补充。

在育成羊培育阶段，忌体态臃肿，肌肉肥厚，体格短粗，但仍要求增重快、体格大。饱满的胸腔是充足的营养和充分的运动锻炼育成的。满 1 岁之后，如青饲料质量高，喂量大，可以少给精料，甚至不给精料。实践经验证明，这样喂出的奶羊，腹大而深，采食量大，消化力强，体质壮，泌乳量高。

（三）干奶期母羊的养殖

在一个泌乳期内，奶山羊的产奶量为其体重的 15 ～ 16 倍，而高产奶牛一般为 10 ～ 12 倍，因而奶山羊在泌乳高峰期的掉膘程度，要比奶牛严重得多，干乳期如不能将母羊体重增加 20% ～ 30%，不仅所生羔羊初生重小，而且还会影响下一个泌乳期的产奶量和乳脂率。在实际饲养中，应按日产奶

1～1.5 千克的饲养标准喂给。此期的日粮，应以优质干草（豆科牧草占有一定比例）和青贮饲料为主，适当搭配精饲料和多汁饲料。此期所喂的青贮料，切忌酸度过高；酒糟也应严格控制喂量，过量会影响胎儿的发育，可能引起流产。在矿物质方面，每日补饲 15～20 克骨粉和食盐，补饲定量的维生素 E 和硒，更有助于防止胎衣不下和乳房炎。

舍饲圈养的羊往往由于缺乏运动，影响食欲；腹下和乳房底部易出现水肿；分娩时收缩无力，易造成难产或胎衣不下。为此，要尽量创造运动和日光浴的条件，采取系留放牧或定时驱赶运动。此外，要严格执行各项保胎措施，以防流产或早产。

（四）产奶期母羊的饲养管理

产奶初期，母羊消化能力较弱，不宜过早采取催乳措施，以免引起食滞或慢性胃肠疾患。产后 1～3 天以内，每天应给 3～4 次温水，并加少量麸皮和食盐，以后逐渐增加精料和多汁饲料，1 周后恢复到正常喂量。产后 20 天产奶量逐渐上升，一般的奶羊在产后 30～45 天达到产奶高峰，高产奶羊在产后 40～70 天出现产奶高峰。在泌乳量上升阶段，体内储备的各种养分不断被消耗，体重也不断减轻。在此期，饲养条件对于泌乳机能最为敏感，应该尽量利用最优越的饲料条件，配给最好的日粮。为了满足日粮中干物质的需要量，除仍需喂给相当于体重 1%～1.5% 的优质干草外，应该尽量多喂给青草，青贮饲料和部分块根块茎类饲料。若营养不足，再用混合精料补充，并比标准量多喂给一些产奶饲料，以刺激泌乳机能的发挥。同时要注意日粮的适口性，并从各方面促进其消化能力，如进行适当运动，增加采食次数，改变饲喂方法等，只要在此期其生理上没有受到损害，饲养方法得当，产奶量正常顺利地增加，便可极大地提高泌乳量。

产奶盛期的高产奶羊，所给日粮数量达 5 千克以上，要使其安全吃完上述日粮，必须注意日粮的体积、适口性、消化性。应根据每种饲料的特性，慎重配合日粮。若日粮中青、粗饲料品质低劣，精料比重太大，产奶所需的各种营养物质亦难得到平衡，同样难以发挥其最大泌乳力。

在产奶量上升停止以后，就应将超标准的促产奶饲料减去，但应尽量避免饲料和饲养方面的突然变化，以争取较长的稳产时期，到受胎后泌乳量下降时，则应根据个体营养情况，逐渐减少精料喂量，以免造成过肥、精料浪费。对高产奶山羊，如单纯喂以青、粗饲料，由于体积大又难消化，泌乳所需各种营养物质难以完全满足，往往不能充分发挥其泌乳潜力。相反，过分强调优质饲养，精料比重过大，或过多利用蛋白质饲料，不但经济上不合算，还会使羊产生消化障碍，产奶量降低，缩短利用年限。

二、奶山羊的管理

（一）干奶

1. 干奶的方法

分为自然干奶法和人工干奶法两种。产奶量低、营养差的母羊，在泌乳7个月左右配种，怀孕1～2个月产奶量迅速下降，而自动停止产奶，即自然干奶。产奶量高、营养条件好的模样，自然干奶比较难，需人为采取措施，即人工干奶。人工干奶法分为逐渐干奶法和快速干奶法两种。逐渐干奶法是逐渐减少挤奶次数，打乱挤奶时间，停止乳房按摩，适当降低精料喂量，控制多汁饲料，限制饮水，加强运动，使羊在7～14天之内逐渐干奶。生产当中一般多采用快速干奶法。快速干奶法是利用乳房内压增大，抑制乳汁分泌的生理现象而干奶的。其方法是在规定干奶的那天，认真按摩乳房，将奶挤净，然后擦干乳房，用2%的碘液浸泡乳头，再给乳头孔注入青霉素或金霉素软膏，并用火棉胶予以封闭。之后停止挤奶，7天内乳房积乳逐渐被吸收，乳房收缩，干奶结束。

2. 干奶的天数

正常情况下，干奶一般从怀孕第90天开始，即干奶60天左右。干奶天数究竟多少天合适，要根据母羊的营养状况、产奶量的高低、体质的强弱、年龄大小来决定，一般在45～75天。

3. 干奶时的注意事项

干奶初期，要注意圈舍、垫草和环境卫生，以减少乳房感染。平时要注意刷羊，因为此时最容易感染虱病和皮肤病。怀孕后期要注意保胎，严禁拳打脚踢鞭打和惊吓羊只，出入圈舍谨防拥挤，严防滑倒和角斗。要坚持运动，但不能太过剧烈。对腹部过大或乳房过大行走困难的羊，可暂时停止驱赶运动，任其自由运动。一般情况下不能停止运动，因为运动对防止难产有着十分重要的作用。

（二）挤奶、去角

奶山羊的挤奶、去角等管理措施见本章第二节有关内容。

第五节　羊常见疫病防治

一、病毒病

（一）蓝舌病

蓝舌病是由蓝舌病病毒引起的家养或野生反刍动物的一种典型的非接触性病毒性传染病。农业农村部将其列为一类动物疫病。

1. 诊断要点

（1）流行特点　蓝舌病病毒感染绵羊，主要危害羔羊。主要通过媒介昆虫传播，因此当媒介昆虫盛行的季节，极易引起该病的发生。库蠓作为主要的传播媒介在传播疾病的过程中扮演着重要的角色。感染未发病的反刍动物，如牛、鹿等成为阴性携带者。也可经胎盘感染胎儿。

（2）临床症状　潜伏期 3～7 天。感染羊主要表现为高热稽留、精神不振、食欲废绝，口腔内出现大量的流涎，口腔、舌头以及胃肠内出现大量病变性溃疡，头部、颈部等部位出现水肿现象。随着病程的进一步发展，可见口鼻部典型的"蓝舌"病变。感染母羊可引起流产、死胎或胎儿先天性异常，严重时可使整个羊群丧失一个产羔期的全部羔羊。

确诊需进行实验室检查。

2. 防制措施

对患蓝舌病的病羊，应进行扑杀，不得治疗。按农业农村部《牛羊常见疫病防控技术指导意见（试行）》规定，进行消毒灭源、疫情监测、检疫监管、疫病净化和无公害处理等。

（二）小反刍兽疫

小反刍兽疫是由小反刍兽疫病毒引起小反刍动物的一种急性、接触性、传染性疾病。农业农村部将其列为一类动物疫病。

1. 诊断要点

（1）流行特点　山羊和绵羊是该病唯一的自然宿主，山羊比绵羊更易感，且临床症状比绵羊更为严重。山羊不同品种的易感性有差异。主要通过直接或间接接触传播，感染途径以呼吸道为主。该病一年四季均可发生，但多雨季节和干燥寒冷季节多发。该病潜伏期一般为4～6天，也可达到10天，《国际动物卫生法典》规定潜伏期为21天。

（2）临床症状　山羊临床症状比较典型，绵羊症状一般较轻微。突然发热，第2～3天体温达40～42℃高峰。发热持续3天左右，病羊死亡多集中在发热后期。病初有水样鼻液，此后变成大量的黏脓性卡他样鼻液，阻塞鼻孔造成呼吸困难。鼻内膜发生坏死。眼流分泌物，遮住眼睑，出现眼结膜炎。发热症状出现后，病羊口腔内膜轻度充血，继而出现糜烂。初期多在下齿龈周围出现小面积坏死，严重病例迅速扩展到齿垫、硬腭、颊和颊乳头以及舌，坏死组织脱落形成不规则的浅糜烂斑。部分病羊口腔病变温和，并可在48小时内愈合，这类病羊可很快康复。多数病羊发生严重腹泻或下痢，造成迅速脱水和体重下降。怀孕母羊可发生流产。易感羊群发病率通常达60%以上，病死率可达50%以上。特急性病例发热后突然死亡，无其他症状，在剖检时可见支气管肺炎和回盲肠瓣充血。

口腔和鼻腔黏膜糜烂坏死；支气管肺炎，肺尖肺炎；有时可见坏死性或出血性肠炎，盲肠、结肠近端和直肠出现特征性条状充血、出血，呈斑马状条纹；有时可见淋巴结特别是肠系膜淋巴结水肿，脾脏肿大并可出现坏死病变。组织学上可见肺部组织出现多核巨细胞以及细胞内嗜酸性包含体。

如发现山羊或绵羊出现急性发热、腹泻、口炎等症状，羊群发病率、病死率较高，传播迅速，且出现肺尖肺炎病理变化时，可判定为疑似小反刍兽疫，确诊需进行实验室检测。

2. 防制措施

按农业农村部制定的《小反刍兽疫防治技术规范》《小反刍兽疫防控应急预案》等进行疫情确认和疫情处置。

（三）绵羊痘和山羊痘

绵羊痘和山羊痘分别是由痘病毒科羊痘病毒属的绵羊痘病毒、山羊痘病毒引起的绵羊和山羊的急性热性接触性传染病。农业农村部将其列为二类动物疫病。

1. 诊断要点

（1）流行特点　病羊是主要的传染源，主要通过呼吸道感染，也可通过损伤的皮肤或黏膜侵入机体。饲养和管理人员，以及被污染的饲料、垫草、用具、皮毛产品和体外寄生虫等均可成为传播媒介。

在自然条件下，绵羊痘病毒只能使绵羊发病，山羊痘病毒只能使山羊发病。该病传播快、发病率高，不同品种、性别和年龄的羊均可感染，羔羊较成年羊易感，细毛羊较其他品种的羊易感，粗毛羊和土种羊有一定的抵抗力。该病一年四季均可发生，我国多发于冬春季节。

该病一旦传播到无该病地区，易造成流行。

（2）临床症状与病理变化　该病的潜伏期为21天。典型病例病羊体温升至40℃以上，2～5天在皮肤上可见明显的局灶性充血斑点，随后在腹股沟、腋下和会阴等部位，甚至全身，出现红斑、丘疹、结节、水泡，严重的可形成脓包。欧洲某些品种的绵羊在皮肤出现病变前可发生急性死亡；某些品种的山羊可见大面积出血性痘疹和大面积丘疹，可引起死亡。非典型病例多为一过性羊痘，仅表现轻微症状，不出现或仅出现少量痘疹，呈良性经过。

剖检，咽喉、气管、肺、胃等部位有特征性痘疹，严重的可形成溃疡和出血性炎症。

实验室病原学诊断必须在相应级别的生物安全实验室进行。

2. 防制措施

按农业农村部制定的《绵羊痘／山羊痘防治技术规范》进行疫情确认和疫情处置。

（四）羊传染性脓疱皮炎

羊传染性脓疱皮炎又称羊口疮，是由传染性脓疱病毒引起的一种急性接触性疫病，主要危害羔羊。农业农村部将其列为三类动物疫病。

1. 诊断要点

（1）流行特点　羊传染性脓疱病只危害绵羊和山羊，主要发生于3～6月龄的羔羊，并常为群发性流行。成年羊同样有易感性，但发病较少，呈散发性传染，感染后可长期带毒。

（2）临床症状与病理变化　特征为口唇等处皮肤和黏膜形成丘疹、脓疱、溃疡和结成疣状厚痂。一般无严重的全身反应，病程延长可在蹄、外阴、肛门或乳房等处出现水疱、脓疱，最后形成疣状硬痂。

2. 防治措施

（1）预防　在该病流行地区，可使用羊口疮弱毒疫苗进行免疫接种。

（2）治疗　确诊后，可进行隔离治疗。发现病羊立即隔离治疗，禁止放牧，圈舍和用具每两天用百毒杀消毒1次，连用7天，防止病原体传播。患病羊应先用水杨酸软膏软化痂垢，除去痂垢后再用0.2%高锰酸钾溶液冲洗创面，然后涂 2% 龙胆紫，每日 1 ～ 2 次。口腔脓疱用 0.1% 高锰酸钾溶液冲洗创面后，涂撒冰硼散，每天 2 次，连用 7 天，痊愈为止。

二、细菌病与支原体感染

（一）布鲁氏菌病

布鲁氏菌病（以下简称布病）是由布鲁氏菌引起的一种人畜共患传染病，是当前我国重点防控的人畜共患传染病之一，农业农村部将其列为二类动物疫病，其对人民群众身体健康和养殖安全生产具有很大威胁。家畜感染布病后会出现流产、不孕、死胎、关节炎等症状。患病的牛羊是人布病的主要传染源，人感染布病后会发热、多汗、关节痛等，严重的可丧失劳动能力。

1. 诊断要点

（1）流行特点　多种动物和人对布鲁氏菌易感。布鲁氏菌是一种细胞内寄生的病原菌，主要侵害动物的淋巴系统和生殖系统。病畜主要通过流产物、精液和乳汁排菌，污染环境。羊、牛、猪的易感性最强。母畜比公畜、成年畜比幼年畜发病多。在母畜中，第一次妊娠母畜发病较多。带菌动物，尤其是病畜的流产胎儿、胎衣是主要传染源。消化道、呼吸道、生殖道是主要的感染途径，也可通过损伤的皮肤、黏膜等感染。常呈地方性流行。人主要通过皮肤、黏膜、消化道和呼吸道感染，尤其以感染羊种布鲁氏菌、牛种布鲁氏菌最为严重。

（2）临床症状与病理变化　潜伏期一般为 14 ～ 180 天。最显著症状是怀孕母畜发生流产，流产后可能发生胎衣滞留和子宫内膜炎，从阴道流出污秽不洁、恶臭的分泌物。新发病的畜群流产较多；老疫区畜群发生流产的较少，但发生子宫内膜炎、乳房炎、关节炎、胎衣滞留、久配不孕的较多。公畜往往发生睾丸炎、附睾炎或关节炎。

主要病变为生殖器官的炎性坏死，脾、淋巴结、肝、肾等器官形成特征性肉芽肿（布病结节）。有的可见关节炎。胎儿主要呈败血症病变，浆膜和黏膜有出血点和出血斑，皮下结缔组织发生浆液性、出血性炎症。

确诊需进行实验室诊断。

2. 防治措施

严格按照农业农村部发布的《布鲁氏菌病防控技术要点（第一版）》搞好防控，加强饲养卫生管理，规范免疫措施，搞好畜间布病监测、畜间疫情报告和处置，开展布病净化和无疫建设，及时清理和消毒，严格报检和检疫，加强生物安全管理，做好人员防护等。

推荐羊免疫程序如下。

（1）布鲁氏菌活疫苗（S2株） 推荐皮下或肌内注射免疫，口服（灌服）免疫也可，不推荐饮水免疫。口服（灌服）免疫可用于孕畜（包括牛），注射免疫不能用于孕畜（包括牛），小尾寒羊、湖羊等四季配种产羔的羊种慎用。每年对 3～4 月龄健康羔羊实施免疫，以后每年可视免疫效果加强免疫一次。对于调入调出羊只频繁的育肥场（户）、阳性率较高的自繁自养场（户）剔除阳性家畜后，可每年春季或秋季对所有存栏羊只实施整群免疫。

（2）布鲁氏菌基因缺失活疫苗或布鲁氏菌活疫苗（M5株） 用于 3 月龄以上的羊免疫，母羊可在配种前 2～3 月期间接种，腿部或颈部皮下注射。以后每年接种一次。不可用于孕畜。

（二）山羊传染性胸膜肺炎

山羊传染性胸膜肺炎又称山羊支原体性肺炎，是由丝状支原体山羊亚种引起的一种高度接触性传染病，以高热、咳嗽、肺脏和胸膜发生浆液性和纤维素性炎症为主要特征。该病具有很高的病死率，如防治措施不到位，将给养殖场（户）造成严重的经济损失。

1. 诊断要点

（1）流行特点 不同品种、性别和年龄的山羊（波尔山羊、奶山羊和黑山羊等）均可感染；患羊与带菌羊是该病的主要传染源，传播途径为通过空气飞沫经呼吸道传染，有较强的接触传染性；羊群饲养过于拥挤、营养缺乏、羊舍通风不佳、潮湿寒冷、卫生条件差以及天气突变和长途运输等应激因素均可导致该病的流行和发生；该病一般呈地方性流行，多发生于冬春季节，潮湿多雨的夏季时有发病。

（2）临床症状与病理变化 该病的潜伏期通常为 5～20 天。新疫区常呈最急性和急性，病羊精神颓废，体温升高到 42℃，呈稽留热，呼吸急促伴有哀鸣声，继而产生肺炎症状，咳嗽，呼吸困难，有铁锈色浆液性鼻液流出，随后病羊由湿咳转为干咳，其一侧出现胸膜炎变化，触压胸壁疼痛敏感，听诊有啰音，怀孕母羊多发生流产，病羊濒死前目光呆滞、黏膜高度充血，终因呼吸极度困难窒息而亡。

慢性型病例多为急性型转变而来或在老疫区多见。病羊全身症状轻微，间有腹泻和咳嗽，浆液性鼻液时有时无，被毛粗乱无光泽，消瘦，若饲养管理不善，致其机体抵抗力下降或同急性病例接触，极易复发或出现并发症而亡。

对病死山羊剖检可见病变主要集中在肺脏、胸膜及纵隔淋巴结，呈浆液性纤维素性胸膜肺炎病理变化；常在一侧肺脏出现显著肝变，肝变区肺切面呈大理石状，切面颜色呈灰色或灰红色；肺小叶界限明显，肺门淋巴结、纵隔淋巴结肿大、充血，切面多汁、实质性变性；胸膜变厚，覆盖有大量纤维渗出物，呈条状或网状，胸腔积液呈黄色。慢性型病死病例局限于呼吸系统病变，呈现纤维素肺炎，多发生肋膜、胸膜和心包膜粘连。

确诊需进行实验室检查。

2. 防治措施

（1）预防　加强日常饲喂管理，冬春枯草时节应备足草料，及时补充草料，保证羊只营养均衡，增强羊群机体抵抗力；羊群饲养密度适宜，避免过于拥挤，羊舍通风干燥，消除各种不良应激；做好环境卫生，定期对羊舍及周边环境消毒；坚持自繁自养，如需引进山羊，在运输途中避免拥挤，途中可让羊只饮水、食料，购回羊只后，需隔离观察至少一个月，确认山羊无病才可混群饲养。

加强羊群免疫接种，规范羊群免疫接种程序。6 月龄以下的山羊可肌注山羊传染性胸膜肺炎氢氧化铝灭活疫苗 3 毫升 / 只；6 月龄以上的山羊肌注山羊传染性胸膜肺炎氢氧化铝灭活疫苗 5 毫升 / 只，免疫期 1 年；若羔羊日龄过小或母羊临产、产后不久暂无免疫接种时，日后要及时补疫。

（2）治疗　羊群中出现病羊后要及时隔离治疗，对未出现症状的羊只，肌注山羊传染性胸膜肺炎灭活疫苗进行紧急预防接种；被病菌污染的用具、羊舍应使用 10% 漂白粉或 2% ～ 3% 的氢氧化钠溶液等严格消毒，病死尸体要进行焚烧或深埋等无害化处理。

鉴于丝状支原体极易产生耐药性，特别是临床治疗中使用大剂量抗生素则会增强耐药性，采用中西药结合治疗，注意药物更替，能避免因大量使用抗生素而产生的耐药性问题。对患病羊只使用替米考星，24 小时或 48 小时肌内注射 1 次；肌注 10% 氟苯尼考注射液，按每千克体重 0.05 毫升，1 次 / 天，连用 3 ～ 5 天；肌注 30% 氟苯尼考注射液每千克体重 0.1 毫升，1 次 / 天，连用 3 ～ 5 天；饮水中添加氟苯尼考可溶性粉，连用 1 周，治疗该病效果显著。

每只成年病羊可用麻黄、甘草、木通各 10 克，杏仁、瓜蒌仁、金银花、大青叶各 12 克，黄芩 15 克，茅根、芦根各 20 克，石膏 30 克，混合加水适量煎熬，候温灌服，3 次 / 天，连用 4 ～ 5 剂。

（三）羊梭菌性疾病

1. 羊快疫

（1）诊断要点　羊快疫是由腐败梭菌引起的一种急性传染病，主要发生于 6～18 月龄、营养较好的绵羊，山羊较少发病。

患羊往往来不及表现临床症状即突然死亡，常见在放牧时死于牧场或早晨发现死于圈舍内。病程稍缓者，表现为不愿行走，运动失调，腹痛、腹泻、磨牙、抽搐，最后衰弱昏迷，口流带血泡沫，多于数分钟或几小时内死亡，病程极为短促。

病死羊尸体迅速腐败臌胀。剖检可视黏膜充血呈暗紫色。体腔多有积液。特征性表现为真胃出血性炎症，胃底部及幽门部黏膜可见大小不等的出血斑点及坏死区，黏膜下水肿。肠道内充满气体，常有充血、出血、坏死或溃疡。心内、外膜可见点状出血。胸腹腔、心包有大量积液暴露于空气后易于凝固。

（2）防治措施　由于病程短促，来不及治疗。主要是加强平时的防疫措施，加强饲养管理，防止受寒感冒，避免采食冰冻饲料，早晨出牧不要太早，禁止饮用死水。

在常发病地区，每年可定期肌内或皮下注射羊快疫、猝狙、肠毒血症三联灭活疫苗，不论年龄大小，每只 5 毫升，免疫期为 6 个月；也可肌内或皮下注射羊快疫、猝狙、羔羊痢疾、肠毒血症、黑疫、肉毒梭菌（C 型）中毒症、破伤风七联干粉灭活疫苗，按瓶签注明的头份，临用时以 20% 氢氧化铝胶生理盐水溶液溶解成 1 毫升 / 头份，充分摇匀，不论年龄大小，每只 1 毫升，免疫期为 12 个月；还可肌内或皮下注射羊快疫、猝狙、羔羊痢疾、肠毒血症三联四防灭活疫苗，不论年龄大小，每只 5 毫升，预防羊快疫、猝狙、羔羊痢疾免疫期为 12 个月，预防肠毒血症免疫期为 6 个月。

2. 羊猝狙

（1）诊断要点　羊猝狙是由 C 型产气荚膜梭菌所引起，以溃疡性肠炎和腹膜炎为特征的一种急性传染病。该病往往与羊快疫混合感染。

该病发生于成年绵羊，以 1～2 岁绵羊发病较多，多发生于冬、春季节，常呈地方性流行。C 型产气荚膜梭菌随饲草和饮水进入羊只消化道，在小肠内繁殖，产生毒素，这种毒素通过肠道黏膜进入血液，立即引起毒血症的症状。呈地方性流行。

病程短促，常未见症状突然死亡。有时发现病羊掉群、卧地、痉挛，眼球突出，在数小时内死亡。

（2）防治措施　参照羊快疫。

3. 羊肠毒血症

（1）诊断要点　羊肠毒血症是由 D 型产气荚膜梭菌在羊肠道内大量繁殖产生毒素引起的主要发生于绵羊的一种急性毒血症。该病以急性死亡、死后肾组织易于软化为特征。发病以绵羊为多，山羊较少。通常以 2 ～ 12 月龄膘情较好的羊只为主。

该病发生突然，病羊呈腹痛、肚胀症状。患羊常离群呆立、卧地不起或独自奔跑。濒死期发生肠鸣或腹泻，排出黄褐色水样稀粪。病羊全身颤抖、磨牙，头颈后仰，口鼻流沫，于昏迷中死去。体温一般不高，血、尿常规检查有血糖、尿糖升高现象。

病变主要限于消化道、呼吸道和心血管系统。真胃内有未消化的饲料；肠道特别是小肠充血、出血，严重者整个肠段壁呈血红色或有溃疡。肺脏出血、水肿。肾脏软化呈泥样。体腔积液，心脏扩张，心内、外膜有出血点。

（2）防治措施　加强饲养管理，农区、牧区春夏之际少抢青、抢茬，秋季避免采食过量结籽牧草。预防免疫同羊快疫。

当羊群中出现该病时，可立即转移到高燥地区放牧。因病程短促，往往来不及治疗。对少数发病缓慢的病羊，及早使用免疫血清或磺胺脒 10 ～ 20克，灌服 10% 石灰水，大羊 200 毫升，小羊 50 ～ 80 毫升。同时应用中草药治疗：苍术、大黄、甘草各 10 克，贯众、龙胆草各 5 克，冰片 3 克，雄黄1.5 克（另包）。用法：将前 6 味水煎取汁，混入雄黄，一次灌服，灌药后加服一些植物油。

4. 羔羊痢疾

（1）诊断要点　由 B 型产气荚膜梭菌引起。主要发生于 1 周内羔羊，尤以 2 ～ 5 日龄羔羊。以纯种细毛羊发病率和病死率最高。

病羊发热，腹痛，排黄绿、黄白色稀便，或暗红色、恶臭、粥样粪便，磨牙，呻叫。有的表现腹胀而不下痢或排少量血便，主要表现神经症状，四肢瘫痪，呼吸急促，口鼻流沫，最后昏迷而死。

尸体严重脱水；真胃内有未消化的凝乳块；小肠尤以回肠黏膜充血发红，可见到直径 1 ～ 2 毫米的溃疡，溃疡周围有一出血带环绕；肠系膜淋巴结充血肿胀或出血；后腹部皮下水肿，腹腔积液；心包积液，心内膜点状出血；肝肿大；肾稍柔软；肺有充血区或淤斑。

（2）防治措施　增强孕羊体质，注意产羔季节的保暖；合理哺乳：做好消毒、隔离工作，每年产前定期注射疫苗预防。使用疫苗预防同羊快疫。

病初用轻泻剂，如硫酸镁 2 ～ 3 克，福尔马林 0.2 ～ 0.3 毫升，溶于

30～40毫升温水中，一次内服，6～8小时后，再用1%高锰酸钾溶液15～20毫升内服，首次按2次/天，以后1次/天，连用2～3天；土霉素0.2～0.3克加等量胃蛋白酶，加水内服，2次/天；或用磺胺脒0.5克，鞣酸蛋白、次硝酸铋、碳酸氢钠各0.2克，水调内服，3次/天；青霉素、链霉素联合肌内注射。

中药疗法可用白头翁、黄连、秦皮、生山药、诃子肉、茯苓、白芍各10克，山萸肉12克，白术、干姜各5克，甘草6克，共煎2次，每次300毫升，混合后每只羔羊内服10毫升，2次/天，连用3天。

对症疗法补液可用5%葡萄糖盐水20～100毫升静脉注射，强心可肌内注射10%安钠咖注射液1～5毫升，食欲不佳的可用人工胃液（胃蛋白酶10克，稀盐酸5毫升，水1升）10毫升，内服，1次/天。

5. 羊黑疫

（1）诊断要点　由B型诺维氏梭菌引起。一般发生于1岁以上的绵羊，以2～4岁、体况较好的绵羊多发，山羊也可发病。在春、夏季肝片吸虫流行的低洼潮湿地区多发。

病程短促，突然死亡。少数病程稍长的病羊，表现不食，不反刍，呆立，行动不稳，呼吸困难，流涎，体温41.5℃左右，昏睡而死。

病羊死后迅速腐败，皮下静脉严重淤血，羊皮外观呈暗黑色（故称羊黑疫）；胸部皮下水肿，体腔积液；肝脏表面和深层有大小不一的灰黄色坏死病灶，界限明显，周围有一鲜红的充血带环绕，切面呈半圆形；心内膜有出血点；脾肿大，呈紫黑色；真胃幽门部和小肠充血、出血。

（2）防治措施

严格控制肝片吸虫的感染；流行地区可定期用疫苗预防接种。所用疫苗同羊快疫。

病程稍长的病羊，肌内注射青霉素80万～160万单位，2次/天。

三、寄生虫病

（一）羊棘球蚴病

1. 诊断要点

生前诊断比较困难。在尸体剖检时发现肝、肺等脏器组织有棘球蚴，棘球蚴为一个近似球形的囊，由豌豆大至小儿头大，囊内充满囊液。家畜可应用皮内变态反应检查法，采取棘球蚴囊液作为抗原，给动物皮内注射

0.1 ~ 0.2 毫升，5 ~ 10 分钟如出现 0.5 ~ 2 厘米的红斑并有肿胀时即为阳性，但常和牛囊尾蚴、羊多头蚴等发生交叉反应，具有 70% 左右的准确性。也可应用间接血球凝集试验和酶联免疫吸附试验，有较高的特异性和敏感性。

2. 防治措施

（1）预防　捕杀野犬、狼、狐，严格管理家犬，定期驱虫，以消灭感染源。可应用吡喹酮或氢溴酸槟榔素进行驱虫，具体方法参阅犬、猫绦虫病。驱虫后的犬粪应深埋或堆肥发酵无害化处理。妥善处理患病动物脏器，只有在煮熟无害化处理后方可作为犬饲料。保持畜舍、饲草料和饮水卫生，防止被犬粪污染。此外，目前国外已研制出细粒棘球蚴基因工程疫苗，可进行免疫预防。

（2）治疗　可用吡喹酮，每千克体重 25 ~ 30 毫克，1 次 / 天，连用 5 天；丙硫咪唑，每千克体重 90 毫克，连服 2 次。

（二）羊梨形虫病

1. 诊断要点

（1）流行特点　羊梨形虫病旧称羊泰勒虫病。发生于 4—6 月，5 月为高峰，1 ~ 6 月龄羔羊发病率高，1 ~ 2 岁羊次之，3 ~ 4 岁羊很少发病。

（2）临床症状与病理变化　病羊精神沉郁，食欲减退，体温升高到 40 ~ 42℃，稽留 4 ~ 7 天，呼吸促迫，反刍及胃肠蠕动减弱或停止。有的病羊排恶臭稀粥样粪，混有黏液或血液。个别羊尿液混浊或血尿。可视黏膜充血，继而出现贫血和轻度黄疸，有时有小点状出血。体表淋巴结肿大，有痛感。肢体僵硬，行走困难。

剖检，可见尸体消瘦，血液稀薄、凝固不全，皮下脂肪胶冻样、有点状出血。全身淋巴结呈不同程度肿胀，以颈浅、肠系膜、肝、肺等处较为显著，切面膨隆多汁、充血、出血，有些淋巴结呈灰白色，有时在表面可见颗粒状突起。肝、脾及胆囊肿大。肾呈黄褐色，表面有结节和点状出血。真胃黏膜上有溃疡斑，肠黏膜上有少量出血点。

2. 防治措施

（1）预防　应做好灭蜱工作，在疫区，发病季节，对羔羊用 3% 三氮脒溶液肌内注射，每千克体重 3 ~ 5 毫克，每隔 10 ~ 15 天注射 1 次；还可用咪唑苯脲，每千克体重 1.5 ~ 2 毫克，肌内注射。

（2）治疗　用三氮脒，每千克体重 7 ~ 10 毫克，配成 5% ~ 7% 溶液肌内注射，用 1 ～ 2 次；或咪唑苯脲，每千克体重 1.5 毫克，配成 10% 溶液肌内注射，间隔 1 天再注射 1 次。

（三）羊无浆体病

1. 诊断要点

（1）流行特点　病原是无浆体。蜱主要经卵传递、发育阶段性传递、机械性或间歇吸血性传递方式来传播无浆体。无浆体往往会混合感染羊泰勒焦虫等。该病主要发生于热带、亚热带以及某些温带地区，通常在夏秋季节发生，且任何品种、年龄和性别的羊都能够感染。

（2）临床症状与病理变化　发病早期，病羊表现出体温明显升高，一般可达到 40 ～ 41℃，呈现不规则热型。机体消瘦，体表被毛粗乱，缺乏营养，伴有贫血。精神萎靡，减少运动，经常卧地，往往吃土。食欲不振或完全废绝，排出发黄且小而细的粪球。瞬膜和眼结膜苍白、黄染，流泪，鼻液增多。减少排尿，往往发生便秘，少数出现腹泻，呼吸次数超过 30 次 / 分钟，脉搏超过 100 ～ 160 次 / 分钟。症状严重时，病羊两颊发生水肿，下颌淋巴结出现肿大。病程持续超过 1 个月，病羊极度消瘦，虚弱乏力，有些呆立不动。妊娠母羊感染后会发生早期流产。

病羊尸僵不全，明显消瘦，皮下只有少量脂肪，并发生黄染，肘后皮下浸润有黄色胶样脂肪，大网膜发生黄染。血液如水样稀薄，不易凝固，血沉呈较快速度。颌下、肩前以及乳房淋巴结发生明显肿大，切面多汁，存在斑状出血。心脏有所肿大，心内外膜存在出血点，心包积液，心冠脂肪发生黄染。肺脏发生水肿，存在淤血。肝脏略微肿大，胆囊缩小，含有少量黄绿色胆汁。肾脏呈土黄色，也发生肿大，肾盂出现水肿、黄染。脾脏稍有肿大，质地变脆，被膜易于被剥离。真胃黏膜发生充血，十二指肠存在少量的出血点。

2. 防治措施

（1）预防　及时灭蜱。在我国放牧地区，轮牧不仅可有效灭蜱，且能够避免长时间使用药物而导致成蜱产生耐药性。如果草场寄生大量的蜱则适宜使用超低量杀蜱药物（如马拉硫磷）进行喷雾灭蜱，并及时清理羊舍，将缝隙和孔洞堵塞，避免滋生蜱类。动物灭蜱可直接在体表使用粉末、喷雾、洗涤剂以及浸洗液形式的杀虫剂，灭蜱效果非常好，特别是要注意动物的头部后侧、颈部腹部以及背部都用药。常选择 0.002 5% ～ 0.005 0% 双甲脒、0.002 5% ～ 0.005 0% 溴氰菊酯用于喷洒、涂擦、药浴，也可选择口服或肌内注射阿维菌素或者伊维菌素等，按每千克体重用药 0.2 ～ 0.3 毫克。同时要搞好个人防护。

（2）治疗　贝尼尔，病羊按每千克体重使用 7 毫克，添加注射用水配成 7% 溶液进行分点深部肌内注射，每天 1 次，1 个疗程连续用药 3 天。黄色素，病羊按每千克体重使用 3 ～ 4 毫克，添加注射用水配成 1% 溶液进行静脉注射，连续使用 2 天。

第四章

蛋鸡科学养殖

第一节　蛋鸡育雏期的养殖

蛋鸡育雏期（0～6周龄）是整个蛋鸡生产中的基础阶段，也是最重要的关键环节，对雏鸡进行严格、科学、合理的饲养管理，对鸡的后期生长发育以及产蛋性能的发挥具有重要意义。

一、蛋雏鸡的生理特点

（一）生长发育迅速

蛋雏鸡出壳时重为40克左右，6周末体重达到440克以上，这一时期必须营养全面和饲喂方法正当，否则会影响雏鸡的生长发育和鸡群的整齐度，从而严重影响后期产蛋期的生产性能。

（二）体温调节机能不完善

蛋雏鸡体温低于成年鸡1～1.5℃，3周龄左右体温调节中枢的机能才能逐渐完善，6周龄后才能完全脱温，因此做好育雏鸡舍的保温工作非常重要。

（三）消化机能尚未健全

蛋雏鸡代谢旺盛，生长发育快，但胃容积小，进食有限，消化功能差，必须饲喂营养全面而且均衡的配合饲料。

此外，雏鸡胆小，群居性强，育雏期间要保持环境安静，避免出现噪声或使雏鸡受到惊吓；非工作人员禁止进入育雏室；羽毛更新速度快，从出壳到 20 周龄，鸡要更换 4 次羽毛，分别在 4 ～ 5 周龄、7 ～ 8 周龄、12 ～ 13 周龄和 18 ～ 20 周龄，因此，雏鸡对饲料中的蛋白质要求高，特别是含硫氨基酸。

二、育雏前的准备

（一）选择育雏方式

育雏方式可分为地面育雏、网上育雏和笼养育雏三种方式，其中，地面育雏、网上育雏又称平面育雏，笼养育雏又称立体育雏。

1. 地面育雏

地面育雏是指在水泥地面、砖地面、土地面上铺垫约 5 厘米厚的垫料，垫料上设有喂食器、饮水器及保暖设备等，雏鸡饲养在垫料上。垫料要求干燥、保暖、吸湿性强、柔软，不板结。常用垫料有锯末、麦秸、谷草等。这种育雏方式育雏成本低，条件要求不高，但占地面积大，管理不方便，易潮湿，雏鸡易患病。

2. 网上育雏

网上育雏是把雏鸡饲养在离地 50 ～ 60 厘米高的铁丝网或特制的塑料网或竹网上，网眼大小一般不超过 1.2 厘米 ×1.2 厘米。鸡粪可落入网下掉在地面上，鸡不与鸡粪直接接触。网架要求稳固、平整、便于拆洗。网上育雏可节省垫料，提高圈舍利用率（网上平养可比地面平养提高 30% ～ 40% 的饲养密度），减少了鸡白痢、球虫病及其他疾病的传播，育雏率较高。但投资较大，技术要求较高（饲料必须全价化）。

3. 笼养育雏

笼养育雏是将雏鸡饲养在分层的育雏笼内，育雏笼一般 4 ～ 5 层，采用层叠式。育雏笼由镀锌或涂塑铁丝制成，网底可铺塑料垫网，鸡粪由网眼落下，收集在层与层之间的承粪板上，定时清除。育雏笼四周挂料桶、料槽和水槽，雏鸡伸出头即可吃食、饮水。这种育雏方式可增加饲养密度，节省垫料和热能，便于实行机械化和自动化饲喂，同时可预防鸡白痢和球虫病的发生和蔓延，但投资大，且上下层温差大（日龄小的雏鸡应移到上层集中饲养），对营养、通风换气等要求较为严格。

（二）选择供温方式

1. 温室供温

即人工形成一个温室环境，雏鸡饲养在温室中，采取网上育雏和笼养育雏必须采用该供温方式。温室供温主要有以下几种方式。

（1）暖风炉供温　该种方式通过以煤为原料的加热设备产热，舍外设立热风炉，将热风送入鸡舍上空使育雏舍温度升高。国内大型养鸡场采用较多，但投资较大。

（2）锅炉供温　该种方式通过锅炉烧水，热水集中通过育雏舍内的管网进行热交换，使育雏舍温度升高。该法可在较大规模养鸡场使用。

（3）烟道温室供温　烟道设计分地上烟道、地下烟道两种，烟道建于育雏舍内，一端砌有炉灶（煤燃烧产热），烟道通过育雏舍后在另一端砌有烟囱，要求烟囱高出屋顶1米以上。该法育雏效果好，规模化育雏场常使用。

2. 保温伞供温

常用保温伞主要有电热保温伞、煤炉保温伞、红外线灯保温伞等。保温伞的伞面有方形、圆形、多角形等多种形式，可用铁皮、铝皮或其他材料制成，采用电热丝、煤炉、红外线灯等进行供热，是育雏中常用的一种育雏器。

（三）其他准备

1. 制订育雏计划

蛋鸡育雏场在进行育雏前，应根据各鸡场育雏建筑和设备条件、生产规模和工艺流程制订合理的育雏计划。育雏计划应包括全年育雏总数、育雏批数与每批育雏数量、育雏所需饲料、垫料、药品和管理人员等技术指标。

2. 准备育雏舍与用具并进行消毒

购入鸡苗前，对育雏室、垫网、饮水器、料槽、料盘等有关设备、用具进行彻底清洗、消毒。可提前1～2天采用甲醛高锰酸钾对育雏舍和用具进行熏蒸消毒，消毒药品用量为：每立方米空间高锰酸钾14克、甲醛溶液28毫升。

3. 准备并铺设好垫料，对保温设备进行检查

运雏前准备并铺设好垫料，垫料要干燥、无霉变、吸水性好。检查保温设备、烟道、保温伞等是否良好，并提前1天升温达到育雏温度。笼养育雏室32～34℃；平养育雏室25℃以上；保温伞温度35℃。平养鸡舍应安装好保温伞（500只/个），在伞边缘上方8厘米处悬挂温度计，测试保温伞温度。

育雏舍相对湿度 60%。

4. 准备充足的料盘、饮水器，并准备好饲料、疫苗等

进鸡前 2 小时将水装入饮水器并放入育雏舍内预热，水中加入 2% ～ 5% 葡萄糖，通过饮水补充部分能量。为了缓解应激，防止疾病发生，可在饮水中添加适量电解多维等。

三、雏鸡选择与运输

（一）雏鸡的选择

选择健康的雏鸡是提高成活率的关键，所以必须对雏鸡加以选择。雏鸡应购自规模较大、信誉较高、雏鸡质量好、雏鸡出壳后及时注射马立克疫苗的孵化场。通常采用"一看、二摸、三听"的步骤选择强雏，淘汰病、弱雏。

1. 一看

就是看雏鸡的精神状态，羽毛整洁和污秽程度，喙、腿、趾是否端正，动作是否灵活，肛门有无稀粪黏着。

2. 二摸

就是将雏鸡抓到手上，摸膘情、体温和骨的发育情况以及腹部的松软程度、卵黄吸收是否良好、肚脐愈合状况等。

3. 三听

就是听雏鸡的鸣叫声。健康者明亮清脆，病弱者嘶哑或鸣叫不休。

此外，还应结合种鸡群的健康状况、孵化率的高低和出壳时间的迟早来鉴别雏鸡的强弱。一般地，来源于高产健康种鸡群的、孵化率比较高的、正常出壳时间里出壳的雏鸡质量较好，来源于病鸡群的、孵化率较低的、过早或过迟出壳的雏鸡质量较差。

初生雏鸡的分级标准见表 4-1。

表 4-1　初生雏鸡的分级标准

鉴别项目	强雏特征	弱雏特征
精神状态	活泼健壮，眼大有神	呆立嗜睡，眼小细长
腹部	大小适中，平坦柔软，表明卵黄吸收良好	腹部膨大、突出，表明卵黄吸收不良
脐部	愈合良好，有绒毛覆盖，无出血痕迹	愈合不良，大肚脐，潮湿或有出血痕
肛门	干净	污秽不洁，有黄白色稀便

鉴别项目	强雏特征	弱雏特征
绒毛	长短适中，整齐清洁，富有光泽	过短或过长，蓬乱沾污，缺乏光泽
两肢	两肢健壮，站得稳，行动敏捷	站立不稳，喜卧，行动蹒跚
感触	有膘，饱满，温暖，挣扎有力	瘦弱、松软、较凉，挣扎无力，似棉花团
鸣声	响亮清脆	微弱，嘶哑或尖叫不休
体重	符合品种要求	过大或过小
出壳时间	多在 20.5～21 天准时出壳	扫摊雏、人工助产或过早出的雏

（二）雏鸡的运输

1. 运输季节的选择

雏鸡运输的最适温度为 22～24℃，运输中温度过高、过低都会对雏鸡造成不良影响，甚至引起大量死亡。因此，雏鸡的运输与不同季节的温度密切相关，不同的季节有不同的运输要求。

夏季温度高，雏鸡运输过程中极易发生中暑而引起大批死亡。因此，夏季高温季节早晚运输较好，可具体选择在早上 9 点以前，或下午 3 点以后进行运输，以错过一天的高温时段。冬季运输的关键是做好保温措施，防止运输过程中挤堆而被压死。春季和秋季对雏鸡的运输影响不大，但应注意天气变化。

2. 雏鸡运输工具的选择

目前雏鸡运输距离较远的运程可采用空运，运输过程中对雏鸡的影响小，不易发生死亡，但运输成本较高。雏鸡采取汽车运输的较多，主要是价格便宜，运输成本低。必要时也可采取火车、船舶运输。

3. 雏鸡运雏箱的选择

运输时最好使用专用的一次性运雏箱。雏鸡运输专用纸箱一般长 60 厘米、宽 45 厘米、高 20～25 厘米，箱内用瓦楞纸分为四格，每格装 20～25 只雏鸡，每箱可装 80～100 只雏鸡。纸箱上下、左右均有通气孔若干个，箱底铺有吸水性强的垫纸，可吸收雏鸡排泄物中的水分，保持干燥清洁。装雏工具应进行严格消毒，一般禁止互相借用。

4. 掌握适宜的运雏时间

初生雏鸡体内还有少量未被利用的卵黄，故初生雏鸡在出壳一段时间内可以不喂饲料进行运输。初生雏鸡最好能在出壳后 24 小时运到目的地。运输过程力求做到稳而快，减少震动。

四、雏鸡的饮喂

（一）雏鸡饮水

1. 饮水原则

雏鸡运抵目的地后应先饮水后开食，即先让雏鸡充分饮水 1～2 小时再开食。其原因主要是雏鸡出壳后失水较多，先饮水可及时补充水分、恢复体力；及时饮水可促进卵黄的吸收和胎粪的排出。

2. 做好初饮

初饮是指雏鸡出壳后的第一次饮水。初饮最好饮温水，水温 15～25℃。饮水中加入 2%～5% 葡萄糖，以后可在水中加入适量电解多维等，连续饮水 2～3 天，具有补充能量、抗应激作用。对不会饮水的雏鸡应调教饮水，可滴嘴或强迫饮水。

育雏第 1 周，饮水器、饲料盘应离热源近些，便于鸡取暖、饮水和采食。立体笼养时，开始 1 周内在笼内饮水、采食，1 周后训练其在笼外饮水和采食。

3. 保证饮水清洁、充足

饮水器应分布均匀，每 1～2 天洗刷、消毒一次。每 100 只雏鸡应有饮水器 2 个，或每只雏鸡占有 1.5～2 厘米长的水槽。

雏鸡的需水量与品种、体重和环境温度的变化有关。体重越大，生长越快，需水量越多；中型品种比小型品种饮水量大；高温时饮水量较大。一般情况下，雏鸡的饮水量是其采食干饲料的 2～2.5 倍。雏鸡在不同气温和周龄下的饮水量见表 4-2。

表 4-2　蛋用型雏鸡的饮水量　　　　　　　　　　单位：升 /100 只

周龄	21℃以下	32℃	周龄	21℃以下	32℃
1	2.27	3.9	4	6.13	10.6
2	3.97	6.81	5	7.04	12.11
3	5.22	9.01	6	7.72	12.32

（二）雏鸡饲喂

1. 开食与饲喂

开食是指雏鸡出壳后的第一次喂料，通常在雏鸡饮水后 2 小时或在雏鸡出壳后 24 ～ 36 小时进行开食。开食的方法是将浅平饲料盘或塑料布铺在地面或垫网上，将调制好的饲料均匀地撒在其上，并增加环境光亮度，引诱雏鸡啄食。绝大多数雏鸡可自然开食。为保证开食整齐，对不会开食的雏鸡应进行调数。为防止雏鸡出现糊肛现象，1 ～ 2 日龄的开食饲料最好喂给碎玉米、碎米等，可添加适当酵母帮助消化，以后可逐渐更换为全价饲料。

开食 1 ～ 3 天，在光照控制上最好采取每天 23 小时光照加 1 小时黑暗的方法，让雏鸡熟悉环境，有利于开食。

育雏期间要少喂勤添，增强食欲。最初几天喂料次数可保持每天 8 次，1 周后可逐渐减少为每天 6 ～ 7 次（春夏季）或每天 5 ～ 6 次（冬季、早春），3 周后改为每天 4 ～ 5 次。待雏鸡习惯开食后，撤去料盘或料布。1 ～ 3 周龄使用幼雏料盘，4 ～ 6 周龄使用中型料槽，6 周龄后改为大型料槽。

2. 保证足够的饲喂空间

备足料槽，保证每只雏鸡都有足够的采食位置，可保证生长均匀。饲喂空间不足，容易导致雏鸡采食时发生争斗，降低群体均匀度。

3. 雏鸡日粮营养水平应满足生长发育要求

雏鸡日粮应严格按照雏鸡营养标准予以满足，蛋白质、氨基酸、能量、矿物质与微量元素、维生素等应全价，同时饲料要容易消化，粗纤维含量不宜过高。

4. 保证雏鸡采食量

蛋用型雏鸡饲料的需要量依雏鸡品种、日粮的能量水平、鸡龄大小、喂料方法和鸡群健康状况等而有差异。同品种鸡随鸡龄的增大，每日的饲料消耗逐渐上升，饲养员应根据雏鸡情况及时进行调整。通常情况下，育雏期间每只雏鸡需要消耗 1.1 ～ 1.25 千克饲料。其具体耗料量见表 4–3。

表 4–3　蛋用型雏鸡育雏期参考喂料量　　　　　　　　单位：克 / 只

周龄	白壳蛋鸡		褐壳蛋鸡	
	日耗量	周累计耗量	日耗量	周累计耗量
1	7	49	12	84
2	14	149	19	217
3	22	301	25	392
4	28	497	31	609
5	36	749	37	868
6	43	1 050	43	1 169

五、雏鸡的管理

雏鸡对环境条件的要求比较严格，是由雏鸡自身的生理特点决定的。因此，在育雏期间为雏鸡创造适宜的环境条件，是提高雏鸡育雏成活率和保证雏鸡正常生长发育的关键措施之一。这些条件主要包括适宜的温度、湿度和光照、通风换气、饲养密度、环境的卫生消毒等。

（一）提供合适的温度

刚出壳的雏鸡体温调节机能不完善，绒毛稀短，皮薄，对育雏温度的变化非常敏感。适宜的育雏温度是影响育雏成活率的关键条件，特别是 2～3 周龄的雏鸡极为重要。因此，必须严格掌握雏鸡的育雏温度。

环境温度直接影响雏鸡的体温调节、采食、饮水和饲料的消化吸收。如育雏温度过低，雏鸡因怕冷而相互拥挤在一起，鸡只相互挤压，容易造成窒息死亡；同时，低温条件还容易诱发雏鸡发生各种疾病。育雏温度过高，鸡只采食减少，张口喘气，争夺饮水，容易弄湿羽毛和引起呼吸道疾病等。

育雏温度包括育雏室温度、育雏器（伞）温度。平育育雏时，育雏器温度是指将温度计挂在保温伞边缘或热源附近，距垫料 5 厘米处，相当于雏鸡背高的位置测得的温度；育雏室的温度是指将温度计挂在远离热源的墙上，离地 1 米处测得的温度。笼养育雏时，育雏器温度指笼内热源区离网底 5 厘米处的温度；育雏室的温度是指笼外离地 1 米处的温度。育雏期间雏鸡所需的适宜温度见表 4-4。

表 4-4　育雏期间雏鸡所需的适宜温度　　　　　　　单位：℃

日龄	笼养温度		平养温度	
	育雏器	育雏室	育雏器	育雏室
1～3	32～34	24～22	34	24
4～7	31～32	22～20	32	22
8～14	30～31	20～18	31	20
15～21	27～29	18～16	29	18～16
22～28	24～27	18～16	27	18～16
29～35	21～24	18～16	24	18～16
36～42	18～20	18～16	18～20	18～16

温度是否合适，不但要看温度计，更主要的是观察鸡群的活动状态和其他行为表现来判断温度是否符合雏鸡需要，即"看鸡施温"。温度适宜时，雏鸡食欲正常，饮水良好，羽毛生长良好，活泼好动，分布均匀，安静；温度过高时，雏鸡远离热源，饮水量增加，伸颈，张口呼吸；温度过低时，雏鸡靠近热源，扎堆，运动减少，尖声鸣叫。另外，育雏室内有贼风侵袭时，雏鸡亦有密集拥挤现象，但鸡大多密集于远离贼风吹入方向的某一侧。

随着雏鸡年龄增大，体温调节机能逐步完善，可逐渐脱温。脱温应逐渐过渡，时间3～5天。脱温时应避开各种逆境（如免疫接种、转群、更换饲料等）进行。

（二）保持适宜的湿度

湿度对雏鸡的生长发育影响很大，尤其对1周龄左右的雏鸡影响更为明显。如湿度过低，会使雏鸡失水，造成卵黄吸收不良；如湿度过高，则雏鸡食欲不振，易出现腹泻甚至死亡现象。实践证明，育雏前期相对湿度高于后期，主要是育雏前期室内温度较高，水分蒸发快，此时相对湿度应高一些。一般情况下，在育雏初期，往往出现湿度过小的情况，造成雏鸡饮水频频，腿干瘪，绒毛脆乱。此时，采取的最好措施是带鸡喷雾消毒或适当多放置水盘来增加湿度，随着雏鸡的生长，逐渐降低湿度。

一般的，育雏期间育雏室的相对湿度达到56%～70%；到雏鸡10日龄以后，加强通风，勤换垫料。通常使用干湿球温度计来测定育雏室的相对湿度，干湿球温度计应悬挂在育雏室内距地面40～50厘米的高度，空气流通的地方，每天上下午各观察一次。

（三）合理光照

适宜的光照可促进雏鸡采食、饮水和运动，有利于雏鸡的生长发育，达到快速增重的目的。在生产实践中一般采取自然光照与白炽灯供光相结合，控制白炽灯供光的原则为：前3天每天23～24小时光照，第3天起至2周龄时每天15小时光照，以后每周递减2小时逐渐过渡到自然光照，4周后采用自然光照，以防止光太强鸡过分活动发生啄癖。

（四）加强通风换气

通风换气可以有效排出育雏室内的有害气体，保持室内空气良好，并调节室内温度和湿度。雏鸡生长快，代谢旺盛，呼吸频率高，会通过呼吸排出大量的二氧化碳。此外，雏鸡的消化道较短，但日粮中蛋白质含量高，雏鸡排出的粪便中含有较多的含氮有机物和含硫有机物，这些物质在青雏室的温湿条件下容易经微生物分解而产生大量的氨气、硫化氢等有害气体，对雏鸡的健康和生长发育都不利。低浓度的氨即可使雏鸡生长受阻；当氨气含量达 20 毫克/米³，持续 6 周以上，会引起雏鸡肺水肿、充血，诱发呼吸道疾病，削弱抵抗力，如使新城疫的发生率增高；氨气含量 46～53 毫克/米³ 时，可导致角膜炎、结膜炎的发生。因此，育雏舍中氨的浓度不应超过 20 毫克/米³。育雏室内硫化氢的含量要求在 6.6 毫克/米³ 以下，最高不能超过 15 毫克/米³。

育雏舍内的通风和保温常常是矛盾的，尤其是在冬季，为了保温而关闭门窗不敢通风，容易造成育雏室内有害气体不能及时排出。因此，在做好保温的同时，合理进行通风换气，寒冷天气通风时间最好选择在晴天中午前后，可利用自然通风、机械通风。通风换气的程度以育雏室内空气不刺鼻和眼，不闷人，无过分臭味为宜。

（五）保持合适的饲养密度

饲养密度是指育雏室内每平方米地面或笼底面积所饲养的雏鸡数。饲养密度的大小与育雏室内的空气、湿度、卫生状况等有直接关系。饲养密度过大，雏鸡采食和饮水拥挤，饥饱不均，生长发育不整齐，育雏室内空气污浊，二氧化碳浓度高，氨味浓，湿度大，易引发疾病。若室温偏高，光照强度过大时，还容易引起雏鸡互啄。密度过小，房舍及设备利用率低，人力资源浪费，育雏成本增加。雏鸡适宜的饲养密度见表 4-5。

表 4-5　不同饲养方式下蛋用雏鸡的饲养密度　　　　　　单位：只/米²

周龄	地面平养	网上平养	立体笼养
1～3	20～30	30～40	50～60
4～6	20～25	20～30	30～40

（六）细化雏鸡的日常管理

1. 注意观察

育雏期间，对雏鸡要精心看护，随时了解雏鸡的情况，对出现的问题及时查找原因，采取对策，提高雏鸡成活率。

经常检查料槽、饮水器的数量是否充足，放置位置是否得当，规格是否需要更换，保证鸡有良好的条件得到充足的饲料、饮水。每天喂料、换水时，注意雏鸡的精神状态、活动、食欲、粪便等情况。病弱雏鸡表现精神沉郁，闭眼缩颈，呆立一角，羽毛蓬乱，翅膀下垂，肛门附近沾污粪便，呼吸异常等，发现后要及时挑出，单独饲喂、治疗。

注意保持适宜的鸡舍温度。通过鸡的行为判断鸡舍温度是否合适，随时调整。晚上注意观察鸡的呼吸声音，有甩鼻、咳嗽、呼噜等异常表现，可能患有呼吸道疾病，及时采取措施。每天清晨注意观察鸡的粪便颜色和形状，以判断鸡的健康。鸡粪是鸡的消化终产物，很多疾病在鸡粪的颜色、形状上都有特征性变化。

饲养人员掌握鸡粪的正常和异常状态，就可以及时地观察到鸡群的异常，尽早采取措施，防治疾病。鸡的粪便在正常时有一定的形状，比较干燥，表面有一层较薄的白色尿酸盐。刚出壳尚未采食的雏鸡排出的胎粪为白色和深绿色稀薄液体，采食后排出的粪便为柱形或条状，棕绿色，粪便表面附有白色尿酸盐。可排出盲肠内容物，呈黄棕色糊状，是正常粪便。排出黄白、黄绿附有黏液等恶臭稀便，可能患有肠炎、腹泻、新城疫、霍乱等。如排出白色糊状、石灰浆样稀薄粪便，提示鸡可能患有鸡白痢、法氏囊、传染性支气管炎等。排棕红、褐色稀便或血便，可能患有鸡球虫病。粪便中残留饲料，可见到未消化的谷物颗粒等，提示鸡消化不良。

2. 分群管理

育雏过程中，同一群雏鸡发育生长情况会有差异，出现强雏、弱雏或病雏。鸡群会出现以强欺弱、以大欺小现象，影响鸡群均匀度和生长发育。平时要随时注意将病、弱雏鸡和称重后平均体重达不到品种标准体、重要求的雏鸡单独挑出来，加强饲喂，也便于管理。笼养育雏时，将雏鸡放置在温度较高的鸡笼上 1～2 层，随着日龄增加，再逐渐分群到下层鸡笼。要注意将壮雏和弱雏分笼饲养，选出的弱雏应放在顶上的笼层内。随着日龄增加，逐渐调整雏鸡笼格栅间隙大小、料槽位置，使鸡能方便采食到饲料，又不至于钻出笼外。发现钻出笼外的雏鸡要及时将其捉回鸡笼，防止地面冷凉、潮湿使雏鸡患病。

3. 适时断喙

为预防啄癖和减少饲料浪费，应适时断喙。断喙则要遵循一定的程序。

（1）断喙设备　断喙一般有两种器械：一种是电热式断喙器，另一种是红外线断喙器。电热式断喙器的孔眼直径有 4 毫米、4.4 毫米、4.8 毫米三种，1 日龄雏鸡断喙可用 4 毫米的孔眼，7～10 日龄雏鸡可采用 4.4 毫米的孔眼，成年鸡可用 4.8 毫米的孔眼。刀片的适宜温度为 600～800℃，此时刀片颜色为樱桃红色。

（2）断喙具体操作　左手保定鸡只，将鸡腿部、翅膀以及躯体保定住，将右手拇指放在鸡头顶上，食指放在咽下（以使鸡缩舌），稍加压力，使双喙闭合后稍稍向下倾斜一同伸入断喙孔中，借助于断喙器灼热的刀片，将上喙断去喙尖至鼻孔之间的 1/2、下喙断去 1/3，并烧烙止血 1～2 秒。

（3）断喙时应注意以下事项　断喙要选择经验丰富的人来操作，调节好刀片温度，掌握好烧灼时间，防止烧灼不到位引起流血。

为防止出血，断喙前后几天内可在饲料中加入维生素 K3 和维生素 C，剂量分别按照 2 毫克 / 千克和 100 毫克 / 千克加入。

断喙后 2～3 天，鸡喙部疼痛不适，采食和饮水都发生困难，饲槽内应多加一些料，以便于鸡采食，防止鸡喙啄到槽底，水槽中的水应加得满一些，断喙后不能缺水。

断喙应与接种疫苗、转群等错开进行，以免加大应激反应。

断喙后要仔细观察鸡群，发现出血应重新烧烙止血。

种用小公鸡可以不断喙或轻微地断去喙尖部分，以免影响将来的配种能力。

4. 全进全出

同一鸡舍饲养同一日龄雏鸡，采用统一的饲料、统一的免疫程序和管理措施，同时转群，避免鸡场内不同日龄鸡群的交叉感染，保证鸡群安全生产。

5. 保证雏鸡舍安静，防止噪声

突然的噪声能够引起雏鸡惊群、挤压、死亡。

6. 记录

鸡健康状况、温度、湿度、光照、通风、采食量、饮水情况、粪便情况、用药情况、疫苗接种等都应如实记录。如有异常情况，及时查找原因。

7. 消毒

一般每周 1～2 次带鸡消毒。可用喷雾消毒。育雏的用具也要定时清洗消毒。

第二节　蛋鸡育成期的养殖

一、育成蛋鸡的培育目标

（一）较高的群体发育整齐度

群体发育整齐度指体重在该周龄标准体重 ±10% 范围内的个体占总数的

百分比。群体发育整齐度应在 80% 以上。整齐度高的育成鸡群，在产蛋期产蛋率上升速度快，产蛋高峰期维持时间长，饲料报酬高，鸡群淘汰率低，每只鸡的总产蛋量高。整齐度差的育成鸡群往往表现出产蛋率上升缓慢，产蛋高峰期维持时间短，产蛋后期鸡群的淘汰率较高，饲料报酬低，总产蛋量低。所以群体发育整齐度对鸡后期的产蛋影响很大，生产中应特别注意提高鸡群的整齐度。

（二）体重发育适中

鸡群的体重应与标准体重相符合。体重过大往往是由于鸡体内脂肪沉积过多，脂肪在腹腔中沉积过多会影响后期鸡群的产蛋；体重过小，可能是由于鸡只发育不良，从而影响鸡群的繁殖性能。

（三）适时达到性成熟

在生产实践中，蛋鸡在 18～20 周龄达到性成熟较为适宜。如果过早性成熟，鸡只还未达到体成熟，各系统的组织器官还未发育完善就开产，往往会由于无法维持长期产蛋对营养物质的需要，造成产蛋期初产蛋小、产蛋高峰期短、产蛋量较低、鸡群死淘率高等问题。性成熟过晚，往往是由于发育不良而引起的，延长了育成期培育时间，增加培育成本。

（四）健壮的体格

在育成期应保持鸡群健壮的体质，提高鸡群的抵抗力，因为进入产蛋期后，鸡群不能受到较大的应激，很多的药物和疫苗都不能使用，鸡群一旦发病，就会对鸡群造成很大的影响，引起产蛋量大幅度地下降。鸡只的体型要适中，骨骼发育完全，在产蛋期蛋壳中的钙，75% 来自饲料，25% 来自骨骼，骨骼若是发育不完全，则会影响后期蛋形成过程中钙的供应，死淘率升高。

二、育成蛋鸡的饲养

（一）饲料过渡

育成鸡消化机能逐渐健全，采食量与日俱增，骨骼肌肉都处于旺盛发育时期。此时的营养水平应与雏鸡有较大区别，尤其是蛋白质水平要逐渐减少，能量也要降低，否则，会大量积聚脂肪、引起过肥和早产，影响成年后的产蛋量。

当鸡群 7 周龄平均体重和跖长（胫长）达标时，即将育雏料换为育成料。若此时体重和跖长达不到标准，则继续喂给育雏料，达标时再换为育成料；若此时两项指标超标，则换料后保持原来的饲喂量，并限制以后每周饲料的增加量，直到达标为止。育成蛋鸡的体重和耗料见表 4-6。

表 4-6　NRC（第 9 版）育成蛋鸡的体重和耗料

周龄	白壳蛋系		褐壳蛋系	
	体重（克）	耗料（克/周）	体重（克）	耗料（克/周）
8	660	360	750	380
10	750	380	900	400
12	980	400	1 100	420
14	1 100	420	1 240	450
16	1 220	430	1 380	470
18	1 375	450	1 500	500
20	1 475	500	1 600	550

更换饲料要逐渐进行，过渡期以 5 ～ 7 天为宜。如用 2/3 的育雏料混合 1/3 的育成料喂 2 天，再各混合 1/2 喂 2 天，然后用 1/3 育雏料混合 2/3 育成料喂 2 天，以后改成全喂育成料。

（二）限制饲养

限制饲养是指蛋鸡在育成阶段，根据育成鸡的营养需要特点，限制其饲料的采食量，适当降低饲料营养水平的一项特殊饲养技术。其目的是控制母鸡适时开产，提高饲料利用率。通过限制饲养，可节约饲料，育成期可减少 7% ～ 8% 的饲料消耗；控制体重增长，维持标准体重；保证正常的脂肪蓄积，可防止脂肪沉积过多，有利于开产后蛋鸡产蛋的持久性；育成健康结实、发育匀称的后备鸡；防止早熟，提高产蛋性能；限制饲养期间，及时淘汰病弱鸡，减少产蛋期的死淘率。

1. 限制饲养的时间与方法

（1）限制饲养的时间　蛋鸡一般从 6 ～ 8 周龄开始，到开产前 3 ～ 4 周结束，即在开始增加光照时间时结束（一般为 18 周龄）。必须强调的是，限制饲养必须与光照控制相一致。才能起到应有的效果。

（2）限制饲养的方法　主要有限量饲喂、限时饲养、限质饲喂等，生产中可根据情况选用适当的限制饲养方法。

①限量饲喂。即每天每只鸡的饲料量减少到正常采食量的90%，但应保证日粮营养水平达到正常要求。此法容易操作，应用较普遍，但饲粮营养必须全面，不限定鸡的采食时间。

②限时饲养。就是通过控制鸡的采食时间来控制采食量，达到控制体重和性成熟的目的。主要有以下两种方法：一种方法是隔日限饲，即将2天的饲料集中在1天喂完，然后停喂1天，停喂时要供给充足饮水，这种方法对鸡的应激影响较大，仅用于体重超过标准的育成鸡；另一种方法是每周限饲，即每周停喂1～2天，具体做法是在周日、周三停喂，然后将1周的饲料量均衡地在5天中喂给，这种方法能减少对鸡只产生的应激。在蛋用型育成鸡限制饲养中常使用。

③限质饲喂。即限制饲粮的营养水平，就是降低日粮中粗蛋白质和代谢能的含量。减少日粮中鱼粉、饼类能量饲料，如玉米、高粱等饲料的比例，增加养分含量低、体积大的饲料，如麸皮、叶粉等。限制水平一般为：7～14周龄日粮中粗蛋白质为15%，代谢能11.49兆焦/千克；15～20周龄蛋白质为13%，代谢能11.28兆焦/千克。实际上，在当前国家推行蛋鸡低蛋白日粮、玉米豆粕减量替代的大背景下，包括育成期、产蛋期蛋鸡日粮的营养水平还可适当降低。

2. 限制饲养时应注意的问题

①应以跖长、体重监测为依据进行限制饲养，掌握好给料量。限制饲养期间，应每1～2周测定跖长、体重一次，然后与育成鸡标准跖长、体重进行对照，以差异不超过5%～10%为正常，否则就要调整喂料量。可按鸡群数量的5%～10%测定，数量不得少于50只。

②限制饲养前应断喙，淘汰病弱鸡、残鸡。

③保证足够的食槽和饮水，确保每只鸡都有一定的采食和饮水位置，防止因采食不均造成发育不整齐。

④防止应激。当气温突然变化、鸡群发病、疫苗接种、转群时停止限制饲养。

⑤不可盲目限制饲养。鸡的饲料条件不好、鸡群发病、体重较轻时停止限制饲养。此外，亦应考虑鸡种区别，白壳蛋鸡有时可不限制饲养，褐壳蛋鸡必须限制饲养。

三、育成蛋鸡的管理

（一）脱温与转群

随着鸡只羽毛的更换，其体温调节机能逐渐完善。可根据具体情况在 4～6 周龄逐渐停止供温。脱温应该有 1 周左右的过渡期，严禁突然停止供温。

该阶段的转群是指将 6 周龄左右的雏鸡由育雏鸡舍转入育成鸡舍饲养的过程。雏鸡转群前应进行选择，淘汰不合格鸡只。并根据鸡只强弱做好分群；转群前应对育成鸡舍、各种用具彻底清扫、消毒，并准备好饲料和饮水；转群时不要粗暴抓鸡，以防鸡只出现伤残；冬季转群最好安排在气温较高的中午，夏季安排在早、晚较凉爽的时间进行；转群后注意观察鸡只情况，发现问题及时处理。

（二）饲养密度

育成鸡无论采取平面饲养还是笼养，都必须保持适当密度，才能确保个体发育均匀。适当的饲养密度，可增加鸡的运动机会，促进骨骼、肌肉和内部器官的发育、提高后备鸡的培育质量，如果饲养密度不合理，其他饲养管理工作做得再好，也难以培育出理想的高产鸡群。饲养密度的确定除与周龄和饲养方式有关外，还应随品种、季节、通风条件等而调整。蛋用型育成鸡的饲养密度参见表 4-7。

表 4-7　育成鸡的饲养密度　　　　　　　　　　单位：只／米²

周龄	饲养方式			
	地面平养	网上平养	半网栅平养	笼养
7～8	15	20	18	26
9～15	10	14	12	18
16～20	7	12	9	14

（三）保证水位、料位充足

平养条件下，每只鸡应有 8 厘米长的料槽长度或 4 厘米长的圆形食槽位置；每 1 000 只鸡应有 25 厘米长的水槽位置。充足的水位、料位可以防止抢食和拥挤践踏，提高育成鸡均匀度。

（四）合理通风

鸡舍通风条件要好，特别是夏天，一定要创造条件使鸡舍有对流风。即使在冬季也要适当进行换气，以保持舍内空气新鲜。通风换气好，人进入鸡舍后感觉不闷气、不刺眼、不刺鼻。鸡舍空气应保持新鲜，使有害气体减至最低量，以保证鸡群的健康。随着季节的变换与育成鸡的生长，鸡舍通风量要随之调整。当气温高于30℃时，应加大通风换气量。

（五）预防啄癖

育成鸡在限制饲养的条件下容易产生啄癖，因此预防啄癖是育成鸡管理的一个难点。预防啄癖的主要措施有合理断喙，雏鸡断喙时间最好选择在6～10日龄进行，断喙不成功的鸡可在12周龄左右进行修整；注意改善舍内环境，降低饲养密度，改进日粮，采用低强度光照（10勒克斯光照强度）。

（六）添喂不溶性沙砾和钙

育成鸡添喂不溶性沙砾的作用是提高肌胃的消化机能，改善饲料转化率；防止育成鸡因肌胃中缺乏沙砾而吞食垫料、羽毛等；避免育成鸡因长期不能采食沙砾而造成肌胃逐渐缩小。

沙砾的添加量与粒度要求。前期沙砾用量少且直径小，后期用量多且沙砾直径增大。每1 000只育成鸡，5～8周龄时一次饲喂4 500克沙砾，沙砾粒度能通过1毫米筛孔；9～12周龄时9千克，能通过3毫米筛孔；13～20周龄时11千克，能通过3毫米筛孔。沙砾可拌入日粮中，或撒于饲料面上让鸡采食，也可单独放在饲槽内让鸡自由采食。饲喂前沙砾用清水洗净，再用0.01%的高锰酸钾水溶液消毒。

育成鸡从18周龄到产蛋率5%的阶段，日粮中钙的含量应增加到2%，以供小母鸡形成髓质骨，增加钙盐的贮备。但由于鸡的性成熟时间可能不一致，晚开产的鸡不宜过早增加钙量，因此，最好单独喂给1/2的粒状钙料，以满足每只鸡的需要，也可代替部分沙砾，改善适口性和增加钙质在消化道内的停留时间。

（七）定期称测体重、跖骨长度和群体均匀度

1. 体重测定与群体均匀度的评定

现代蛋鸡都有其能最大限度发挥遗传潜力的各周龄的标准体重，标准体重绝不是自由采食状态下的体重。在后备鸡培育上要通过科学的精细化饲喂、及时调控喂料量和体重等综合措施才能达到标准体重。

（1）体重测定的时间　白壳蛋鸡从6周龄开始，每1～2周称测体重一次；褐壳蛋鸡从4周龄开始，每1～2周称测体重一次。

（2）确定鸡只数量　从鸡群中随机取样，鸡群越小取样比例越高，反之越低。如500只鸡群按10%取样；1 000～5 000只鸡按5%取样，5 000～10 000只鸡按2%取样。取样群的每只鸡都称重、测胫长，并注意取样的代表性。

（3）取样方法　抽样应有代表性，一般先将鸡舍内各区域的鸡统统驱赶，使各区域的鸡和大小不同的鸡分布均匀，然后在鸡舍任一地方用铁丝网围大约需要的鸡数，然后逐个称重登记。

（4）体重均匀度的计算　通常按标准体重±10%范围内的鸡只数量占抽样鸡只数量的百分率作为被测鸡群的群体均匀度。其计算公式是：

体重均匀度（%）=平均体重±10%范围内的鸡只数/抽样鸡只总数×100

例：某鸡群10周龄平均体重为760克，超过或低于平均体重±10%的范围是：760+（760×10%）=836克，760－（760×10%）=684克。

在5 000只鸡群中抽样5%的250只鸡中，标准体重±10%（836～684克）范围内的鸡为198只，占称重总数的百分比为：198÷250＝79%。

则该鸡群的群体均匀度为79%。

体重均匀度优劣的判断标准见表4-8。

表4-8　鸡群体重均匀度优劣的判断标准

鸡群中标准体重10%范围内的鸡只所占的百分比	鸡群发育整齐度	鸡群中标准体重10%范围内的鸡只所占的百分比	鸡群发育整齐度
85%以上	特佳	70%～75%	合格
80%～85%	佳	70%以下	不合格
75%～80%	良好		

2. 跖长测定

跖骨长度简称跖长，也叫胫长，是鸡爪底部到跗关节顶端的长度。用游

标卡尺测定，单位为厘米。跖长反映鸡骨骼生长发育的好坏。早期骨骼发育不好，在后期将不可补偿。

8周龄末，跖长未达到标准，应提高日粮中的营养水平，并适当加大多维用量。同时可在每吨饲料中加入500克氯化胆碱。

3. 提高群体均匀度

群体均匀度是显著影响蛋鸡生产性能的重要指标。如果鸡群显著偏离体重和胫长指标或均匀度不好，应设法找到原因。

造成群体均匀度差的主要原因。疾病，特别是肠道寄生虫病；喂料不均；密度过大；管理不当，如舍内温度不均匀、断喙不成功、通风不良等。

提高均匀度的措施为分群管理应做好，降低饲养密度。

（八）做好育成鸡的光照控制

生产中应控制鸡群在18～20周龄适时达到性成熟。在饲料营养平衡的条件下，光照对育成鸡的性成熟起着重要作用，因此必须把握好，特别是10周龄以后，要求光照时间短于光照阈值时数1～2小时，且育成期光照时间只能缩短，强度也不可增强。

光照对鸡群生殖器官的影响主要在13周龄以后，此前的影响很小可以不加考虑。13周龄后主要是对光照时间的控制，育成后期可把光照时间控制在8小时左右；对于有窗的鸡舍从13～17周龄每天光照时间由15小时逐渐缩短至10小时左右。

（九）卫生防疫

1. 鸡群的日常管理

主要包括鸡群精神状态、采食情况、排粪情况、外观表现等。重点在早晨、晚上、喂料过程中进行观察，发现异常及时处理。

2. 驱虫

地面养的雏鸡和育成鸡容易患蛔虫病与绦虫病，15～60日龄易患绦虫病，2～4月龄易患蛔虫病，应及时对这两种内寄生虫病进行预防，增强鸡只体质和改善饲料效率。

3. 免疫接种

应根据各个地区、各个鸡场，以及鸡的品种、年龄、免疫状态和污染情况的不同，因地制宜地制订本场的免疫计划，并按计划认真落实实施。

4. 减少应激

日常管理工作要严格按照操作规程进行，尽量避免外界不良因素的干扰。抓鸡时动作不可粗暴鲁莽；接种疫苗时要慎重；不要穿着特殊衣服突然出现在鸡群面前，以防炸群，影响鸡群正常的生长发育。

第三节 蛋鸡产蛋期的养殖

育成鸡从 21 周龄开始产第一个蛋，标志育成期结束，进入产蛋期阶段。

一、产蛋鸡的饲喂

（一）开产前后的饲养管理

开产前后是指 18 ～ 25 周龄这一段时间，这是育成母鸡由生长期向产蛋期过渡的重要时期，因此应做好蛋鸡开产前后的饲养管理，以利母鸡完成这种转变，为产蛋期的高产做好准备。

1. 适时转群

（1）转群时间的选择 现代蛋鸡一般在 18 周龄进行转群，最迟不超过 21 周龄。这时母鸡还未开产，有一段适应新环境的时间，对培养高产鸡群有利。转群过晚，由于鸡对新环境不熟悉，会出现中断产蛋的情况，影响和推迟产蛋高峰的到来，降低产蛋期的产蛋量。

（2）转群前的准备 转群前应对产蛋鸡舍进行彻底清洗、修补和消毒后方可转入鸡群。转群前要准备充足的饮水和饲料，使鸡一到产蛋舍就能吃到料、饮到水。

鸡群在转群上笼前要进行整顿，严格淘汰病、残、弱、瘦、小的不良个体。并进行驱虫，主要是驱除线虫。经过整顿后，白壳蛋鸡体重 1.2 ～ 1.3 千克、褐壳蛋鸡体重 1.4 ～ 1.5 千克后即可转群。

做好转群前后备蛋鸡的饲养管理。在转群前 2 天内，为了加强鸡体的抗应激能力和促进因抓鸡和运输所导致的鸡体损伤的恢复，应在饲料或饮水中添加双倍的多维、电解质。转群当日连续 24 小时光照并停喂水料 4～6 小时，将剩余的料吃净或料剩余不多时再进行转群。

（3）做好转群工作 转群时注意天气不应太冷太热，冬天尽量选择晴天转群，夏天可在早晚或阴凉天气转群。捉鸡要提双脚，不要捉颈或翅，且轻捉轻放，以防骨折和惊恐。转群工作量大，可把转群人员分成抓鸡组、运鸡组和接鸡组三组，各组要配合好，轻拿、轻放，防止运输过程中出现压死、损伤，提高工作效率。

鸡群转群后要立即饮水、采食，前2天饲料中可添加双倍的多维、电解质。转群后注意观察鸡群动态，鸡可能会拉白色鸡粪，但2天后可恢复正常。当鸡群经过1周时间的适应过程后，要依次进行断喙（主要是修喙）、预防注射、换料、补充光照等工作。

2. 蛋鸡开产前后的饲养管理要点

（1）适宜的体重标准　18周龄应测定鸡只体重，并与鸡种的标准体重进行对照。若达不到标准，则由限制饲养改为自由采食。

（2）日粮更换与饲喂　开产前后的蛋鸡对饲料营养的要求严格，开产前3～4周内，母鸡的卵巢和输卵管都在迅速增长，体内也需储备营养，鸡体内合成蛋白量与产蛋高峰期相同，此期应喂给青年母鸡较高营养浓度的日粮。一般从18～19周龄开始由育成鸡饲料更换为产蛋鸡饲料。更换方法，一是设计一个开产前饲料配方，含钙量2%左右，其他营养与产蛋鸡相同；二是产蛋鸡饲料按1/3、1/2、2/3等比例逐渐更换育成鸡日粮，直至全部更换为产蛋鸡日粮。从鸡群开始产蛋起，由限制饲养改为自由采食，一直到产蛋高峰过后2周为止。

（3）补充光照　18周龄体重达标的鸡群，应在18周龄或20周龄开始补充光照。如果体重未达标，则补充光照的时间可推迟1周。补充光照一般为每周增加0.5～1小时，直至增加到16小时。

（4）准备产蛋箱　在平养鸡群开产前2周，要放置好产蛋箱，否则会造成窝外蛋现象。产蛋箱宜放在墙角或光线较暗处。

（5）保持鸡舍安静　鸡性成熟时是其新生活阶段的开始，特别是平养蛋鸡产头两个蛋的时候，精神亢奋，行动异常，高度神经质，容易惊群，应尽量避免惊扰鸡群。

（二）蛋鸡产蛋期的饲养

1. 满足产蛋鸡的营养需要

产蛋鸡的营养要求，除满足自身维持需要和适当增重外，还必须满足产蛋的能量、蛋白质以及矿物质、微量元素、维生素的需要。现代蛋鸡生产性能高，绝大多数都养于笼内，必须喂给全价饲粮，用尽可能少的饲粮全面满足其营养需要，充分发挥其产蛋潜力，达到经济高效的目的。

2. 产蛋鸡的饲喂与饮水

（1）喂料量、次数　每只蛋鸡产蛋期喂料量为每天 110～120 克，喂料次数为每天 3 次，产蛋高峰期增加到每天 4 次。每天喂料量应根据体重、周龄、产蛋率、气温进行调整。

（2）补喂大颗粒钙　蛋鸡产蛋量高，需要较多的钙质饲料，一般在下午 5 点补喂大颗粒（直径 3～5 毫米）贝壳砾，每 1 000 只鸡 3～5 千克。饲料中的钙源采用 1/3 贝壳粉、2/3 石粉混合应用的方式为宜，可提高蛋壳质量。

（3）保证充足饮水　水是鸡生长发育、产蛋和健康所必需的营养，必须确保水质良好，饮水全天足量供应、自由饮用，每天清洗饮水器或水槽。产蛋鸡的饮水量随气温、产蛋率和饮水设备等因素不同而异，每天每只的饮水量为 200～300 毫升。有条件的最好用乳头式饮水器。夏季饮凉水。

3. 饲养密度、水位、料位

笼养蛋鸡 450 厘米/只；每只鸡 10 厘米长料位长度、4 厘米长水位长度。

4. 蛋鸡产蛋期的分段饲养技术

分段饲养是根据鸡的年龄和产蛋水平，将产蛋期分为若干阶段，并考虑环境因素，按不同阶段喂给不同营养水平的饲料。分段饲养目前常用的是三阶段饲养法，具体可分以下两种。

（1）按鸡群周龄进行分段饲养　根据鸡群周龄将整个产蛋期分为三个阶段，即 20～42 周龄为第一段，43～58 周龄为第二段，58 周龄以后为第三段。在产蛋前期（20～42 周龄），蛋鸡的产蛋率上升很快，且蛋鸡体重也在增加过程中，应提高日粮中粗蛋白质、矿物质和维生素的含量，促使鸡群产蛋率迅速上升达到高峰期，并能持续较长时间；在产蛋中期（43～58 周龄）、产蛋后期（58 周龄以后）蛋鸡产蛋率缓慢下降，蛋重有所增加，可适当减低日粮中的蛋白质水平，但应满足蛋鸡的营养需要，使鸡群产蛋率缓慢而正常地下降。

（2）按鸡群产蛋率进行分段饲养　即根据产蛋率的高低把产蛋期分为三个阶段：产蛋率小于 65%、产蛋率 65%～80%、产蛋率大于 80%，各阶段给予不同营养水平的饲料进行饲养。

5. 产蛋鸡的调整饲养

根据环境条件和鸡群状况的变化，及时调整日粮配方中主要营养成分的含量，以适应鸡对各种因素变化的生理需要，这种饲养方式称调整饲养。分以下几种情况。

（1）按育成鸡体重进行调整饲养　育成鸡体重达不到标准的，从 18～19

周龄转群后就应更换成营养水平较高的蛋鸡饲料，粗蛋白质水平控制在18%左右，经3～4周饲养，使体重恢复正常。

（2）按季节变化调整饲养　冬季，蛋鸡采食量大，可适当降低日粮中的粗蛋白质水平；夏季蛋鸡采食量减小，可适当提高日粮中的粗蛋白质水平。

（3）鸡群采取特殊管理措施时的调整饲养　在断喙当天或前后1天，在饲料中添加维生素K 5毫克/千克；断喙1周内或接种疫苗后7～10天内，日粮中蛋白质含量增加1%；出现啄癖时，在消除原因的同时，饲料中适当增加粗纤维含量；在蛋鸡开产初期、脱羽、脱肛严重时，可加喂1%的食盐；在鸡群发病时，可提高蛋白质1%～2%、多维0.02%等。

6. 蛋鸡的饲料形状与减少饲料浪费的措施

（1）蛋鸡的饲料形状　粉料。

（2）减少饲料浪费的措施　饲养高产优质品种；采用优质全价配合饲料；按需给料；严把饲料原料质量关；饲料不可磨得太细；注意保存饲料；改进饲槽结构，使其结构更加合理；每次加料不超过料槽深度的1/3；及时淘汰低产和停产鸡。

二、产蛋鸡的管理

（一）温度控制

温度对鸡的生长、产蛋、蛋重、蛋壳品质、受精率与饲料效率都有明显的影响。高温对蛋鸡产蛋性能影响很大，能引起产蛋率下降，蛋形变小，蛋壳变薄变脆，表面粗糙；低温，特别是气温突然下降，也使产蛋率下降，但蛋较大，蛋壳质量正常。相对而言，高温对产蛋鸡的影响大于低温，因此，夏季的防暑降温工作很重要。

成年鸡的适温范围为5～28℃；产蛋适温为13～25℃，其中13～16℃时产蛋率较高，15.5～25℃时产蛋的饲料效率较高。

（二）湿度控制

鸡湿度与正常代谢和体温调节有关，湿度对家禽的影响大小往往与环境温度密切相关。对产蛋鸡适宜的湿度为50%～70%，如果温度适宜，相对湿度低至40%或高至72%，对家禽均无显著影响。试验表明：舍温分别为28℃、31℃、33℃，相应的湿度分别为75%、50%、30%时，产蛋的水平均不低。

（三）通风换气

目前，蛋鸡场的养殖规模越来越大，且多采用高密度饲养，如果舍内空气污浊，必然会不同程度地影响蛋鸡的生存和生产，因此在环境控制上应更加重视通风换气，特别是在冬季要重点解决好鸡舍保温与通风的矛盾，这一点对开放式鸡舍尤为重要。

通风换气的作用主要有减少舍内空气中的有害气体（氨气、硫化氢、二氧化碳、粪臭素等）、灰尘和微生物，保持舍内空气清新，供给鸡群足够的氧气，调节舍内温度和湿度。因此，通风换气是调节蛋鸡舍空气状况最主要、最经常的手段。蛋鸡舍内常见的有害气体的卫生学标准是：二氧化碳不超过0.15%，硫化氢不超过 10 毫克 / 米^3，氨气不超过 20 毫克 / 米^3。

（四）光照控制

1. 光照时间对蛋鸡性成熟的影响

性成熟是指蛋鸡生殖器官发育完善，具备正常的生殖功能，其标志是蛋鸡开产。

从蛋鸡孵化出壳到 2 月龄，性腺（即卵巢）的发育相对较慢，而其他组织和器官发育相对较快，故应保证较长的光照时间，以保证采食和饮水的需要；当蛋鸡达到 2 月龄后，性腺的发育明显加快，此时光照时间的长短对性腺的发育有明显的调控作用。据有关资料，当每天光照时间在 12 小时以下时，抑制性腺的发育，光照时数越短，性腺的发育越慢；如每天光照时数超过 12 小时，则促进性腺的发育，光照时数越长，性腺的发育越快。因此，每天 12 小时的光照时间被视为育成鸡性腺发育的"阈值时数"。性腺发育加快的结果，导致母鸡开产过早，而此时母鸡的骨骼、肌肉和其他内脏组织器官尚未发育成熟，常导致产蛋高峰期维持时间过短，产蛋率低，蛋小产蛋量降低。因此，早产对蛋鸡不利，产蛋母鸡应做到适时开产，严防过早开产。

此外，育成期光照时间的变化对育成鸡性成熟也有明显影响，即"阈值时数"对处于从短光照时数到长光照时数变化的育成母鸡来讲，有着明显的阈值效应；但当育成母鸡处于从长光照时数到短光照时数变化时，即便最初光照时数大大超过"阈值时数"，只要它一直处于下降的趋势，则有抑制性腺发育的作用，且对性腺发育后期的作用明显大于性腺发育前期。

因此，育成期防止蛋鸡性腺发育过快的光照控制措施有两个，一是使蛋鸡在性腺发育期处于低于"阈值时数"（一般为每日 8 ～ 9 小时）的光照环境中，以防止过早开产；二是使蛋鸡处于光照时数逐渐缩短的光照环境中，同样可以抑制性腺的发育。

2. 光照时间对蛋鸡产蛋期产蛋量的影响

蛋鸡开产后，应逐渐缓慢增加光照时间，以促进产蛋高峰期的到来，但此期光照时数不可骤然增加，否则导致初产蛋鸡肛门外翻，造成不必要的损失。当光照时数增加到每日 14～16 小时时，则不可继续增加，在整个产蛋期保持不变。产蛋期母鸡对光照的变化非常敏感。若光照时数下降，常导致产蛋量下降，并出现过早换羽，甚至还会出现短时间的停产，从而减低产蛋期的产蛋量。

3. 光照强度对蛋鸡的影响

光照强度是指光源发出光线的亮度。常用的单位是勒克斯。光照强度对母鸡性成熟的影响小，对母鸡产蛋的影响大。光照强度过低，导致采食、饮水困难而影响产蛋；而过强的光照，则引起蛋鸡情绪不安，啄癖增多，从而导致死亡率增加，尤其是蛋鸡笼养时更加明显。人工控制光照强度的标准：生长鸡 5～10 勒克斯，产蛋鸡 10～40 勒克斯。

4. 蛋鸡的光照控制

关键是控制光照时间和光照强度。

（1）蛋鸡光照时间的控制原则　蛋鸡出壳后，为尽快保证其采食和饮水，0～3 日龄采取 23～24 小时的光照时间；生长期的光照时间宜短，特别是 10～20 周龄阶段，性腺发育加快，不可逐渐延长光照时间；产蛋期光照时间宜长，并保持恒定，不可缩短光照时间。

（2）蛋鸡光照时间的控制方案　分为密闭式鸡舍光照控制和开放式鸡舍光照控制两种。

①密闭式鸡舍光照控制。密闭式鸡舍又称无窗鸡舍，鸡舍内的环境条件均为人工控制而不受自然光照条件的影响。该鸡舍主要在大型机械化养鸡场采用。光照控制方法是：0～3 周龄，每日 23～24 小时光照；4～19 周龄，每日 8～9 小时光照；20 周龄开始，在原来每日 8～9 小时光照的基础上，每周增加 1 小时，直至每日光照达 16 小时为止，并维持到产蛋期结束。

②开放式鸡舍的光照控制。除机械化养鸡场外，绝大多数养鸡场均为开放式鸡舍。开放式鸡舍主要利用窗户自然采光，日照随季节变化而变化。从冬至到夏至，每日光照时数逐渐延长，到夏至达到最高；从夏至到冬至，日照时数逐渐下降，到冬至达到最低。因此，应根据育雏育成阶段的自然光照变化来进行控制。

在蛋鸡生长阶段，利用自然光照，每年 4 月 15 日到 9 月 1 日孵出的鸡，其生长后期处于日照逐渐缩短或日照较短的时期，对防止蛋鸡过早开产是有利的，完全可以利用自然光照，而不必人工控制光照；利用人工控制光照，每年9月1日到翌年4月15日孵出的鸡，其生长后期处于日照逐渐增加或日照较长的时期，对防止蛋鸡过早开产是不利的，必须采取渐减的光照控制方案，方法是以母雏长到20周龄时的自然日照时数为准，然后加5小时，如母雏长到20周龄时的自然日照时数为15小时，则加5小时，总共20小时（自然光照时间＋人工光照时间）作为孵出时的光照时间，以后每周减少15分钟，减至20周龄时刚好是自然日照时间，在整个生长期形成一个光照渐减的环境，可有效防止蛋鸡过早开产。

在蛋鸡产蛋阶段，从21周龄开始，在20周龄日照时数的基础上，每周增加15～30分钟人工光照，直到每日光照时数达16小时为止，并维持到产蛋期结束。

（3）光照强度的控制 光源可选15～60瓦的白炽灯，安装高度为2米，灯泡行间距3.6米，保证照度均匀。

为达到光照强度标准，舍内每平方米面积所需灯泡瓦数为：出壳至第1周2.5～3瓦；第2～20周1.5瓦；第21周后3.5～4瓦。产蛋期每周擦拭灯泡，以保证正常发光效率，及时更换损坏的灯泡。

（五）产蛋鸡的日常管理

1. 经常观察鸡群

观察鸡群的目的在于掌握鸡群的健康与食欲状况，检出病、死、淘汰鸡，检查饲养条件是否合适。观察鸡群最好在清晨或夜间进行。夜间鸡群平静，有利于检出呼吸器官疾病，如发现异常应及时分析原因，采取措施。鸡的粪便可以反映鸡的健康状况，要认真观察，然后对症处理，如巧克力色粪便，则是盲肠消化后的正常排泄物，绿色下痢可能是消化不良、中毒或鸡新城疫引起，红色或白色可能是蛔虫或绦虫病引起。

2. 及时淘汰病鸡与停产鸡

目前，生产上的产蛋鸡大多只利用1个产蛋年。产蛋1年后，自然换羽之前就淘汰，这样既便于更新鸡群和保持连年有较高的生产水平，也有利于节省饲料、劳力、设备等，降低养殖成本。从以下几个方面可挑出低产鸡和停产鸡。

（1）看羽毛 产蛋鸡羽毛较陈旧，低产鸡和停产鸡羽毛出现脱落、正在换羽或已提前换完羽。

（2）看冠、肉垂 产蛋鸡冠、肉垂大而红润，病弱鸡鸡冠、肉垂苍白或萎缩，低产鸡和停产鸡已萎缩。

（3）看耻骨　产蛋母鸡耻骨间距在 3 指以上，耻骨与龙骨间距 4 指以上。

（4）看腹部　产蛋鸡腹部松软适宜，不过分膨大或缩小。有淋巴白血病、腹腔积水或卵黄性腹膜炎的病鸡，腹部膨大且腹内可能有坚硬的疙瘩，停产鸡和低产鸡腹部狭窄收缩。

（5）看肛门　产蛋鸡肛门大而丰满，湿润，呈椭圆形。低产鸡和停产鸡的肛门小而皱缩，干燥，呈圆形。

3. 防止应激，保持环境稳定

良好而稳定的环境条件，对正在产蛋的母鸡十分重要。特别是现代优良品种，对环境变化非常敏感，任何环境条件的突然变化都能引起应激反应，如抓鸡、注射、断喙、换料、停水、光照改变、灯影晃动、新奇颜色、飞鸟窜入等，都可能引起鸡群惊乱而发生应激反应。

产蛋母鸡应激反应表现各不相同，突出的表现是产蛋量下降、产软蛋、精神紧张、不吃食、乱撞引起内脏出血而死亡，这些表现常需要数天才能恢复正常。防止应激反应除采取针对性措施外，应制定鸡舍管理程序，包括光照、供水、供料、清洁卫生、集蛋等，并严格实施。鸡舍应固定饲养员，操作时动作要轻要稳，尽量减少进出鸡舍次数，保持鸡舍环境安静。要注意鸡舍外部的环境变化，减少突然发生的事故。调整饲料要应逐步过渡，切忌突然改变。

4. 做好生产记录

要管理好鸡群，就必须做好鸡群的生产记录。鸡只死亡数、产蛋量、耗料、舍温、防疫、投药等都必须每天（次）记载。通过这些记录，可以及时了解生产、指导生产，发现问题、解决问题。

5. 做好拣蛋

拣蛋次数以每日上午、下午各拣一次（产蛋率低于 50%，每日可只拣一次）。拣蛋时要轻拿轻放，尽量减少破损，全年破损率不得超过 3%。拣蛋时应注意：将蛋分类、计数、记录、装箱；破蛋、空壳蛋禁止直接喂产蛋鸡；及时处理脏蛋，尽量减少破蛋。

第四节　蛋鸡立体养殖

蛋鸡立体养殖是指具有一定蛋鸡饲养规模、采用立体生产系统的设施养殖模式，与传统平养、阶梯笼养相比，主要有以下特点：单位面积饲养量大，每平方米饲养 30 ～ 90 只，节约土地面积可达 30% 以上，单位面积产出效率提高 2 倍以上；劳动效率高，人均蛋鸡饲养量可达 3 万～ 5 万只，单栋饲养量可达 5 万～ 20 万只，人均劳动生产率提高 3 倍以上；自动化程度高，采用密闭式设施养殖，蛋鸡舍内环境可控，能够实现自动饲喂、清粪、集蛋等饲养流程。发展蛋鸡立体养殖，对于提高土地利用效率，做大做强设施农业，增强鸡蛋产品供给保障能力具有重要意义。

一、养殖工艺

（一）规模

蛋鸡立体养殖宜采用 4 层或 4 层以上叠层笼养（表 4-9），单位面积饲养量 ≥ 30 只 / 米^2，单栋饲养量 5 万只以上，每平方米年产蛋量可达 0.48 吨。

表 4-9　主要饲养工艺及生产性能

主要饲养工艺	单位饲养量（只 / 米^2）	单栋饲养量（万只）	单位年产蛋量（吨 / 米^2）
阶梯笼养	12 ～ 18	2 ～ 3	0.2 ～ 0.3
4 ～ 8 层叠层笼养	30 ～ 60	5 ～ 10	0.48 ～ 0.96
10 ～ 12 层叠层笼养	75 ～ 90	12.5 ～ 20	1.2 ～ 1.44

（二）笼具

蛋鸡立体养殖笼具、笼网和笼架应采用热浸锌或镀镁铝锌合金材料，设备故障率较阶梯笼养降低 10%，设备使用寿命延长 5 ～ 6 年。

（三）转群

饲养过程宜采用两阶段养殖工艺：1 ～ 9 周龄（第一阶段，育雏育成前期）在育雏育成舍的育雏育成笼中饲养，10 周龄至淘汰（第二阶段，育成后期及产蛋期）在产蛋鸡舍的产蛋笼中饲养。各阶段饲养密度见表 4-10。

表 4-10　各阶段饲养密度

	0 ～ 2 周龄	3 ～ 9 周龄	10 周龄至淘汰
饲养密度	40 ～ 50 只 / 米^2	20 ～ 25 只 / 米^2	18 ～ 22 只 / 米^2

二、品种与营养

（一）品种

宜采用国产或进口等高产品种，年产蛋量应达 310～320 枚/只，饲养周期应达 500 天以上。

（二）营养

应提供充足全价配合饲料，保障蛋鸡采食量需求和营养物质的摄入，满足蛋鸡生长发育及产蛋阶段的能量、蛋白质、矿物质和维生素等需要。宜采用玉米、豆粕减量替代饲料资源高效利用技术，形成蛋鸡低蛋白日粮精准配制方案并应用精准饲养技术，达到节粮增效的目标，充分发挥高产品种产蛋多、饲料转化率高等遗传潜力。应保证鸡只充足饮水，饮水水质应达到标准NY5027—2008《无公害食品 畜禽饮用水水质》规定。

三、鸡舍建筑与饲养成套设备

蛋鸡立体养殖应保证鸡舍保温和密闭性能，实现全程自动化饲养。

（一）建筑

应采用装配式钢结构，建议采用单跨双坡型门式钢架结构，梁、柱等截面宜采用工字钢，檩条、墙梁为冷弯卷边 C 型钢，钢柱应沿建筑内墙外侧排布，并做贴面处理。

（二）保温

立体养殖蛋鸡舍应根据当地气候条件设计鸡舍保温结构，冬季生产无须额外加热。以华北地区产蛋鸡舍为例，围护结构材料建议选用夹芯板，墙体厚度 ≥ 150 毫米，屋面板厚 ≥ 200 毫米，屋脊屋顶板缝隙 ≤ 50 毫米，里外做双层脊瓦，拼接空隙应采用聚氨酯发泡胶做密封填充处理，内部做吊顶处理。保温板应采用卡扣拼接处理，保证鸡舍内部平整无凸出，防止外界空气通过拼接缝隙渗透。

（三）自动饲喂设备

应采用全自动机械化送料和饲喂系统，包括贮料塔、螺旋式输料机、喂料机、匀料器、料槽和笼具清扫等装备。料塔和中央输料线应带有称重系统，满足鸡舍每日自动送料、喂料需求。以单栋饲养量 10 万只为例，产蛋期蛋鸡采食量为 100 ～ 109 克 /（天·只）× 鸡只数，饲喂系统应保证每天至少提供 10 吨饲料，料塔容量应满足鸡只 2 天的采食量。

喂料机通常包括料盘式、行车式和链条式等，建议采用行车喂料系统。笼具各层应设有料槽，行车沿料槽布置方向运行时各层出料口实现同时出料。

（四）自动饮水设备

应采用乳头饮水线式自动饮水系统，包括饮水水管、饮水乳头、加药器、调压器、减压阀、反冲水线系统和智能控制系统。鸡舍水线进水处应设置加药器、过滤器，实现饮水过滤和自动化饮水加药。育雏育成前期，各层靠近笼顶网和料槽一侧，应设有高度可调节饮水管线，各笼布置 2 ～ 3 个乳头饮水器，在乳头饮水器下方安装水杯；育成后期和产蛋期，在中间隔网与顶网之间安装饮水管线和"V"形水槽，防止饮水漏至清粪带上。饮水管线等应采用耐腐蚀塑料材质。各层水线应设置水压调压器，保证各层水线前端和尾端充足供水。

（五）自动清粪设备

应采用传送带式清粪系统，包括纵向、横向、斜向清粪传送带、动力和控制系统。每层笼底均应配备传送带分层清理，由纵向传送带输送到鸡舍尾端，各层笼底传送带粪便经尾端刮板刮落后落入底部横向传送带，再经横向和斜向传送带输送至舍外，保证"粪不落地"，适当提高清粪频率，建议粪便日产日清。清粪传送带宜采用全新聚丙烯材料，具备防静电、抗老化、防跑偏功能。为避免鸡只接触清粪传送带粪便，应在每层笼上方设置顶网。

（六）自动集蛋设备

应采用自动化集蛋系统，包括集蛋带、集蛋机、中央输蛋线、蛋库和鸡蛋分级包装机。集蛋过程应将各层鸡蛋自动传送到鸡笼头架，进而通过中央集蛋线将鸡蛋从鸡舍集中传送到蛋库进行后续包装。包装过程应采用鸡蛋分级包装机进行自动鸡蛋分级、装盘，鸡蛋分级包装机效率需根据场区实际生产情况进行配置，通常处理速度为 3 万～ 18 万枚 / 小时。蛋带应采用 PP5 以上级别的高韧性全新聚丙烯材料。

四、自动化环境控制

立体养殖应采用全密闭式鸡舍，通过鸡舍风机、湿帘、通风小窗和导流板等环控设备实现自动调控。

（一）高温气候环控模式

夏季应采用湿帘进风、山墙风机排风的通风降温模式，外界高温空气通过湿帘降温经导流板导流后进入鸡舍，保证舍内温度处于适宜范围。湿帘质量应符合标准 NY/T 1967—2010《纸质湿帘性能测试方法》。建议采用湿帘分级控制，防止开启湿帘后湿帘端温度骤降。

（二）寒冷气候环控模式

鸡舍采用依靠侧墙小窗进风、山墙风机排风的通风模式，根据鸡舍内部二氧化碳浓度、温度等环境参数进行最小通风，以保障舍内空气环境质量（控制二氧化碳浓度、粉尘、氨气浓度）的同时减少舍内热量损失，最终满足寒冷气候不加温条件下鸡舍温度控制。应根据鸡舍笼具高度、顶棚高度等调整湿帘和侧墙小窗进风口导流板开启角度，保证入舍新风进入鸡舍顶部空间形成射流，使舍内外空气达到较好的混合效果，避免入舍新风直接吹向笼具内造成鸡群冷热应激。

（三）自动化控制装备

应实现以智能环控器为核心的环境全自动化调控，依据鸡舍空间大小和笼具分布布置温湿度、风速、氨气、二氧化碳等环境传感器，依据智能环控器分析舍内环境参数，自动调控侧墙小窗、导流板、风机和湿帘等环控设备的开启和关闭，实现鸡舍内环境智能调控。对鸡舍不同位置的鸡群环境进行均匀性和稳定性调控，保证笼内风速能够达到 0.5 ～ 1.5 米 / 秒，整舍最大局部温差小于 3℃，温度日波动小于 3℃。

五、数字化管控

蛋鸡立体养殖应具备智能化、信息化特点，实现鸡场数字化管控，提高养殖管理效率。

（一）机器人智能巡检

蛋鸡舍智能巡检机器人能实现鸡舍环境、鸡只状态无人化巡检，监测鸡舍不同位置各层笼具内的温度、相对湿度、光照强度和有害气体浓度等环境数据，智能识别各层鸡只状态、定位死鸡分布点，并上传数据至蛋鸡养殖数字化平台，减少拣死鸡等高强度、低效率工作的人工投入。巡检定位精度应≤25毫米，巡检速度达1米/秒。

（二）物联网管控平台

鸡场宜建设物联网管控平台，实现鸡舍不同来源数据的互联互通，能够实时预警多单位多鸡场管理、养殖异常现象、推送环控方案及汇总分析生产数据，远端实时显示鸡舍环境状况、鸡舍运行状态、鸡只健康水平等数据，辅助管理人员智能化决策。

六、生物安全防控

蛋鸡设施立体养殖模式单栋饲养量大、养殖密度高，其规划应符合场区布局规范，同时应构建完整的生物安全防控体系，以保障蛋鸡健康高效养殖。

（一）鸡场规划与布局

场区分区布局应遵从鸡舍按主导风向布置的原则。生活与办公区、辅助生产区、生产区和粪污处理区应根据蛋鸡场地势高低及水流方向依次布置，其占地面积标准应符合表4-11。

表4-11 养殖场占地及建筑面积　　　　　　　　单位：米²/万只

饲养工艺	占地面积	总建筑面积	生产建筑面积	辅助生产建筑面积	公用配套建筑面积	生活管理建筑面积
6层叠	2 000～2 800	350～400	220～280	80～130	8～15	18～25
8层叠	1 400～2 500	250～350	200～250	20～30	5～10	10～20

鸡舍应以单列平行排列为主，净污分区，鸡场采用整场全进全出工艺，或至少实施分区布局按区全进全出。鸡舍采用纵向通风，为防止排风粉尘在舍间交叉传播，排气风机应全部集中安装在处于场区下风向的鸡舍一端的山墙上，排风端山墙后需配置除尘间，并对舍内排出空气中的羽毛粉尘颗粒物等进行处理。

（二）鸡场生物安全防控体系

应根据养殖场区自身实际，制定相应的防疫要求，形成规模化蛋鸡场生物安全防控体系，包括防控生物和非生物媒介。建立养殖场来往"人流、物流、车流"消毒技术与规范，做好防鼠、防鸟、防蝇虫等工作，切断外界病原微生物传播途径。定期进行鸡舍内外环境卫生消毒工作，包括湿帘循环水净化消毒、带鸡空气消毒、设施设备（墙壁、地面、笼具、料槽等）表面清洁和鸡舍排出空气过滤与净化等，保障鸡舍及场区环境洁净卫生，净化舍内颗粒物和氨气平均去除率需 ≥ 70%，鸡舍排出空气颗粒物和氨气平均去除率需 ≥ 70%。

七、鸡粪贮存与无害化处理

蛋鸡设施养殖叠层笼养模式饲养量大、产生粪污集中，应根据自身特点选择适宜的粪污无害化处理工艺。

（一）鸡粪贮存

设置粪便贮存设施，总容积不低于场内 1 ~ 2 天所产生的粪便总量。贮存设施的结构具有防渗漏功能，不得污染地下水。贮存设施应配备防止降雨（水）进入的设施。

（二）鸡粪无害化处理

应采用好氧发酵工艺进行鸡场粪便无害化处理，无处理能力的应交由有资质的第三方进行处理，有条件的可利用风机排风热能对鸡粪直接风干处理。好氧堆肥流程需对鸡粪和秸秆、锯末、稻壳、谷壳、木屑等进行混合处理，并采用机械翻堆后发酵，堆肥过程中应提供充足的氧气满足好氧微生物的活动，提供适当的碳氮比，堆肥温度控制在 60 ~ 70℃，相对湿度控制在 40% ~ 50%，建议采用聚四氟乙烯等材质覆盖膜密封料堆。

第五章

肉鸡科学养殖

第一节　快大型肉鸡养殖

一、快大型肉鸡生产的特点

（一）生长速度快，饲料转化率高

快大型肉鸡出壳时体重大约 40 克，正常饲养 5～6 周体重可达 2 500 克以上，是出壳体重的 60 倍多。快大型肉鸡的饲料转化率可达 1.6∶1，高者可达到 1.5∶1，料肉比明显高于其他动物。

（二）饲养周期短，资金周转快

我国快大型肉鸡一般饲养 5～6 周龄可达上市标准体重。鸡出场后用 2 周左右的时间打扫、消毒鸡舍，再进下一批鸡，一间鸡舍一年可生产 6～7 批，这样既大大提高了鸡舍和设备的利用率，又加快了资金的周转速度。

（三）饲养密度大，饲养规模化

快大型肉鸡性情安静、不好动，很少出现打斗、跳跃，可规模化饲养。若采用垫料平养，每平方米可饲养 12 只左右；一个现代化、自动化程度较高的养殖场，每个劳动力在一个饲养周期可养殖 1.5 万～2.5 万只鸡。

（四）屠宰率高，肉质好

肉鸡屠宰率高，可达 85%。肉鸡生长期短、肉嫩、易加工成各种美味佳肴，而鸡肉中蛋白质含量较高，是非常好的肉质食品。

（五）快大型肉鸡抗逆性较差，疾病较多

快大型肉鸡生长速度快，骨骼组织发育相对较慢，体重大活动量少，较易出现胸部和腿部疾病，机体抵抗力相对较低。

二、饲养方式

（一）厚垫料平养

该饲养方式是在舍内地面上铺设垫料，常用的垫料有稻壳、刨花、锯末，甘蔗渣等。垫料必须具有新鲜、干燥、无灰尘、无霉菌、吸水力强的特点，必须保持有 20%～25% 的含水率，厚度一般为 10～12 厘米，雏鸡从入舍到出栏一直生活在垫料上面。

该方式的优点是设备简单，投资少，垫料可以就地取材；鸡活动量大，体质健壮，适合快大型肉鸡的生长发育特点；快大型肉鸡的腿病、龙骨弯曲、胸囊肿等发病率低，鸡的残次品少等。缺点是占用面积大，饲养密度小；垫料容易被漏水的水线潮湿，这样鸡的舒适度降低；鸡和粪便直接接触，易发生球虫病，而且劳动强度大。

（二）网上平养

网上平养一般采用网孔为 2～2.5 厘米的铁丝网或塑料网，网高出地面 50～60 厘米。饲料粉末、粪便可以通过网孔漏到地面上，一个饲养周期清粪 1 次即可。网孔一般为 2.5 厘米 ×2.5 厘米，头 2 周为防止雏鸡脚爪从空隙漏下，可在网上铺上小孔网、硬纸或 1 厘米左右厚度的稻草、麦秸等。为防止粪便中水分的蒸发和减少氨气的排放，可在地面上铺厚度为 5 厘米左右的垫料，目的是吸收水分、吸附有害气体，减少疾病的发生。

该养殖方式的优点是鸡粪落入网下，鸡与粪便接触少，卫生条件好，不易发生疾病；鸡粪利用价值高。缺点是一次性投资较多，对环境管理要求较高，必须加强通风换气，还必须保证饲料全价，否则容易出现微量元素和维

生素缺乏等疾病。

（三）笼养

笼养是鸡饲养在 3～5 层的笼内。笼养饲养密度大，提高了房舍的利用率，便于管理，节省饲料，可以提高劳动效率，减少了球虫病的发生率，便于公母分群。

缺点是一次性投资大，对环境条件要求较高，必须加强通风换气，胸腿病发病率高。

三、饲养管理技术

（一）实行"全进全出"饲养制度

肉仔鸡饲养周期短，一般采用全年多批次饲养，为保证鸡群健康和正常周转，实行"全进全出"的饲养制度，即在同一生产区内仅饲养同批同日龄或相近日龄的快大型肉鸡，采用统一的饲养程序和管理措施，并且在同一时间全部出栏。出栏后对生产区、鸡舍、设备进行彻底清扫和严格消毒，提高下一批饲养鸡群的生产安全性。

（二）饲养环境控制

1. 温度

雏鸡出壳后体温调节能力很差，入舍后要严格控制育雏温度。快大型肉鸡不同时期的适宜温度见表 5-1。

表 5-1　快大型肉鸡不同时期的适宜温度　　　　　　　　单位：℃

时间	育雏方式		
	保温伞育雏		直接育雏
	保温伞温度	雏舍温度	
1～3 天	33～35	27～29	33～35
4～7 天	30～32	27	31～33
2 周	28～30	24	29～31
3 周	26～28	22	27～29
5 周以后	21～24	18	21～24

衡量育雏温度是否合适，除了观察温度计外，更主要的是看鸡施温，即观察鸡群精神状态和活动表现。温度适宜，雏鸡均匀分布在育雏室内，活泼好动，食欲良好，饮水适度，羽毛光亮整齐，休息时睡姿伸展、舒适，伸腿伸头；温度过高，雏鸡远离热源，张口喘气，饮水量增加，张翅下垂，食欲下降；温度过低，雏鸡互相拥挤、扎堆，靠近热源，羽毛蓬乱，不安静休息，并不断发出"唧唧"叫声，采食减少；育雏室内有贼风时，雏鸡大多密集于贼风吹入口方向的两侧。

一般掌握供温的原则是：弱雏要求温度高，强雏低；夜间高，白天低；大风降温雨天时要求高，正常晴天要求低；冬春育雏时要求高，夏秋时要求低；小群育雏密度小的要求高，大群育雏密度大的要求低。育雏期间要组织专人值班，特别在后半夜，气温最低时，因人困乏，顾不上照看热源而造成雏鸡受凉、压死的现象。温度的改变要逐步进行，严防育雏温度忽高忽低，造成雏鸡感冒、白痢，影响正常生长发育。

2. 湿度合适

第1周要求舍内湿度为70%，以后要求为50%～70%。育雏前期雏鸡体内含水量较大，舍内温度高，湿度过低容易造成雏鸡脱水，影响鸡的健康和生长。

3. 通风透气

通风换气的目的是始终为鸡舍内提供新鲜空气，排出有害气体，但又确保舍内温度和湿度变化不影响雏鸡正常活动。无论是开放式鸡舍还是封闭式鸡舍，都应安装换气扇，尤其是15日龄内绝不能为了保温而忽视了通风。

4. 光照

肉用仔鸡的光照目的是刺激其采食和饮水，尽量减少运动。所以在肉鸡的饲养过程中，采用尽可能弱的人工光照强度和尽可能长的光照时间，以达到鸡群的采食量最大、生长速度最快和鸡群最安静。在现代快大型肉鸡的饲养过程中主要有以下2种光照制度。

（1）连续光照法　即白天利用自然光照，夜间用1盏灯照明。

（2）间歇光照法　不同的地区又有差别，常见的有如下三种方式。

①每天光照23小时，黑暗1小时。这种方法是为了使雏鸡适应黑暗环境，以防止出现照明故障时鸡只惊群。

②雏鸡1～3日龄24小时光照，从4日龄起每天光照18小时，黑暗6小时。这种方法可使肉仔鸡有充足的休息时间，饲料利用率高，肉仔鸡生产速度适当，可大大降低肉仔鸡腹水症及猝死症的发病率。

③育雏第1周采用23小时光照，1小时黑暗，从第2周开始实行夜间间

断照明，即开灯喂料，鸡只采食饮水后熄灯休息。采用此法必须注意每次开灯要使鸡只有足够的采食时间，防止因间断照明而影响采食量，导致鸡群生产发育不匀，弱雏增加。

需要注意的是，灯的上方要安装反光罩，并且要经常清洁灯泡和灯罩，以保持其最大功效。

5. 密度

控制肉仔鸡饲养密度的目的是保证雏鸡有一个最佳的环境条件，自由饮水，自由采食。

有两种方法可确定每平方米饲养的鸡数：一是依活体重确定，体重大占地面积也大，饲养密度应减小，见表 5-2；二是随周龄增大降低饲养密度，见表 5-3。

表 5-2　不同活体重肉仔鸡的饲养密度　　　　　　　单位：只 / 米²

体重 / 千克	性别			管理方式	
	公母混养	公鸡	母鸡	厚垫料平养	网上平养
1.4	18	18	18	14	17
1.8	14	12	14	11	14
2.3	11	10	12	9	11
2.7	9	8	10	7.5	9
3.2	8	7	8	6.5	8

表 5-3　肉仔鸡在不同周龄的饲养密度　　　　　　　单位：只 / 米²

周龄	1	2	3	4	5	6	7	8	9
密度	40	35	30	25	20	16	13	9～11	8～10

（三）公母鸡分群饲养

公母鸡性别不同，其生理基础代谢不同，因而对环境、营养条件的要求和反应也不同。主要表现在以下几点：生长速度不同，公鸡生长快，母鸡生长慢，56 天体重相差 27%；羽毛的生长速度不同，公鸡长得慢，母鸡长得快；沉积脂肪能力有差异，母鸡沉积脂肪能力比公鸡沉积脂肪能力强；对饲料要求不同，公母鸡分群后按公母鸡生理特点调整日粮营养水平，饲喂高蛋白质、高氨基酸日粮能加快公鸡生长速度。

（四）限制饲养

快大型肉鸡吃料多、增重快，鸡体代谢旺盛，组织耗氧量大。当饲养管理及环境控制技术不合理时，鸡易发生腹水症，降低商品合格率。在肉鸡早期进行限制饲养，可减少腹水症的发生。限制饲养方法有两种：一种是限量不限质法；另一种是限质不限量，这是一个切实可行的早期限饲方案。

（五）观察鸡群

通过观察鸡群，可以了解鸡群的健康水平，熟悉鸡群情况，及时发现鸡群的异常表现。以便采取相应技术措施。

第二节　肉鸡立体养殖

肉鸡产业是畜禽养殖中规模化程度最高的产业。发展肉鸡立体高效养殖模式，以节地、节粮、节能、高效、生态为目标，集成集约化、数智化、精准营养、生物安全和循环绿色等高效养殖技术，对于提升我国肉鸡综合生产能力和市场竞争力，建设生产高效、资源节约、环境友好的现代肉鸡产业具有重要意义。该技术模式通过优化配置肉鸡立体养殖设施设备，可以提高单位土地面积产出；配套数字化、智能化鸡舍环境控制装备系统，能够改善肉鸡饲养环境和生存条件；集成肉鸡饲养管理技术、节粮饲养技术、疾病防控技术，有助于提高肉鸡健康水平和生产性能；集成粪污收集和资源化利用技术，实现种养循环、节能减排。相比传统网上平养模式，肉鸡立体高效养殖单栋鸡舍饲养量可从 1 万～2 万只提高至 3 万～6 万只，单人饲养量可从 0.5 万只增加到最高 10 万只。目前该技术模式在白羽肉鸡生产中已覆盖 70% 以上的规模养殖场，在黄羽肉鸡和小型白羽肉鸡生产中推广应用潜力也十分巨大。

一、养殖工艺

（一）养殖规模和饲养密度

肉鸡立体养殖全进全出一段式养殖工艺，单栋舍饲养规模一般为 3 万～6

万只，单场养殖规模 30 万～ 50 万只。每只成鸡的占位面积不低于 0.05 米^2，即每平方米笼底面积的饲养量应小于 20 只，保证直至出栏前的适宜空间需求。高温季节应适当地降低饲养密度。

（二）舍内布局和笼具要求

鸡舍建筑需要具有良好的封闭、保温性能，采用密闭式鸡舍设计，以便控制舍内环境，达到节能降耗的目的。标准设计鸡舍总长 80 ～ 90 米，宽 15 ～ 18 米。建议采用装配式钢结构，并根据当地气候条件设计鸡舍保温方案，拼接处应做好密封填充处理，防止外界空气通过拼接缝隙渗透。

笼具宜采用叠层式，一般 3 ～ 5 层为宜。材质镀锌防锈，结构稳定，使用寿命大于 15 年。每组笼具间设置 0.9 ～ 1.5 米过道；单组笼具两列中间需设置 0.35 ～ 0.5 米的通风道；单个笼宽度为 0.7 ～ 0.9 米，长度为 1.1 ～ 1.4 米。

（三）配置成套饲养设备

1. 饲喂设备

舍内采用自动化行车式喂料系统，配备故障急停和报警装置。喂料系统应采用可调式加料漏斗和分料漏斗，可根据肉鸡不同生长期体型变化进行喂料量的调整，避免饲料浪费，减少粉尘，提高采食均匀度。笼具采食口应可调节，以适应不同日龄肉鸡采食，降低人工喂料的劳动强度，减少人工操作造成鸡只应激反应。每栋鸡舍配套可储存 2 天以上饲料量的独立料塔。以单栋饲养量 5 万只为例，饲养后期采食量为每只鸡 150 克 / 天，饲喂系统应保证每天至少提供 7.5 吨饲料，料塔容量应在 15 吨以上。

2. 饮水设备

配套充足且洁净的供水系统，水质应符合 NY5027—2008《无公害食品畜禽饮用水水质》的要求。供饮水系统包含供水设备、水表、过滤器、自动加药器、饮水管、360° 饮水乳头、接水槽（杯）、调压阀、水管高度调节器等，水线液位显示等。鸡舍水线进水处应设置加药器、过滤器，实现饮水过滤和自动化饮水加药。水线设计安装时要方便消毒清洗，避免细菌和藻类滋生；水线高度要可随时调整，保证整个养殖周期中鸡只饮水有舒适的高度。

3. 清粪设备

应采用传送带式清粪系统，包括纵向、横向、斜向清粪传送带、动力和控制系统，实现高效及时清理粪尿，防止粪便在舍内滞留。每层笼底均应配备传送带分层清理，由纵向传送带输送到鸡舍尾端，各层笼底传送带粪便经尾端横向和斜向传送带输送至舍外，保证"粪不落地"。清粪传送带宜采用全新聚丙烯材料，具备防静电、抗老化、防跑偏功能。为避免鸡只接触清粪传送带粪便，应在每层笼上方设置顶网。应适时调整清粪频率，建议粪便日产日清，并集中传输到鸡舍外专用运输车转运出场。根据肉鸡生长期，清粪频率由初始的2天1次逐渐增加，至每天2～4次。粪便及时清除可以避免舍内有害气体和粉尘积累，减少环境污染，还便于集中无害化处理。

二、鸡舍环境控制和管理

（一）环境控制设备

立体养殖采用的环境控制设备大体上与平养模式类似，都包括风机、湿帘、加温系统（风暖或水暖）、通风小窗、导流板和环控仪等。但层叠式笼养使养殖密度大幅提高，配制设备的复杂度大幅提高。需要根据具体饲养量及鸡群体重，按照环境参数细致计算各种设备需要的数量以及安装位置。需要对饲养鸡群所需要的最大最小通风量、风速、通风阻力等进行仔细计算，还需要兼顾考虑进风位置、新进空气温度、通风死角、温差大的问题。配置的环控仪最好是具备智能调控功能的程控仪。

鸡舍多施行负压通风，每栋鸡舍后部需配备多组高效风机，推荐使用拢风筒风机，提高通风效率。两侧墙体安装通风小窗，规格约为30厘米×60厘米，在提高通风量的同时保证舍内气流稳定。根据不同日龄的通风需要，通过控制小窗角度调整侧面进风量。夏季采用湿帘进风降温时，建议采用湿帘分级控制，防止湿帘开启后湿帘端温度下降过快。应根据鸡舍笼具高度、顶棚高度等调整湿帘和侧墙小窗进风口导流板开启角度，保证入舍新风进入鸡舍顶部空间形成射流，使舍内外空气达到较好的混合效果，避免入舍新风直接吹向笼具，造成鸡群冷热应激。

育雏供暖可使用地暖或者暖风机均匀供热方式，应用多排联控保温门，降低能耗提高保温性能。冬季较为寒冷的地区，建议在鸡舍加装墙体阳光棚和热回收装置，可以大幅度降低供暖能耗。

（二）自动化环境控制管理

应实现以智能环控器为核心的环境全自动化调控，依据鸡舍空间大小和笼具分布布置温湿度、风速、氨气、二氧化碳等环境传感器，依据智能环控器分析舍内环境参数，自动调控侧墙小窗、导流板、风机和湿帘等环控设备的开启和关闭，实现鸡舍内环境智能调控。对鸡舍不同位置的鸡群环境进行均匀性和稳定性调控，整舍最大局部温差和日波动应小于3℃。

养殖周期内，立体笼养肉鸡舍温度变化范围为24.2～33.8℃；舍内相对湿度一般维持在45%～60%范围内；风速变化范围为0.05～2.04米/秒。饲养初期鸡苗脆弱，需要注意保温、减少通风，随着日龄增加保温要求逐渐降低。饲养中后期，随着肉鸡羽毛覆盖、饲养密度增大、新陈代谢增强，鸡舍内通风换气量加大保证足够的氧气供应（舍内氧气浓度不应低于19.5%）；同时开启湿帘、人工加湿等方式降温增湿保持舍内温湿度平衡。

内部环境控制方面，总结肉鸡高密度立体养殖的温度、相对湿度、光照环境条件控制曲线及空气质量控制参数见表5-4。

表5-4　白羽肉鸡健康高效生产舍内空气质量控制参数

环境因子	常规气体		有害气体			粉尘		
	氧气	二氧化碳	甲烷	氨气	硫化氢	PM 2.5	PM 10	TSP（总悬浮微粒）
参数标准	≥ 19.5%	≤ 3 500 ppm	≤ 30 ppm	≤ 10 ppm	≤ 0.5 ppm	≤ 800 微克/米³	≤ 1 250 微克/米³	≤ 3 000 微克/米³

三、饲料与营养

应采用全价配合饲料，保障肉鸡采食量需求和营养物质的摄入，满足鸡体生长发育各个阶段的能量、蛋白质、矿物质和维生素等需要。宜采用玉米、豆粕减量替代饲料、资源高效利用技术配制的饲料。

肉鸡设施化立体养殖全程所用饲料，可按照三阶段或四阶段进行饲料配制。三阶段分别为育雏期（1～14日龄）、育成期（15～28日龄）和育肥期（29日龄至出栏）；四阶段则分别为育雏期（1～9日龄）、育成Ⅰ期（10～20日龄）、育成Ⅱ期（21～29日龄）和育肥期（30日龄至出栏）。对白羽肉鸡来说，为充分发挥其生长快、饲料转化率高的遗传潜力，建议采用四阶段进行饲料配制。还推荐通过外源NSP（非淀粉多糖）酶的添加，有效提高能量及蛋白质消化利用率，降低粪便排出量，减少有害气体排放。

四、立体高效养殖数智化管控

肉鸡立体养殖应具备智能化、信息化特点，实现鸡场数字化管控，提高养殖管理效率。可通过建立鸡舍全自动环境控制系统、在线高效信息化管理系统、肉鸡生产全程与产品质量追溯管理系统，在"单舍控制－全场管理－全链条监控"三个维度上对肉鸡立体养殖实现"自动化、信息化和智能化"管理。

（一）肉鸡立体养殖数智化生产

规模较大的设施化养殖场，宜以物联网、4/5G为支撑，建设肉鸡养殖环境远程监测和管理系统，实现鸡舍环境数据的实时传输，通过监控记录饲料量、水量、室内外温度、电压、湿度、压力、风速，舍内二氧化碳、硫化氢、氨气浓度等各项养殖参数，并根据环境控制系统内嵌的不同生长时期的标准环境参数曲线，实施全程自动控制和远程非接触式操作，实现投料、清粪，以及调整通风、温度、光照等操作。

（二）高效信息化管理系统

可以通过物联网、云平台、人工智能等新一代信息技术，集成视频监控、远程通信、短信报警、远程诊断系统等，建立从总部到全场，再到单舍的全链条、多层次跟踪监控信息化管理系统。运用云计算技术对数据进一步存储、分析、处理、运算，可实现自动收集环境数据，实时统计分析各个场、幢的饲养情况和生产成绩数据，建立大数据平台。可通过该平台集团企业（或合作社）创建并利用企业数据库，实现各部门、各岗位的数据化、精准化高效管理，提高效率减少人工成本。

（三）数智化产品质量追溯管理

建立生产监测与产品质量可追溯平台，包含企业管理、政府管理、追溯管理三个子平台的追溯与监管。对饲料、用药、疫苗、死淘数、屠宰、加工、储运、销售等信息全程进行追溯与监管，实现肉鸡疫情预警与质量安全预警，做到来源可查、去向可追、责任可究的全过程生产监测与质量安全管理与风险控制。

五、生物安全防控

（一）鸡场规划与布局

鸡场选址和环境质量应符合 NY/T 388—1999《畜禽场环境质量标准》的要求，污水、污物处理应符合国家环境的要求。养鸡场需要按照不同功能严格划分为生活区和生产区，设置一定的间隔和障碍。场区分区布局应遵从鸡舍按主导风向布置的原则。生活与办公区、辅助生产区、生产区和粪污处理区应根据鸡场地势高低及水流方向依次布置。

生产区与生活区通过消毒通道等分开，做好人员、生产物资、车辆等的消毒工作。严格按照国家规定的病死鸡无害化处理流程处理，并做好相应记录。鸡舍应以单列平行排列为主，净污分区，鸡场采用整场全进全出工艺，或者至少按鸡舍实施单日全进全出，全场进雏和出栏最大间隔不应超过 5天。

（二）生物安全防控体系

生产区的人员、物资进出需严格遵守生物安全防治措施。在生产区中再设立隔离区，集中尸体和粪便方便后续转运处理。

养殖场根据自身情况制定商品代肉鸡免疫程序，在达到防控主要疫病要求的前提下，选择适合疫苗产品，降低免疫频率和免疫疫苗种类。入舍前能在孵化场完成的免疫，尽量在孵化场进行。鸡入舍后的免疫也尽量采用喷雾免疫的方式进行，减少注射免疫的次数。

建立养殖场来往人流、物流、车流消毒技术与规范，做好防鼠、防鸟、防蝇虫等工作，切断外界病原微生物传播途径。除做好肉鸡出栏后的空舍消毒外，还需定期进行鸡舍内外环境卫生消毒工作，包括湿帘循环水净化消毒、带鸡空气消毒、设施设备（墙壁、地面、笼具、料槽等）表面清洁等，保障鸡舍及场区环境洁净卫生。

适应立体养殖要求，养殖场结合自身情况配置智能巡检机器人，实现鸡舍环境、鸡只状态无人化巡检，监测鸡舍不同位置各层笼具内的温度、相对湿度、光照强度和有害气体浓度等环境数据，智能识别各层鸡只状态、定位死鸡分布点，减少人员进出鸡舍次数。

第三节　土鸡生态放养

生态放养土鸡是选择优良土鸡品种，充分利用荒山荒坡、林地果园、农闲地、草原等自然生态资源，将现代科学养鸡技术嫁接到传统土鸡养殖技术中，实行舍饲与放牧相结合，自由采食林下草籽、昆虫、杂草等天然饲料，适当补饲有机饲料的一种循环立体生态养殖模式。林养鸡，鸡养林，减少化肥使用，产出绿色食品，大幅度降低成本。

一、场地选择与基础设施建设

（一）交通方便，符合防疫要求

适宜生态放养土鸡的林场要求交通方便，原来没有路的要整修宽敞平坦的道路，方便车辆和人员进出；架设高压电、网线；距离交通要道 1 000 米以上，离周边居民区、环保敏感区 500 米以上，离屠宰厂、化工厂、肉联厂等 3 000 米以上，离其他养殖场 2 000 米以上。如果是生活饮用水水源保护地、风景名胜旅游地、自然保护区，则不能用于林地养鸡。

生态放养土鸡场地选择要符合无公害养殖标准，土壤、土质、水源无公害。土质最好是沙土或沙壤土。地势要高燥，不积水，在背风向阳的南坡面，坡度不大，缓坡、丘陵最好。放养场地相对容易封闭，便于隔离。在鸡场内打深井，保证水源充足，无污染，符合饮用水标准。

场内的树龄最好在 2 年以上，通气性和透光性好，杂草丛生。需要注意的是，茂密的树林遮阴太大，通风透光性差；苹果、桃、梨等鲜果果园，因自然落果时早已腐烂，被鸡采食后容易引起中毒，所以茂密的林地、鲜果果园不适于养鸡。

（二）场地周围架设围网

为预防黄鼠狼、老鼠、蛇等兽害和防止鸡只走失、被盗，或为划区轮牧、预防传染病、寄生虫病和农药中毒，所以放养土鸡的整个林场应按鸡只数量分成 5 ～ 7 个小区，整个场区周围要架设围网。有些果园、农田、林地等分属于不同农户承包管理，如不架设围网，放牧鸡只到处游走觅食，将会增加管理难度，鸡只也易造成病害、虫害、兽害等，甚至相邻农户间产生纠纷。如果山场和草场面积非常广阔，放养的鸡只又比较少，也可不架设围网，而使用移动鸡舍，完全实行分区轮牧。

围网可采用2～3米高的铁丝网或尼龙网，条件允许的可直接用砖墙、玻璃钢瓦或铁皮；也可以先用砖石垒砌0.5～1米高的地基，在地基上每隔8～10米设置一根垂直、稳固的木桩、水泥桩或钢管立柱，再将铁丝网或尼龙网固定在这些设置的立柱上。为方便车辆和人员出入，可在放养场区内设置多个小门口方便管理人员进出。

（三）场内搭建简易鸡舍或"临时避难所"

在放养场内选择地势较高、不积水的中间地段，坐北朝南搭建经济实用的简易鸡舍。鸡舍要求遮雨挡风、保温防寒、隔热防暑、光照充足，符合防火、防疫、防兽害的要求，便于清洗消毒，如果能够挪动搬迁会更好。

根据放养成年土鸡数量合理建造鸡舍大棚。鸡舍大棚建筑面积按成年鸡8～10只/米² 计算，每栋鸡舍长30～50米，宽10～13米，中间高度1.5～1.8米，两侧高度0.8～0.9米，可用保温铁皮板搭建，以便拆装、挪移；南方温暖地区，鸡舍墙面也可用帆布或农用塑料薄膜搭建。棚顶要安装比较坚固的支架，防止冬季大雪压塌棚舍；棚顶由外向内用油毡、稻草、塑料薄膜三层盖顶，以利防水保温，简易棚舍可以直接盖石棉瓦。在棚顶的两侧及一头，主要支架，用铁丝把薄膜、油毡分别向四个方向拉紧、压牢，防止被大风掀起卷走。在鸡舍大棚的一头开一个出入口，方便饲养人员及鸡群进出。

分区放养或划区轮牧的土鸡群，要单独建舍，不可区间通用，以防传染病的发生和蔓延。在一个放养区间，一个棚舍不够用时可建多个，但棚间要拉开一定距离，至少相隔50米，以便鸡只进出，也可防止火灾连片发生。

在放养场地，每隔100米左右用树枝等材料搭建一些简易棚架，周边栽植瓜蒌、南瓜、丝瓜等一些藤蔓类植物，当遇到突如其来的大风、大雨、大雪，可以作为鸡群的临时避难所。

（四）放养土鸡常用的设备和用具

土鸡有登高栖息的习性，可以很好地躲避天敌的危害，同时也能避免与鸡粪直接接触，减少病害的发生。因此，鸡舍内要设置栖息架，供鸡夜间回舍栖息、避雨。栖息架可用木棍、竹片等根据鸡舍空间搭建成平式（单层、多层）、立式或斜坡式等，最下层离地不少于40厘米。需要注意的是，所用木棍或竹片要打磨得光滑平整，防止划伤鸡爪；根据成鸡体格大小，合理安排横架间距，使鸡在每个横架上都能站开。为方便鸡粪清扫，可在栖息架下部铺设一层厚的塑料布或无纺布，上面先铺一层细沙、木屑、稻糠、锯末，清扫鸡粪时把塑料布拉出来，直接倒掉即可。

此外，放养场内还需设置足够的水槽、料槽，提供产蛋窝等设施设备。

二、土鸡品种选择

土鸡是列入国家家禽遗传资源的地方品种鸡，以及利用地方鸡资源培育出来的鸡种。我国是世界上家禽遗传资源最丰富的国家之一，现有 109 个地方鸡品种，培育鸡品种达到 41 个。

林下生态放养土鸡要优先选择在当地适应性能好、觅食能力强、肉质鲜美、鸡蛋品种优良、市场需求量高的土（蛋）鸡、土杂鸡品种，现代培育出的高产土蛋鸡、蛋公鸡也能适应林下放养。比如，北京油鸡、河南固始鸡、江苏溧阳鸡（三黄鸡）、狼山鸡、吐鲁番斗鸡、新疆拜城油鸡、山东琅琊鸡、芦花鸡、寿光鸡、浙江仙居鸡、萧山鸡、山西右玉鸡（边鸡）、湖南桃源鸡、福建河田鸡、云南茶花鸡、广东清远麻鸡、杏花鸡等。爱拔益加、艾维茵和哈伯德等快大型鸡品种，行动笨拙，觅食能力和适应性差，不适于林下放养。

三、育雏期饲养管理

（一）选择育雏方式

育雏方式包括地面平养育雏、网上育雏和笼养育雏。地面平养育雏适用于小规模生产；网上育雏、笼养育雏适用于批量育雏。

（二）做好进雏准备

育雏前要选择正确的育雏时间，备好育雏饲料，加强对育雏舍的检修、消毒和预温。

（三）雏鸡饲养管理

一般分为两个阶段，即育雏舍内饲养阶段（1 ～ 28 日龄）和育雏舍外放养阶段（29 ～ 42 日龄）。

1. 雏鸡舍内饲养

1～28 日龄的雏鸡在育雏舍度过。此期的工作要点如下。

（1）做好雏鸡的初饮和开食　出壳后的雏鸡第一次饮水称为"初饮"或"开水"。雏鸡在运到育雏室后，短暂休息后即可初饮，直接供给清洁饮水；长途运输如果超过 24 小时，初饮可使用 5%～8% 的葡萄糖水，初饮后无论何时都不能断水。初饮后 2～3 小时即可开食，最好使用正规厂家提供的雏鸡专用开食颗粒料，这种料颗粒大小适中，便于啄食，营养充足，容易消化吸收。1 周龄内，每天饲喂 6 次以上，第 2 周每天饲喂 4～6 次，3 周龄后，要等雏鸡将食槽的料全部吃完后再添料。

（2）加强育雏期日常管理　育雏室内要保持合理的温度、湿度和饲养密度（表 5-5），在保温的前提下加强通风换气。经常细心地观察鸡群，发现异常，及时处置。

表 5-5　雏鸡各阶段的适宜温度

阶段 （周龄）	1～3 日龄 / 4～7 日龄	2 周龄	3 周龄	4 周龄	5 周龄	6 周龄
适宜温度（℃）	30～33/ 33～35	28～30	26～28	24～26	21～24	18～21
相对湿度（%）	65～70	60～65	55～60	55～60	55	55
光照时间（全天、小时）	24			23～20		
密度（只 / 米²）		30～50			15～25	

育雏舍内温度较高、湿度较小时，可使用过氧乙酸、新洁尔灭、百毒杀、金碘、复合酚等消毒剂带鸡喷雾消毒，每天 1～2 次。参考表 5-6 提供的免疫程序，做好鸡马立克氏病、新城疫、传染性法氏囊炎、传染性支气管炎、禽流感、鸡痘等的免疫工作。

表 5-6　土鸡育雏期推荐免疫程序

日龄	疫苗	免疫方法
1	鸡马立克氏病火鸡疱疹病毒活疫苗（FC 126 株）、鸡马立克氏病活疫苗（CVI 988/Rispens 株）、鸡马立克氏病活疫苗（CVI 988 株）等	皮下注射（一般在孵化场内就已经做过）
8～10	鸡新城疫活疫苗（Clone 30 株）或鸡新城疫、传染性支气管炎二联活疫苗（La Sota 株、+H120 株）	滴鼻或饮水

日龄	疫苗	免疫方法
13～15	鸡传染性法氏囊病基因工程亚单位疫苗	皮下或肌内注射
	鸡痘活疫苗（鹌鹑化弱毒株）	翅膀内侧皮下刺种
15～18	鸡禽流感(H5+H9)二价灭活疫苗	皮下或肌内注射

2. 育雏舍外放养

29～42 日龄是土鸡育雏舍外散放适应阶段。从 29 日龄开始，选择晴暖天气将雏鸡放出育雏舍，在舍外限定范围内进行约束性训练，地面撒上切碎的青菜叶或野菜叶让雏鸡自由啄食。开始每天 3～5 小时，随着日龄的不断增大逐步扩大活动范围，延长散放时间，直到 42 日龄，即可全部散放到舍外。

四、放养期饲养管理

（一）放养准备

1. 查看围网安全

查看放养场地围网是否有漏洞，如有漏洞应及时进行修补。在放养前进行一次彻底灭鼠，将死老鼠拣拾干净，集中销毁。

2. 筛选鸡群

放养的鸡群要健康无病，跛腿、瞎眼、病弱、体重过大过小和异性鸡在放养前就要淘汰。

3. 调教训练

育雏期在每次投料时，都给以吹哨声或敲击声，使其形成条件反射，放养后即可通过该信号指挥鸡群白天野外采食，中午定点补料，夜间归巢休息。

（二）放养密度

林下土鸡的放养密度以"宁稀勿密"为原则，一般每亩林地放养 50～200 只较为适宜。密度过大，林下昆虫、杂草、草籽等自然饲料资源不充足，鸡吃不饱，需要补充太多的全价料，影响放养土鸡产品质量，增加放养成本，且卫生条件也难以保证。

（三）补饲全价料

在放养数量较多或冬春枯草季节时，单纯放养的土鸡吃不饱，生产潜力难以发挥，必须补饲部分全价料。全价料可使用成品饲料，也可以利用当地饲料资源自行配制。参考配方：玉米 52.5%、豆饼 12%、麸皮 14%、小麦 8%、苜蓿草粉 5%、优质鱼粉 4%、骨粉 1.5%、贝壳粉 1.5%、食盐 0.5%、微量元素及多维素 0.5%、赖氨酸 0.25%、蛋氨酸 0.25%。在鸡群活动密集的地方安放水槽，每天为鸡群供给充足、清洁的饮水。

（四）驱虫

鸡群在林下放养，直接接触地面和采食昆虫，极易染上多种寄生虫病，如蛔虫病、绦虫病、球虫病等，因此一般放养 20 天后，就要进行第一次驱虫，相隔 20 ～ 30 天再进行第二次驱虫。第一次驱虫，每只鸡用驱蛔灵半片；第二次驱虫，每只鸡用驱蛔灵 1 片。在夜间鸡群回巢后把药片磨成粉，再与饲料充分拌匀进行喂饲。第二天早上检查并集中收集鸡粪，运离放养场区，堆积发酵处理。也可使用伊维菌素、盐酸左旋咪唑或丙硫苯咪唑，平时用青蒿、常山、柴胡、苦参、仙鹤草、生地、白头翁、白术、车前子等中药熬水给鸡自由饮用，可大大降低球虫等寄生虫病的发病率。

（五）防中毒

林下放养土鸡时，最好不要打农药，必须打农药时尽量使用对鸡无毒或低毒农药，并尽量低浓度使用。喷药前，把鸡关进舍内饲养，禁止放养，或将鸡轮换到另一个安全的牧场放养。鸡场要常备解磷定、阿托品等常用解毒药，鸡群一旦中毒可尽快解救。

（六）产蛋期管理

如果土鸡是蛋用型或肉蛋兼用型品种，大部分品种会在 21 周龄前后开产，25 周龄左右达到产蛋高峰。这段时间的饲养管理要把握好以下几点。

1. 产蛋前的准备

放养鸡产蛋前要在补饲点或鸡舍内搭建产蛋窝，每 5 只鸡搭建 1 个，每个长 30 厘米、宽 25 厘米、深 30 厘米，也可直接使用竹制或木制的产蛋箱。产蛋窝或产蛋箱内铺设垫草。部分母鸡初次产蛋时不愿进产蛋窝（箱），可以先在里边放上几个"引蛋"，诱导母鸡进窝（箱）产蛋。

2. 改饲产蛋期日粮

土鸡放养期间使用的补饲配方已不宜继续用于产蛋土鸡，参考配方进行调整：玉米 60%、豆粕 18%、花生仁饼 6%、鱼粉 3%、贝壳粉 8%、骨粉 1.8%、植物油 1.9%、油脂 1%、食盐 0.3%。冬春枯草季节，还要注意补充适量的青绿多汁饲料，如南瓜、萝卜、胡萝卜、白菜叶等。

3. 母鸡的醒抱

春末夏秋季节土鸡容易抱窝，而抱窝后的母鸡即停止产蛋。这个季节，要增加每日拣蛋次数，做到当日蛋不留在产蛋窝内过夜。迫使母鸡"醒抱"的方法：当发现母鸡抱窝时，可在傍晚鸡群入舍前及时将其拦截，并放在光线明亮、有公鸡陪伴但无产蛋箱的鸡舍中，不让母鸡在产蛋箱内过夜；也可将抱窝鸡关进笼子，笼子放在水盆里，放在光线充足、通风良好的地方，正常供给饮水和吃料，使其在里面不能蹲伏，5 天后即可醒抱；还可以于早晨空腹时给抱窝鸡灌服食醋，每只鸡 5～10 毫升，每隔 1 小时灌 1 次，连灌 3 次，2～3 天即可醒抱。

（七）防疫消毒

加强对传染病的预防监测，在专业技术人员指导下应用一些无毒、高效、少残留的药物特别是中草药防控疾病。鸡栖息的棚舍内及鸡群经常活动的场地，要坚持每天清扫，定期消毒，水槽、料槽每天刷洗、暴晒，清除杂物和残余料渣。全场鸡群实行"全进全出"，每批放养土鸡出栏后，应对鸡舍、产蛋窝（箱）、栖架、水槽、料槽彻底清扫、熏蒸消毒后再进下一批雏鸡。

五、适时出栏

土鸡若是肉用型，放养期太短则肉质水分含量多，芳香物质和鲜味素含量少，肉质及口感风味就差，影响销路；放养期过长，则饲料报酬降低，影响经济效益。一般地方土种鸡饲养 4～5 个月，此时叫声有力、羽毛丰满、色泽光亮、肌肉的口感、风味俱佳，应及时出栏销售。

若是放养土蛋鸡，其产蛋量要少于高产蛋鸡品种。进入产蛋期后，根据产蛋情况适当淘汰低产鸡。通常情况下，土蛋鸡进入开产期进行第一次淘汰，将那些过肥、体重过大、产蛋量少的土蛋鸡淘汰上市；进入产蛋高峰期后 1 个月，根据产蛋量多少、蛋的品质等情况，进行第二次淘汰；产蛋后期，根据产蛋鸡的体貌特征、产蛋量多少等情况，每周淘汰 1 次。

第四节 优质肉鸡养殖

一、饲养阶段划分

根据优质肉鸡的生长发育规律及饲养管理特点，大致可划分为育雏期（0～6周龄）、生长期（7～9周龄）和肥育期（10周龄后或出栏前2周）。但在实际饲养过程中，饲养阶段的划分又受到鸡品种和气候条件等因素的影响。例如，在寒冷季节，优质肉鸡育雏期往往延长至7周龄后，羽毛生长比较丰满、抗寒能力较强时才脱温；而气候温暖的季节，育雏期可提前到4周龄，甚至更短的时间。养殖户应根据实际情况灵活掌握。

二、饲养方式

优质肉鸡的饲养方式通常有放牧饲养、地面平养、网上平养和笼养4种。

三、主要管理措施

1. 光照管理

给予商品优质肉鸡光照的目的是延长肉鸡采食时间，促进其快速生长。光照时间通常为每天23小时光照、1小时黑暗，光照强度不可过大，否则会引起啄癖。开放式鸡舍白天应限制部分自然光照，这可通过遮盖部分窗户来达到目的。随着鸡日龄的增大，光照强度则由强变弱。

2. 饲喂方案

优质肉鸡新陈代谢旺盛，生长速度较快，必须供给高蛋白、高能量的全面配合饲料，才能满足机体维持生命和生长发育的需要。优质肉鸡的整个生长过程均应采取自由采食方式。

3. 饲喂方式

饲喂方式可分为两种：一种是定时定量，就是根据鸡日龄大小和生长发育要求，把饲料按规定的时间分为若干次投给的饲喂方式；另一种是自由采食的方式，就是把饲料放在饲料槽内任鸡随意采食。一般每天加料1～2次，终日保持料槽内有饲料。

4. 防止啄癖

优质肉鸡活泼好动，喜追逐打斗，特别容易引起啄癖。啄癖的出现不仅会引起鸡的死亡，而且影响以后的商品外观，必须引起注意。

5. 优质肉鸡的断喙

断喙多在雏鸡阶段进行，一般在 1 日龄或 6～9 日龄进行。因初生雏的喙短而小，难以掌握深浅度，一般都选择 6～9 日龄进行。

6. 减少优质肉鸡残次品的管理措施

①避免垫料潮湿，增加通风，减少氨气，提供足够的饲养面积。

②训练抓鸡工人，在捉鸡时务必要小心。在抓鸡、运输、加工过程中操作要轻巧，勿惊扰鸡群，减少碰伤。

③在抓鸡时，鸡舍使用暗淡灯光。

第六章

鸭科学养殖

第一节　雏鸭科学养殖

一、育雏前准备

（一）鸭舍的清洗和检修

育雏前，要对鸭舍周围、鸭舍内部及设备进行彻底清洗。打扫鸭舍周围环境，做到无鸭粪、羽毛、垃圾，粪便应送到离鸭舍500米外的地方堆积发酵作肥料。

清洗前，先关闭鸭舍的总电源，将饲喂和饮水设备搬到舍外或提升起来，之后将上批鸭生产过程中产生的粪便、垫料清理干净，用扫帚将网床、墙壁、地面上的垃圾彻底清扫出去；然后用高压水枪对鸭舍的屋顶、墙壁、地面、网床、风扇等进行冲洗，彻底冲刷掉附着在上面的灰尘和杂物，最后清扫、冲洗鸭舍地面。清洗后，将鸭舍的门窗全部打开，充分通风换气，排出湿气。

如果是旧育雏舍，清洗结束后，要检查鸭舍的墙壁、地面、排水沟、门窗以及供电、供水、供料、加热、通风、照明等设施设备是否完好，能否继续正常工作；检查大棚墙壁有无缝隙、墙洞、鼠洞；如果是用烧煤的炉子保温，还要检查炉子是否好烧，鸭舍各处受热是否均匀，有无漏烟、倒烟现象。如有问题，及时检修。

（二）鸭舍的消毒

消毒的目的是杀死病原微生物。不同的地方、不同的设施设备，要采用不同的消毒方法。

火焰消毒用火焰喷灯消毒地面、金属网、墙壁等处。注意不要与可燃或受热易变形的设备接触，要求均匀并有一定的停留时间。

药液浸泡或喷雾消毒用百毒杀等消毒药按规定浓度对所需的用具、设备，包括饲喂器具、饮水用具、塑料网、竹帘等，进行浸泡或喷雾消毒，然后用 2%～3% 的烧碱溶液喷洒消毒地面。如果采用地面平养育雏，则在地面干燥后，再铺设 5～10 厘米厚的垫料。如果采用笼育或网上平养育雏，则应先检修好，然后进行喷雾消毒。消毒时要注意药物的浓度与剂量，药物不要与人的皮肤接触。

熏蒸消毒根据鸭场所处的地理环境条件及当地疫病流行情况，选用合适的消毒级别。一级消毒，每立方米空间用甲醛 14 毫升、高锰酸钾 7 克、开水 14 毫升；二级消毒，每立方米空间用甲醛 28 毫升、高锰酸钾 14 克、开水 28 毫升；三级消毒，每立方米空间用甲醛 42 毫升、高锰酸钾 21 克、开水 42 毫升。注意在熏蒸之前，先把窗口、通气口堵严，舍温升高为 25℃以上，湿度在 70% 以上。

消毒鸭舍需封闭 24 小时以上，如果不急于进雏，则可以待进雏前 3～4 天打开门窗通气。熏蒸消毒最好在进雏前 7～10 天进行。

在鸭舍门口设立消毒池，消毒液 2 天换一次。

（三）垫料、网床的准备和铺设

采用地面平养时，要备好干燥、无霉变、柔软、吸水性强的垫料，并经太阳暴晒后才能使用。雏鸭进舍前 3 天，先在鸭舍地面上铺一层薄薄的干燥、干净沙土或生石灰粉，进雏前 1 天在上面铺一层厚度约 7 厘米的垫料。第一次铺设的垫料只铺第一周鸭群活动的范围，其余地方先不铺。第二周扩群、减小密度的时候，提前一天把扩展范围内的地面上铺上垫料，同时在第一次铺的垫料上面再铺一些垫料以保持其干净、柔软。以后鸭群每次扩群，都这样把垫料提前铺好。

如果采用网上平养方式，要在菱形孔塑料网铺设好以后进行细致检查，重点检查床面的牢固性，塑料网有无漏洞，连接处是否平整，靠墙和走道处的围网是否牢固，饲喂和饮水设备是否稳当等。将床面用塑料网或三合板隔成小区，每个小区的面积约 10 米 ^{2}。

　　饲养用具中，食槽或料桶、饮水器或饮水槽、照明设施、温度计、湿度表、水桶、水舀子、注射器、围栏等要准备充足。

（四）饲养人员的安排以及饲料和常用药品的准备

　　雏鸭饲养是一项耐心细致、复杂而辛苦的工作。饲养开始前要慎重选好饲养人员。饲养人员要具备一定的养鸭知识和操作技能，热爱这项事业，有认真负责的工作态度。

　　根据饲养规模的大小，确定好人员数量。在上岗前要对饲养管理人员进行必要的技术培训，明确责任，确定奖罚指标，调动其生产积极性。

　　要按照雏鸭的日龄和体重增长情况，准备足够的自配粉料和成品颗粒饲料，保证雏鸭一进入育雏舍就能吃到营养全面的饲料，而且要保证整个育雏期的饲料供应充足、质量稳定。

　　要为雏鸭准备一些必要的药品，如高锰酸钾、复方新诺明等。

（五）鸭舍的试温与预温

　　无论采用哪种方式育雏和供温，进雏前 2 ~ 4 天（根据育雏季节和加热方式而定）都要对舍内保温设备进行检修和调试。采用地下火道或地上火笼加热方式的，在冬季和早春要提前 4 天预温，其他季节提前 3 天预温；其他加热方式一般提前 2 天进行预温。在雏鸭转入育雏舍前 1 天，要保证舍内温度达到育雏所需要的温度，在距离床面 10 厘米高处 33℃，并注意加热设备的调试以保持温度的稳定。试温的主要目的在于提高舍内空气温度，加热地面、墙壁和设备，同时要保持鸭舍内相对干燥。试温期间要在舍温升起来后打开门窗通风排湿，舍内湿度高会影响雏鸭的健康和生长发育，因此新建的鸭舍或经过冲洗的鸭舍，雏鸭进舍前必须采取措施调整舍内湿度。

（六）准备好记录本和表格

　　准备好必要的记录本和表格，以记录每天的饲料消耗量、死亡鸭数量、用药情况、使用疫苗情况。

二、育雏方式

育雏方式一般分为平养育雏和立体网养育雏两种。

（一）平养育雏

这是一种农户或小规模饲养常采用的饲养方式。

1. 垫料育雏

雏鸭养在铺有垫料的地面上，由于厚厚的垫料发酵而产热，使得室温提高；垫料内微生物可以产生维生素 B_{12}；雏鸭经常会扒拉垫料，使得雏鸭的运动量增加，从而增加食欲和新陈代谢，促进其生长发育。垫料可使用稻壳、麦秸、木屑等作原料。饲养时应勤更换发霉变质的垫料，并注重消毒，保持良好的通风和适宜的密度。

2. 网上平养育雏

将雏鸭饲养在远离地面的网上。优点是节省大量垫料，雏鸭不与粪便接触，减少了疾病传播的机会。

（二）立体网养育雏

这种育雏方式的优点是可以提高单位面积育雏数和鸭舍的利用率，方便管理，提高劳动生产率，减少饲料浪费，降低工人劳动强度，减少疾病感染机会，提高成活率。它适合于大中型养鸭场及科研单位。

三、雏鸭育雏技术

（一）饮水

雏鸭出壳后第一次饮水叫"开饮"。开饮通常在雏鸭绒毛较干，能够站立和行走时进行，时间在雏鸭出壳后 24～26 小时。雏鸭一边饮水，一边嬉戏，雏鸭受到水的刺激后，生理机能处于兴奋状态，促进新陈代谢，促使胎粪的排泄，有利于"开食"和生长发育。给雏鸭开饮可使用较浅的圆盘或方盘，盘中盛放约 1 厘米深的水，水温在 15～20℃ 为宜。将雏鸭放入盘中，自由饮水和冲洗绒毛。待雏鸭在盘中饮水、嬉戏 3～5 分钟，将它提起放入围栏内，让其自由理毛。第一次饮水通常加入 0.02% 土霉素，以抑制雏鸭肠道内有害病原菌繁殖，促进雏鸭健康。开饮后雏鸭可自由饮水。

（二）喂料

1. 开食

第一次给雏鸭喂食叫"开食"。雏鸭饲养过程中，适时开食非常重要。"开食"过早，一些体弱的雏鸭活动能力差，本身无吃食要求，往往被吃食好的雏鸭挤压而受伤，影响今后"开食"；而"开食"过迟，因不能及时补充雏鸭所需的营养，致使雏鸭因养分消耗过多、疲劳过度而成"老口"，降低雏鸭的消化吸收能力，造成雏鸭难养，成活率也低。雏鸭开食一般放在开饮后进行。现代集约化饲养中，为节约时间与人力，开食与开饮通常同时进行，但通常建议开饮后3小时开食。给雏鸭开食时要注意雏鸭的消化生理特点。雏鸭出壳后消化器官发育还不健全，消化系统还没有受到饲料的刺激和锻炼，消化器官肌肉还不强健，贮存和消化饲料的能力都较差，所以开食一定要选用易消化、营养丰富的饲料。传统喂法是用焖热的大米饭或碎米饭，或用蒸熟的小米、碎玉米、碎小麦粒。食物往往较为单一。应提倡用配合饲料制成颗粒料直接开食，最好用破碎的颗粒料，更有利于雏鸭的生长发育和提高成活率，现在大型鸭场多使用雏鸭料开食。饲料撒放要均匀，面积要足够大，以保证每个雏鸭都能吃到充足的饲料。对于体质弱小的鸭，要耐心诱食，必要时可以捉出来隔离饲养或人工喂食。

2. 喂料

在第一周内，雏鸭相对生长速度最快，应为雏鸭提供充足的饲料和饮水，让其自由采食和饮水。这一时期提倡少食多餐。料槽内不能断料，但饲料也不宜过多，避免饲料发生霉变。如果饲料发生腐败或被粪便等脏物污染，应及时铲除并更换。

雏鸭每日饲喂次数可根据雏鸭生长发育状况进行适当调整。考察雏鸭生长发育的方法很多，其中较为实用易行的是根据雏鸭外形变化来判别。如果育雏期前3～5天雏鸭颈部开始出现食管膨大，腹部开始下垂，尾部开始上翘，说明雏鸭的饲喂和生长发育良好。否则，就说明雏鸭饲喂不好，应及时查明原因，加以纠正。

（三）育雏密度

饲养密度是否恰当，与雏鸭发育和充分利用鸭舍有很大关系。饲养密度过大，舍内空气污浊潮湿，影响雏鸭生长，严重时雏鸭容易发生挤压而受伤，而饲养密度过小，单位面积上雏鸭饲养数减少，鸭舍利用率低，成本高，生产上不经济，不宜采用。饲养密度一般根据鸭日龄大小、饲养方式、饲养条件、品种、季节等进行调整，不同日龄、不同饲养条件的雏鸭饲养密度如表6-1所示。

表6-1　雏鸭饲养密度　　　　　　　　　　　　　　　单位：只／米²

周龄	地面平养	网上饲养
1	20～25	30～40
2	10～15	15～25
3	6～10	10～15

（四）开青和加腥

"开青"即开始喂给青绿饲料。饲养量少的养鸭户为了节约维生素添加剂的支出，往往采用补充青料的办法弥补维生素的不足。青料一般在雏鸭"开食"后3～4天喂给。雏鸭可吃的青料种类很多，如各种水草、青菜、苦荬菜等。一般单独饲喂经切碎的青料，也可拌喂，以单独喂给为好，以免雏鸭先挑食青料，影响精饲料的采食量。

俗话说："鹅要青，鸭要腥"，要及时给雏鸭"加腥"。所谓"加腥"，是指给雏鸭加喂动物性蛋白质饲料。雏鸭生长速度很快，需要大量的蛋白质以满足生长发育的需要。动物性蛋白质饲料的蛋白质含量高，氨基酸组成较好，易被雏鸭消化吸收。此外，动物性蛋白质饲料矿物质含量也很丰富，适口性好，雏鸭十分爱吃。常用的动物性蛋白质饲料除鱼粉外，通常还包括蚕蛹、鱼虾、蚯蚓、螺蛳、河蚌等。在饲喂这类动物性蛋白质饲料时一定要注意保持饲料新鲜，不能选用腐败变质的，以免雏鸭食后引发消化道疾病。

一般在5日龄左右就可加腥，先以黄鳝、泥鳅为主，日龄稍大些以小鱼、螺蛳和蛆为主。给雏鸭加腥通常每天2次，开始时每100只雏鸭每天可喂150～250克，以后随雏鸭的生长可逐渐加大饲喂量。在河蚌丰富的地区，不宜给雏鸭饲喂过量的河蚌，时间也不宜过长，否则可能会引起雏鸭维生素缺乏。

（五）饲喂次数及饲喂量

10日龄内的雏鸭每昼夜饲喂5～6次，白天喂4次，晚上1～2次；11～20日龄的雏鸭白天喂3次，夜晚喂1～2次；20日龄以后，白天喂3次，夜晚喂1次。如果是放牧饲养的雏鸭，则应视觅食情况而定。放牧地野生饲料多，中餐可以不喂，晚餐可以少喂，早晨放牧前适当补点精料即可。

若没有专门的雏鸭料，则每 1 000 只雏鸭第 1 天喂 2.5 千克的夹生饭；第 2 天喂 5 千克碎米，第 3 天喂 7.5 千克配合饲料。以后每天增加 2.5 千克，直到 50 日龄为止。到达 50 日龄时，每 1 000 只鸭，每只每天消耗配合饲料 125 千克。以后维持这一水平，不再增加。

（六）放牧管理

从雏鸭可以自由下水的 6 日龄起，就可以进行放牧训练。放牧训练的原则是：距离由近到远，次数由少到多，时间由短到长。放牧的时间应从短到长，逐步锻炼。开始放牧 20 ～ 30 分钟，以后逐渐延长，最长不能超过 1.5 小时。开始放牧宜在鸭舍周围，不能走远，时间不能太长，每天放牧 2 次，每次 20 ～ 30 分钟，就让雏鸭回育雏室休息。随着日龄的增加，待雏鸭适应后，放牧时间可以延长，放牧路程也慢慢延长，次数也可以增加。放牧次数一般上午、下午各一次，中午休息。放牧后雏鸭宜在清水中游洗一下，以后上岸梳理羽毛并入舍休息。选择水草茂盛、昆虫滋生、浮游生物多的场地放牧。作物长高封垄的稻田，不宜放鸭进去。适合雏鸭放牧的场地有稻秧田、慈姑田、荸荠田、水芋头田以及浅水沟、塘等，这些场地水草丰盛，浮游生物、昆虫较多，便于雏鸭觅食。放牧的稻秧田必须等稻秧返青活苗以后，在封行前后，不能放牧。其他水田作物也一样，茎叶长得太高后，不能放牧。施过化肥、农药的水田、场地均不能放牧，以免中毒。

（七）及时分群

雏鸭分群是提高成活率的重要一环。雏鸭在"开饮"前，根据出雏的迟早和强弱进行第一次分群。笼养雏鸭，将弱雏放在笼的上层、温度较高的地方；平养则根据保温形式来进行，强雏放在近门口的育雏室，弱雏放在一栋鸭舍中温度最高处。

第二次分群是在"开食"以后，一般吃料后 3 天左右，可逐只检查，将吃食少或不吃食雏鸭放在一起饲养，适当增加饲喂次数，比其他雏鸭的环境温度提高 1 ～ 2℃。同时，查看是否有疾病，对有病的个体要对症采取措施，如将病雏分开饲养或淘汰。再是根据雏鸭各阶段的体重和羽毛生长情况分群，各品种都有自己的标准和生长发育规律，各阶段可以抽称 5% ～ 10% 的雏鸭体重，结合羽毛生长情况，未达到标准的要适当增加饲喂量，超过标准的要适当扣除部分饲料。

（八）卫生管理

随着雏鸭的日龄增大，粪便不断增多，极易污染垫料。在污秽、潮湿的环境下，雏鸭的绒毛易沾潮、弄脏，病原微生物也容易繁殖。因此，必须及时清除粪便，勤换垫草，保持舍内干燥清洁。喂料用具每次喂饲后清洗干净，晒干后备用。保持饮水卫生。育雏舍周围的环境也要经常打扫，四周的排水沟必须畅通，以保持干燥、清洁、卫生的良好环境。

第二节　育成鸭养殖

一、育成鸭的饲养

（一）饲料更换

育雏结束，鸭的体重达标，可以更换育成鸭料，但更换必须有一个过渡期，使鸭逐渐适应新的饲料。更换的方法为：第 1 天 4/5 的雏鸭料，1/5 的育成鸭料；第 2 天 3/5 的雏鸭料，2/5 的育成鸭料；第 3 天 2/5 的雏鸭料，3/5 的育成鸭料；第 4 天 1/5 的雏鸭料，4/5 的育成鸭料；第 5 天全部换成育成鸭料。

（二）饲喂

根据育成鸭的消化情况，一昼夜饲喂 4 次，定时定量。若投喂全价配合饲料，可做成直径 4 ～ 6 毫米，长 8 ～ 10 毫米的颗粒状。或者用混合均匀的粉料，用水拌湿，然后将饲料分在料盆内或塑料布上，分批将鸭赶入进食。鸭在吃食时有饮水洗喙的习惯，鸭舍中可设长形的水槽或在适当位置放几只水盆，及时添换清洁饮水。

（三）限制饲养

后备鸭限制饲养的目的在于控制鸭的发育，不使其太肥，在适当的周龄达到性成熟，集中开产，开产体重控制在该品种标准体重的中上为好。这样，既可以降低成本，又可以使其食量增大，耐粗饲而不影响产蛋性能。舍饲和半舍饲鸭则要重视限制饲喂，否则会造成不良后果。放牧鸭群由于运动量大，能量消耗也较大，且每天都要不停地找食吃，整个过程就是很好的限饲过程。限制饲养方法是用低能量日粮饲喂后备鸭，一般从 8 周龄开始到 16～18 周龄止。当鸭的体重符合本品种的各阶段体重时，可不需要限饲；如发现鸭体重过于肥大，则可以进行限制饲养。可降低饲料中的营养水平，适当多喂些青饲料和粗饲料。

（四）饲喂沙砾

为满足育成鸭生理中机能的需要，应在育成鸭的运动场上，专门放几个沙砾小盘，或在精料中加入一定比例的沙砾，这样不仅能提高饲料转化率，节约饲料，而且能增强其消化机能，有助于提高鸭的体质和抗逆能力。

二、育成鸭的日常管理

（一）脱温

育雏结束，要根据外界温度情况逐渐地脱温。如冬季和早春育雏时，由于外界温度低，需要采用升温育雏饲养，待育雏结束时，外界温度与室温相差往往较大，一般超过 5～8℃，盲目地去掉热源，脱去温度，舍内温度会骤然下降，导致雏鸭遭受冷应激，轻者引发疾病，重者甚至引起死亡。所以，脱温要逐渐进行，让鸭有适应环境温度的过程。

（二）转群移舍

育雏育成舍，育雏结束后要扩大育雏区的饲养面积，即转群；专用育雏鸭舍，育雏结束要移入育成舍或部分移入育成舍，即移舍。转群移舍对鸭都是较大的应激，操作不良会影响到鸭的生长发育和健康。转群移舍必须注意：一是要准备好育成舍，转群前对育成舍进行彻底的清洁和消毒，安装好各种设备和用具；二是要空腹转舍，转群前必须空腹方可运出；三是逐步扩大饲养面积。若采用网上育雏，则雏鸭刚下地时，地上面积应适当圈小些，待中鸭经过 2～3 天的锻炼，腿部肌肉逐步增强后，再逐渐增大活动面积。因为育成舍的地面积比网上大，雏鸭一下地，活动量逐渐增大，一时不适应，容易导致鸭子气喘、拐腿，重者甚至引起瘫痪。

（三）保持适宜的环境

育成鸭容易管理，虽然要求圈舍条件比较简易，但要尽量维持适宜的环境。一要做好防风、防雨工作；二要保持圈舍清洁干燥；三要保持适宜的温度。冬天要注意保温，夏天要注意防暑降温，运动场要搭凉棚遮阴；四要保持适宜密度。随鸭龄增大，不断调整密度，以满足中鸭不断生长的需要，不至于过于拥挤，从而影响其摄食生长，同时也要充分利用空间。其饲养密度，因品种、周龄而异。

（四）分群饲养

分群可以使鸭群生长发育一致，便于管理。在育成期分群的另一个原因是，育成鸭对外界环境十分敏感，尤其是在长血管时期，群体过大或饲养密度较高时，互相挤动会引起鸭群骚动，使刚生长出的羽毛轴受伤出血，甚至互相践踏，导致生长发育停滞，影响今后的产蛋。因而，育成鸭要按体重大小、强弱和公母分群饲养。对体重较小、生长缓慢的弱中鸭应强化培育，集中喂养，加强管理，使其生长发育能迅速赶同龄强鸭，使鸭群均匀整齐。一般放牧时，每群为 500 ～ 1 000 只，而舍饲鸭每栏 200 ～ 300 只。

（五）控制光照

光照是控制性成熟的方法之一。育成鸭的光照时间宜短不宜长。有条件的鸭场，育成鸭于 8 周龄起，每天光照 8 ～ 10 小时，光照强度 5 勒克斯。如利用自然光照，以下半年培育的秋鸭最为合适。但是，为了便于鸭子夜间饮水，防止老鼠或鸟兽走动时惊群，鸭舍内应通宵弱光照明。30 米^2 的鸭舍，可以亮一盏 15 瓦灯泡。遇到停电时，应立即用其他照明用具代替，绝不可延误，否则会造成很大伤亡。

（六）建立稳定的工作程序

圈养鸭的生活环境比放牧鸭稳定。要根据鸭子的生活习性，定时作息，制定操作规程。形成作息制度后，尽量保持稳定，不要经常变更，减少鸭群的应激。

另外，注意观察育成鸭的行为表现、精神状态和采食、饮水以及粪便情况，及时发现问题；注意鸭舍和环境的卫生、消毒及鸭群的防疫，避免疾病的发生；搞好记录工作，填写各种记录表格，加强育成成本的核算。

三、育成鸭的放牧管理

（一）农田放牧

利用农区的水稻田、稻麦茬地和绿肥田，觅食农田的稻谷、麦粒、昆虫和农田杂草，绿肥田在翻耕时可提供蚯蚓、蝼蛄等动物性饲料。这种饲养方式既可以降低饲养成本，又可以起到对农田中耕除草、消灭害虫和施肥的作用。

由于育雏期和放牧前雏鸭采用配合饲料喂给，从喂给饲料到放牧生活需要有一个训练和适应过程。除了继续育雏期的"放水"、放牧训练外，主要训练鸭觅食稻谷的能力。其方法是，将稻谷洗净后，加水于锅里用猛火煮一下，直至米粒从谷壳里爆开，再放在冷水中浸凉。待鸭子感到饥饿后，将稻谷直接撒在席子上或塑料布上供鸭采食。待鸭子适应采食稻谷后，就要将稻谷逐步撒在地上，让鸭适应采食地上的稻谷，然后将稻谷撒在浅水中，任其自由采食，训练鸭子水下、地上觅食稻谷能力。当鸭子放牧时，就会寻找落谷，达到放牧的目的。

（二）湖荡、河塘、沟渠放牧

这种放牧形式的选择是在农田茬口连接不上时采用。主要是利用这些地方浅水处的水草、小鱼、小虾和螺蛳等野生动、植物饲料。这种放牧形式往往与农田放牧结合在一起，二者互为补充。

在这些场地放牧的鸭群，主要是调教吃食螺蛳的习惯。在调教雏鸭吃螺蛳肉的基础上，改成将螺蛳轧碎后连壳喂。待吃过几次后，就直接喂给过筛的小嫩螺蛳，培养小鸭吃食整个螺蛳的习惯。然后，将螺蛳撒在浅水中，让鸭子学会在水中采食螺蛳。经过一段时间的锻炼，育成鸭就可以在河沟中放牧采食天然的螺蛳。

在这些场地放牧时，一般鸭种都要选择水较浅的地方放牧。在沟渠中放牧应逆水觅食，这样，才容易觅到食物。在河面上放牧，遇到有风时，应顶风而行，以免鸭毛被风吹开，使鸭受凉。

（三）海滩放牧

海滩有丰富的动、植物饲料。尤其是退潮后，海滩上的小鱼、小虾、小蟹极多，可提供大量动物性饲料，使养鸭成本大大降低。海滩放牧的场地要宽阔平坦，过于狭窄、高低不平、坡度太大的场地都不适于放牧。放牧的海滩附近必须有淡水河流或池塘，可供放牧鸭群喝水和洗浴。鸭群在下海之前要先喝足淡水，放牧归来要让鸭群在淡水中洗浴，晚上收牧前要在淡水中任其洗浴、饮水。不能让鸭群长期泡在海水中和长期饮用海水，以免发生慢性食盐中毒。

不论采用哪种放牧饲养方式都要选择好放牧路线。每次放牧路线要远近适当，鸭龄从小到大，路线由近到远，逐步锻炼，不能使鸭过度疲劳。放牧途中，要选择 1～2 个可避风雨的阴凉地方，在中午炎热或遇雷阵雨时，都要把鸭赶回阴凉处休息。晚上归牧后，要检查鸭群吃食情况。若放牧未吃饱，要适当补喂饲料，以满足青年鸭快速生长发育的营养需要。

第三节 产蛋鸭养殖技术

母鸭从开始产蛋，直到淘汰，均称产蛋期。一般蛋用型麻鸭从 150～500 天，为第一个产蛋年，经过换羽后可以再利用第二年、第三年，但生产性能逐年下降，所以生产中一般多利用一个产蛋年。

一、产蛋鸭转群入舍

（一）做好入舍的准备

1. 检修鸭舍和设备

转舍前对鸭舍进行全面检查和修理。认真检查喂料系统、饮水系统、供电照明系统、通风排水系统以及各种设备用具，如有异常立即维修，保证鸭入舍后完好正常使用。

2. 清洁消毒

淘汰鸭后或新鸭入舍前 2 周对蛋鸭舍进行全面清洁消毒。其清洁消毒步骤是先清扫，清扫干净鸭舍地面、屋顶、墙壁上的粪便和灰尘，清扫干净设备上的垃圾和灰尘；再冲洗，用高压水枪把地面、墙壁、屋顶和设备冲洗干净，特别是地面，墙壁和设备上的粪便；最后彻底消毒，如鸭舍能密封，可用福尔马林和高锰酸钾熏蒸消毒。如果鸭舍不能密封，用 5% ～ 8% 火碱溶液喷洒地面、墙壁，用 5% 的甲醛溶液喷洒屋顶和设备。对料库和值班室也要熏蒸消毒。用 5% ～ 8% 火碱溶液喷洒距鸭舍周围 5 米以内的环境和道路。如果运动场，可以使用 5% 的火碱溶液或 5% 的甲醛溶液进行喷洒消毒。

3. 物品用具准备

所需的各种用具、必需的药品、器械、记录表格和饲料要在入舍前准备好，进行消毒；饲养人员安排好，定人定舍（或定鸭）。

（二）转群入舍

1. 入舍时间

蛋鸭开产日龄一般为 150 天，在 110 天左右就已见蛋，最好在 90 ～ 100 天转入蛋鸭舍。提前入舍使青年鸭在开产前有一段时间熟悉环境，适应环境，互相熟悉，形成和睦的群体，并留有充足时间进行免疫接种和其他工作。如果入舍太晚，会推迟开产时间，影响产蛋率上升，已开产的母鸭由于受到转群惊吓等强烈应激也可能停产，致造成卵黄性腹膜炎，增加产蛋期死淘数。

2. 选留淘汰

选留精神活泼、体质健壮、生长发育良好，均匀整齐的优质鸭。剔除过小鸭、瘦弱和无饲养价值的残鸭。

3. 分类入舍

即使育雏、育成期饲养管理良好，由于遗传因素和其他因素使鸭群里仍会有一些较小鸭和较大鸭，如果都淘汰掉，成本必然增加，造成设备浪费。所以入舍时，分类入舍，将较小的鸭和较大鸭分别放在不同的群体内，采取特殊管理措施。如过小鸭放在温度较高、阳光充足和易于管理的区域，适当提高日粮营养浓度或增加喂料量，促进其生长发育；过大鸭可以进行适当限制饲养。入舍时每个群体一次入够，避免先入为主而打斗。

4. 减少应激

转群入舍、免疫接种等工作时间最好安排在晚上，捉鸭、运鸭等动作要轻柔，切忌太粗暴。入舍前在料槽内放上料，水槽中放上水，并保持适宜光照，使鸭入舍后立即能饮到水，吃到料，有利于尽快熟悉环境，减弱应激；饲料更换有过渡期，即将 70% 前段饲料与 30% 后段饲料混合饲喂 2 天后，50% 前段饲料与 50% 后段饲料混合饲喂 2 天，30% 前段饲料与 70% 后段饲料混合饲喂 2 天后全部使用后段饲料，避免突然更换饲料引起应激；舍内环境安静，工作程序相对固定，光照制度稳定；地面要铺细沙，设产蛋窝。开产前后应激因素多，可在饲料或饮水中加入抗应激剂。开产前后每千克饲料添加维生素 C 25 ~ 50 毫克或加倍添加多种维生素；或前后 3 天内在饲料中加入延胡索酸，剂量为每千克体重 30 毫克，或前后 3 天在饮水中加入速补 –14、速补 –18 等抗应激剂。

二、产蛋鸭的一般饲养管理

优良的蛋鸭品种，如绍鸭、金定鸭、麻鸭、卡基一康贝尔鸭等，在 150 日龄时产蛋率已达 50%，至 200 日龄时，可达产蛋高峰。这时，如饲养管理得当，高峰可维持到 450 日龄以上，才开始有所下降。根据蛋的变化情况和鸭的体重变化情况，将产蛋期分为产蛋初期（150 ~ 200 日龄）、产蛋前期（201 ~ 300 日龄）、产蛋中期（301 ~ 400 日龄）和产蛋后期（401 ~ 500 日龄）四个阶段，各个阶段的饲养管理方法各有侧重。

（一）产蛋初期（150 ~ 200 日龄）和前期（201 ~ 300 日龄）的饲养管理

新鸭开产以后，此时身体健壮，精力充沛，这是蛋鸭一生中较为容易饲养的时期。产蛋初期和前期产蛋率逐渐上升到高峰（一般到 200 日龄左右，产蛋率可以达到 90%，以后继续上升到 90% 以上）、蛋重逐渐增加（初产蛋只有 40 克，到 200 日龄可以达到全期蛋种的 90%，250 日龄可以达到标准蛋重）和鸭的体重稍有增加，对营养和环境条件要求比较高，饲养管理的重点是保证充足的营养、维持适宜的环境，使鸭的产蛋率尽快上升到最高峰，避免由于饲养管理而影响产蛋率上升。

1. 饲料饲养

及时更换产蛋饲料。15 ~ 16 周将青年鸭饲料更换为产蛋鸭饲料。饲料中蛋白质含量 18% ~ 22%，补足矿物质饲料。每天饲喂 3 ~ 4 次，让蛋鸭自由采食，吃好吃饱，并注意喂夜餐。喂料时，一定要同时放盛水的水槽，并及时清理水槽中残渣，做到吃食、饮水、休息各三分。保证饮水充足洁净。

2. 注意观察

通过观察及时发现饲养和管理中的问题，随时解决。

（1）观察蛋重　产蛋初期和前期，蛋重处在不断增加中，越产越大，蛋重增加快，说明饲养管理好，增重慢或下降，说明饲养管理有问题。

（2）观察蛋形 正常蛋是卵圆形，蛋壳光滑厚实，蛋壳薄而透亮。如果蛋的大端偏小，是欠早食。小头偏小是偏中食。有沙眼或粗糙，甚至软壳，说明饲料质量不好，特别是钙质不足或维生素 D 缺乏，应添喂骨粉、贝壳粉和维生素 D。

（3）观察产蛋时间 正常产蛋时间为深夜 2 点至翌日早晨 8 点，推迟产蛋时间，甚至白天产蛋，蛋产得稀稀拉拉，说明营养不足，要应及时补喂精料。

（4）观察体重 一般来说，体重变动是蛋鸭产蛋状况的晴雨表，因此观察蛋鸭体重变化，根据其生长规律控制体重是一项重要的技术措施。一般开产日期体重要求在 1 400～1 500 克的占 85% 以上。对刚开产的鸭群，产蛋至 210 天日龄、240 日龄、270 日龄以及 300 日龄的鸭群进行称重。称重在早晨空腹进行，每次抽样应占全群的 10%。若体重维持原状或变化不大，说明饲养管理得当；若体重较大幅度地增加或下降，都说明饲养管理有问题。

（5）观察产蛋率 产蛋前期的产蛋率是不断上升的，早春开产的鸭，上升更快，最迟到 200 日龄时，产蛋率应达到 90% 左右，如产蛋率高低波动，甚至出现下降。要从饲养管理上找原因。

（6）观察羽毛 羽毛光滑、紧密、贴身，说明饲料质量好；如果羽毛松乱，说明饲料差，应提高饲料质量。

（7）观察食欲 无论圈养或放牧，产蛋鸭（尤其是高产鸭）最勤于觅食，早晨醒得早，放牧时到处觅食，喂料时最先抢食，表现食欲强，宜多喂。否则，就是食欲不振，应查明原因，采取措施，促其恢复正常。

（8）观察精神 健康高产的蛋鸭精神活泼，行动灵活，放牧出去喜欢离群觅食，单独活动，进鸭舍后就逐个卧下，安静地睡觉。如果精神不振，反应迟钝，则是体弱有病，应及时从饲料管理上进行补救和采取适当治疗措施，使其恢复健康。

（9）观察嬉水 如有水上运动场，健康的、高产的蛋鸭，下水后潜水时间长，上岸后羽毛光滑不湿。鸭怕下水，不愿洗浴，下水后羽毛沾湿，甚至沉下，上岸后双翅下垂，行动无力，是产蛋下降预兆，应立即采取措施，增加营养，加喂动物性饲料，并补充点鱼肝油，以喂水剂鱼肝油较好，拌入粉料中喂，按每只每日喂 1 毫升，喂 3 天停 3 天，按每只每日喂 0.5 毫升，连续喂 10 天，以挽救危机，使蛋鸭保持较高的产蛋率。

3. 细心管理

（1）观察采食量 对鸭群每日采食量做到心中有数，一般产蛋鸭每日喂配合料 150 克左右，外加 50～150 克青绿饲料，如采食量减少，应分析原因，采取措施，不然连续 3 天采食量下降，第 4 天就会影响产蛋量。

（2）观察粪便 粪便的多少、形状、内容物、气味等给人以许多启示，也应该熟悉。如拉出的粪便全为白色，说明动物性饲料没被吸收。把粪便放在水中洗一下呈蓬松状，白的不多显示出动物性饲料喂量恰当。

（3）检查产蛋状况 早上拣蛋时留心观察鸭舍内产蛋窝的分布情况，鸭子每天产蛋窝的多少一般有规律可循，每天产蛋的个数和重量要心中有数，最好记录在册，并绘成图表与标准相对照，以便掌握鸭群的产蛋动向。

4. 增加光照

改自然光照为人工补充光照。从产蛋开始，每日增加光照 20 分钟，直至 16 小时或 17 小时；光照强度 5 勒克斯，每平方米鸭舍一盏 1.4 瓦或每 18 米^2 鸭舍一盏 25 瓦、有灯罩的电灯，安装高度 2 米；灯泡分布均匀，交叉安置，且经常擦洗清洁，晚间点灯只需采用朦胧光照即可。不要突然关灯或缩短光照时间，以免引起惊群和产畸形蛋，如果经常断电，要预备煤油灯或其他照明用具。

5. 保证饲养管理稳定

蛋鸭生活有规律，但富神经质，胆小，易受惊扰。因此在饲养过程中要注意以下几点。

①饲料品种不可频繁变动，不喂霉变、质劣的饲料。

②操作规程和饲养环境尽量保持稳定，养鸭人员也要相对固定，不能随意更换。

③舍内环境要保持安静，尽力避免异常响声，不许外人随便进出鸭舍，不使鸭群突然受惊，特别是刚产头几个蛋时，使之如期达到产蛋高峰。

④饲喂次数与饲喂时间相对不变，如本来一天喂 4 次，突然减少饲喂次数或改变饲喂时间均会使产蛋量下跌。

⑤要尽力创造条件，提供理想的产蛋环境，特别注意由气候剧变所带来的影响。因此要留心天气预报，及时做好准备工作；每天要保持鸭舍干燥，地面铺垫稻草，鸭子每次放水归巢之前，先让其在外梳理羽毛，待毛干后再放入舍内；保持光照制度的稳定。

⑥在产蛋期间不随便使用对产蛋率有影响的药物，如喹乙醇等，也不注射疫苗，不驱虫。

6. 公母合理搭配

搭配合理的公鸭，每天入群嬉水促"性"，鸭"性"头越大，产蛋越多。一般的种鸭，公、母比 1∶（15～20），用于产蛋的商品鸭群按 2%～5% 比例投入公鸭。尽管公鸭不下蛋，但对母鸭有性刺激作用，可促进母鸭高产。

（二）产蛋中期（301～400日龄）的饲养管理

当产蛋率达90%以上时，即进入盛产期，经过100多天的连续产蛋后，体力消耗非常大，健康状况已经不如产蛋初期和前期，所以对营养的要求很高。若营养满足不了需求，产蛋量就要减少，甚至换毛，这是比较难养的阶段。本阶段饲养管理的重点是维持高产，力求使产蛋高峰达到400日龄以后。

在此期间应提高饲料质量，增加日粮营养浓度，喂给含19%～20%蛋白质的配合饲料，每只鸭每日采食量为150克左右，并适当增喂颗粒型钙质和青饲料，此时蛋鸭用料可通过观察蛋鸭所排出的粪便、蛋重、产蛋时间、壳势、鸭身羽毛等变化进行调整。盛产期间蛋鸭保持产蛋率不变，8个蛋重500克，且稍有增加，体重基本不变，说明用料合理，此时体重如有减轻，增喂动物性饲料；体重增大，可将饲料的代谢能降下来，适当增喂青饲料，控制采食量，但动物性饲料保持不变。为降低饲料成本，应积极利用当地工业副产品，如啤酒糟、味精糟等，鱼粉要注意质量，如始终向信誉较好、质量稳定的卖主购入，防止其饲料掺假掺杂，影响产蛋变化。

另外，如有条件应加强鸭群的放牧，让其在田间、沟渠、湖泊中觅食小鱼、小虾、河蚌、螺蛳和蚯蚓等动物性饲料。然后再适当补喂植物性饲料，以满足蛋鸭对各种营养成分的需要。如果舍饲，需给蛋鸭补喂10%的鱼粉和适量的蛋禽用多种维生素。

（三）产蛋后期（401～500日龄）的饲养管理

经过8个多月的连续产蛋以后，到了后期产蛋高峰就难以保持下去了，但对于高产品种（如绍鸭），如饲养管理得当，仍可维持80%左右的产蛋率。具体说，450日龄以前，产蛋率达85%左右，470日龄时产蛋率为80%左右，500日龄时产蛋率为75%左右。要达到这样的水平，后期的饲养管理工作要认真做好，如稍不谨慎，产蛋量就会减少，并换毛。此后要停产3个月，甚至更长，短期内就无法再把产蛋率提上去。

1. 要根据体重和产蛋率确定饲料的质量和喂料量

如果鸭群的产蛋率仍在80%以上，而鸭子的体重却略有减轻的趋势，此时在饲料中适当增加动物性饲料；如果鸭子体重增加，身体有发胖的趋势，但产蛋率还有80%左右，这时可将饲料中的代谢能降下来或适当增喂粗饲料和青饲料，或者控制采食量；如果体重正常，产蛋率亦较高，饲料中的蛋白质水平应比上阶段略有增加；如果产蛋率已降到 60% 左右，此时已难以上升，无须加料。

2. 适当增光

每天保持 16 小时的光照时间，不能减少。如产蛋率已降至 60% 时，可以增加光照时数到 17 小时直至淘汰为止。

3. 减少应激

操作规程要保持稳定，避免一切突然刺激而引起应激反应。注意天气变化，及时做好准备工作，避免气候变化引起应激。

4. 注意观察

观察蛋壳质量和蛋重的变化。如出现蛋壳质量下降，蛋重减轻，可增补鱼肝油和无机盐添加剂。

5. 分群管理

鸭产蛋一段时间后，可能有部分鸭换羽不产蛋，应该将产蛋鸭和不产蛋鸭分开，淘汰不产蛋鸭或进行强制换羽后再利用。没有饲养价值的过小鸭、残疾鸭等淘汰，发育良好健康的鸭可以进行强制换羽，待开始产蛋后再放入产蛋群中集中管理。产蛋鸭和不产蛋鸭的区别见表 6-2。

表 6-2 产蛋鸭和停产鸭的区别

项目	产蛋鸭	停产鸭
羽毛	整齐无光泽或膀尖有锈色羽毛收紧	羽毛松散，不整齐，有光泽
颈	颈羽紧、脖子细	颈羽松、脖子粗
喙	浅白色或带有黑色素	橘红色
臀部	下垂接近地面	不下垂
行动	行动迟缓，不怕人	行动灵活，怕人
耻骨	间距大，3 指以上	间距小，3 指以下

三、蛋鸭不同季节的管理

（一）春季管理

1. 喂料充足

春天的气温由冷转暖，日照时间也会增加，这季节对于产蛋是非常有利的，养殖户应该尽量创造出稳产和高产的环境。日粮供应不仅要充足，而且要营养丰富，一般情况下，精料和青料各占50%，当青料不足的时候添加一些蛋禽用多维素，效果也是很不错的。另外在鸭舍内还要常备足够的清洁饮水。

2. 鸭舍管理

春季前期的气温还是比较低的，所以这个时候养殖户不仅要保持舍内干燥通风，还要搞好清洁卫生，每隔一段时间就要更换一次垫料。如果光照不足，每天需要人工进行补充光照4～5小时，这样就可以刺激蛋鸭性腺发育。

3. 末期管理

春夏交替的时候，气候是十分多变的，因此既要做好保暖工作，又要经常给鸭舍通风。这个时候要经常更换鸭舍的垫草，保持通风，让舍内干燥，以防止饲料发霉。还要定期给鸭舍消毒。在天气晴朗的时候，可以让鸭子在舍外多活动一下，多接触阳光。

（二）夏季管理

1. 梅雨期管理要点

春末夏初，南方各省大都在5月末和6月出现梅雨季节，常常阴雨连绵，温度高、湿度大，低洼地常有洪水发生，此时是蛋鸭饲养的难关，稍不谨慎，就会出现停产、换毛。

梅雨季节管理的重点是防霉、通风。措施如下。

①敞开鸭舍门窗，草舍可将前后的草帘卸下，充分通风，排除鸭舍内的污浊空气，高温高湿时，尤其要防止氨中毒。

②勤换垫草，保持舍内干燥。

③疏通排水沟，运动场不可积有污水。

④严防饲料发霉变质，每次进料不能太多，饲料要保存在干燥处，运输途中要防止雨淋，发霉变质的饲料绝不可饲喂。

⑤定期消毒鸭舍，舍内地面最好铺荅糠灰，既能吸潮，又有一定的消毒作用。

⑥及时修复围栏、鸭滩。运动场出现凹坑，要及时垫平。

⑦鸭群进行1次驱虫。

2. 盛夏时期管理要点

6月底至8月，是一年中最热的时期，此时管理不好，不但产蛋率下降，而且还要死鸭。如精心饲养，产蛋率仍可保持80%以上。这个时期的管理重点是防暑降温。措施如下。

①鸭舍屋顶刷白，周围种丝瓜、南瓜，让藤蔓爬上屋顶，隔热降温。运动场（鸭滩）搭凉棚，或让南瓜、丝瓜的藤蔓爬上去遮阴。

②鸭舍的门窗全部敞开，草屋前后墙上的草帘全部卸下，加速空气流通，有条件时可装排风扇或吊扇，以通风降温。

③早放鸭，迟关鸭，增加中午休息时间和下水次数。傍晚不要赶鸭入舍，夜间让鸭露天乘凉休息，但需在运动场中央或四周点灯照明，防止老鼠、野兽危害鸭群。

④饮水不能中断，保持清洁，最好饮凉井水。

⑤多喂水草等青料，提高精饲料中的蛋白质含量，饲料要新鲜，现吃现拌，防腐败变酸。

⑥适当疏散鸭群，降低饲养密度。

⑦防止雷阵雨袭击，雷雨前要赶鸭入舍。

⑧鸭舍及运动场要勤打扫，水盆、料盆吃一次洗一次，保持地面干燥。

（三）秋季管理

9—10月正是冷暖空气交替的时候，气候多变，如果养的是上一年孵出的秋鸭，经过大半年的产蛋，身体疲劳，稍有不慎，就要停蛋换毛，故群众有"春怕四，秋怕八，拖过八，生到腊"的谚语。所谓"秋怕八"，就是指农历八月是个难关，既有保持80%以上产蛋率的可能性，也有急剧下降的危险。此时的管理要点如下。

①补充人工光照，使每日光照时间（自然光照加补充光照）不少于16小时，光照强度达到每平方米5～8勒克斯。

②克服气候变化的影响，使鸭舍内的小气候变化幅度不要太大。

③适当增加营养，补充动物性蛋白质饲料。

④操作规程和饲养环境尽量保持稳定。

⑤适当补充无机盐饲料，最好鸭舍内另置无机盐盆，任其自由采食。

（四）冬季管理

12月至翌年2月上旬，是最冷的季节，也是日照时数最少的时期，产蛋条件最差，常常是产蛋率最低的季节。当年春孵的新母鸭，只要管理得法，也可以保持80%以上的产蛋率；若管理失策，也会使产蛋率下降，使整个冬季都处在低水平上。但8月间孵化的秋鸭，此时都已经开产，产蛋率处于上升阶段，只要管理得当，适当保温，仍可使产蛋率不断提高。

1. 保持舍温

对于蛋鸭而言，产蛋的适宜温度为 13 ～ 20℃，温度过低或过高均会引起产蛋率下降。因此，保持鸭舍内环境温度的相对稳定是冬季蛋鸭高产稳产的关键。冬季来临之前，检查并修理鸭舍，要求门窗完好，也可在鸭舍门口悬挂草帘保温。严寒时，将门窗关严，并在鸭舍内墙四周的产蛋区垫一层稍厚（5 ～ 10 厘米）的稻草（每百只鸭每天需用稻草 10 千克左右），蛋鸭睡在上面不会受凉，有利于腹部的保温。每天把鸭赶出鸭舍后，应赶快打开门窗，加强舍内通风换气，待鸭群回舍时，再及时关闭门窗，使鸭舍内的温度始终保持在 15℃以上。每天早晨收完蛋后，将蛋窝内的旧草取出撒铺在鸭舍内，晚上鸭群入舍前，再往产蛋窝内添加新草，这样地面上的垫草逐渐积累，既保温又省力。

2. 加强营养

在冬季，鸭群的放牧时间减少，天然饲料的种类也少，而鸭子过冬时又因为长绒羽、保持体温，需要消耗比平时更多的营养物质。因此，冬季饲养蛋鸭要注意加强营养，尤其是要多补充蛋白质饲料，如鱼、虾、螺、鱼粉、肉骨粉、血粉等动物性蛋白质饲料和一些植物性蛋白质饲料，如豆饼、花生饼、菜籽饼等，并加喂一些骨粉、牡蛎粉、蛋壳粉等矿物质饲料。冬季昼短夜长，应根据蛋鸭实际体重情况，夜间增补饲料，建议在原有日粮基础上添加 1% ～ 2% 的猪油，补充鸭的体能消耗，这样做有利于维持蛋鸭夜间体能，提高产蛋率。

3. 适当运动

冬季鸭群活动减少，易造成鸭体脂肪积聚过多，体躯肥胖，而导致产蛋量下降。因此，在冬季，每天应该对关在棚内饲养的聚堆鸭群进行轻声吆喝，缓慢驱赶，使其在棚内作转圈运动，即为"噪鸭"。每天定时驱赶，每次 5 ～ 10 分钟，每天活动 2 ～ 4 次。这样不仅可以增加鸭群的运动量，健壮身躯，而且还可提高冬季产蛋率。

4. 适时放水

冬季，也要对蛋鸭进行适时放水。一般来说，早上迟放鸭，晚上早关鸭，减少蛋鸭下水的次数，适当缩短下水时间。天气晴朗时，宜在 10:00 和 14:00 左右让鸭群下水洗澡，时间控制在 10 分钟左右。多云、无风的天气，可在上午让鸭群下水 1 次，下午可不下水。下雪天尽量不让鸭子下水，待雪停后再下水，下水之前要把路上的积雪扫除干净，防止雪块冻凝在鸭毛上，使鸭子受凉生病。

5. 热饲温饮

冬季，鸭子消耗的热能较其他季节都多，因此，饲喂时一定要注意饲料和水的温度，拌料时要用热水，拌后趁温热（38℃左右）投喂。饮水应供给温水，千万不可让鸭饮冰雪水，以防引起腹泻和其他疾病。

6. 补充光照

冬季，自然光照的时间缩短，要想保持蛋鸭群高产稳产，必须补充光照。正常产蛋鸭每天的光照时间应控制在 16 小时左右，从早晨 4:00—20:00 都应有足够光照，在自然光照不足的情况下，可用白炽电灯人工补充光照。一般按照以每 15 ~ 20 米^{2}鸭舍在 1.8 ~ 2 米高度点亮一只 40 瓦灯泡即可，在灯泡外装上灯罩，使光线能集中照射在鸭体上，开灯补光的时间，一般在每天晚上的 17:00—20:00 和翌日凌晨的 4:00—7:00 时，光线不宜过强，强度过高会引起鸭群惊恐。

7. 留优汰劣

在蛋鸭的饲养管理过程中，要经常观察蛋鸭的体表特征，对其进行个体选择，选择要根据蛋鸭的营养状况，饮食活动规律进行，挑选出高产体型蛋鸭。另外，对于病鸭、长期翻肛鸭、次残鸭、过度肥胖鸭以及停产、低产鸭要及时挑出淘汰，以减少饲料浪费，降低经济损失，使鸭群保持高产而获得好的经济效益。

第四节　肉鸭科学养殖

肉鸭有大型肉鸭和中型肉鸭两类。大型肉鸭也称快大鸭或肉用仔鸭，一般养到 50 天，体重 2 ~ 3 千克，中型肉鸭一般饲养 65 ~ 70 天，体重 1.7 ~ 2 千克。

一、肉鸭育雏

（一）环境条件及控制

1. 温度

雏鸭体温调节能力较差，对外界环境条件需要逐步适应，保持适当的温度是育雏成败的关键。肉鸭适宜的育雏温度见表 6-3。

表 6–3　肉鸭适宜的育雏温度　　　　　　　　单位：℃

日龄	温度		
	加热器下	活动区域	周围环境
1～3 天	42～45	29～30	30
3～7 天	38～42	28～29	29
7～14 天	36～38	26～27	27
14～21 天	30～36	25～26	25
21～28 天	30	22～24	22
28～40 天	遵照冬季环境	20	18～22
40 天以上	标准逐步脱温	18	17

2. 湿度

若舍内高温低湿会造成干燥的环境，很容易使雏鸭脱水，羽毛发干。但湿度也不能过高，高温高湿易诱发多种疾病，这是养禽最忌讳的环境，也是球虫病暴发的最佳条件。地面垫料平养时特别要防止高温。因此育雏头 1 周应该保持稍高的湿度，一般相对湿度为 65%，以后随日龄增加，要注意保持鸭舍的干燥。要避免漏水，防止粪便、垫料潮湿。第 2 周湿度控制在 60%，第 3 周以后为 55%。

3. 密度

密度是指每平方地面或网底面积上所饲养的雏鸭数。密度要适当，密度过大，雏鸭活动不开，采食、饮水困难，空气污浊，不利于雏鸭成长；过稀则房舍利用率低，多消耗能源，不经济。适当的密度既可以保证高的成活率，又能充分利用育雏面积和设备，从而达到减少肉鸭活动量，节约能源的目的。育雏密度依品种、饲养管理方式、季节的不同而异。一般每平方米饲养 1 周龄雏鸭 25 只，2 周龄 15～20 只，3～4 周龄 8～12 只，每群以 300～500 只为宜。

4. 光照

光照可以促进雏鸭的采食和运动，有利于雏鸭的健康生长。出壳后的前 3 天内采用 23～24 小时光照；4～7 日龄，可不必昼夜开灯，给予每天 22 小时光照，便于雏鸭熟悉环境，寻食和饮水。每天停电 1～2 小时保持黑暗的目的，在于使鸭能够适应突然停电的环境变化，防止一旦停电造成应激扎堆，致大量雏鸭死亡。

光的强度不可过高，过强烈的照明不利于雏鸭生长，有时还会造成啄癖。

通常光照强度在 10～15 勒克斯。一般开始白炽灯每平方米应有 5 瓦强度（10 勒克斯，灯泡离地面 2～2.5 米），以后逐渐降低。到 2 周龄后，白天就可以利用自然光照，在夜间 23 点关灯，早上 4 点开灯。早、晚喂料时，只提供微弱的灯光，只要能看见采食即可，这样既省电，又可保持鸭群安静，防止因光照过强引起啄羽现象，也不会降低鸭的采食量。但值得注意的是，采用保温伞育雏时，伞内的照明灯要昼夜亮着。因为雏鸭在感到寒冷时要到伞下去取暖，伞内照明灯有引导雏鸭进伞的功效。

采用微电脑光照控制仪，可从黄昏到清晨采用间歇照明，即关灯 3 小时让鸭群休息，之后开灯 1 小时让鸭群采食、饮水和适当运动，每 4 个小时为 1 个周期。黄昏时将料箱或料桶内添加足量的饲料，饮水器内保证有充足的饮水，以满足夜间雏鸭的需要。

5. 通风

雏鸭的饲养密度大，排泄物多，育雏室容易潮湿，积聚氨气和硫化氢等有害气体。因此，保温的同时要注意通风，以排出潮气等，其中以排出潮湿气更为重要。

适当的通风可以保持舍内空气新鲜，夏季通风还有助于降低鸭的体感温度。因此良好的通风对于保持鸭体健康、羽毛整洁、生长迅速非常重要。开放式育雏时维持舍温 21～25℃，尽量打开通气孔和通风窗，加强通风。如在窗户上安装纱布换气窗，既可使室内外空气对流，并以纱布过滤空气，使室内空气清新，又可防止贼风，效果会更好。

冬季和早春，要正确处理保温与通风的矛盾。肉鸭在养殖的前 2 周，管理的要点是保温，因为这个阶段，雏鸭的体温调节机能尚不完善，需要有较高的环境温度，2 周龄后即可在晴暖天气打开窗户进行适当通风换气。这个季节，进风口要设置挡板，以防进入鸭舍的冷风直接吹到鸭身上导致受凉感冒。如果能够使用热风炉，将加热后的空气送到舍内，则能够有效解决这个季节通风换气和保温的矛盾。

夏季，10 日龄内的雏鸭，夜间仍需要适当保温，待环境温度不低于 23℃ 时，才不需要保温和加热，并注意通风换气。3 周龄后，需要加强通风换气，缓解热应激，有条件的规模肉鸭场，还可使用湿帘风机等降温设备。

春秋季节气温不太稳定，要注意 2 周龄内雏鸭的保温，天气暖和时兼顾通风，2 周龄后防止气温突降而没有减少通风量，导致舍内温度急剧下降等情况的发生。

（二）饲养技术关键点

1. 选择

肉用商品雏鸭必须来源于优良的健康母鸭群，种母鸭在产蛋前已经免疫接种过鸭瘟、禽霍乱、病毒性肝炎等疫苗，以保证雏鸭在育雏期不发病。所选购的雏鸭大小基本一致，体重在 55 ～ 60 克，活泼，无大肚脐、歪头拐脚等，毛色为蜡黄色，太深或太淡者均淘汰。

2. 分群

雏鸭群过大不利于管理，环境条件不易控制，易出现惊群或挤压死亡，所以为了提高育雏率，进行分群管理，每群 300 ～ 500 只。

3. 饮水

水对雏鸭的生长发育至关重要，雏鸭在开食前一定要饮水，饮水又叫开水或潮水。在雏鸭的饮水中加入适量的维生素 C、葡萄糖，效果会更好，既增加营养又提高雏鸭的抗病力。提供的饮水器数量要充足，不能断水，也要防止水外溢。

4. 开食

雏鸭出壳 12 ～ 24 小时或雏鸭群中有 1/3 的雏鸭开始寻食时进行第一次投料，饲养肉用雏鸭用全价的小颗粒饲料效果较好。如果没有这样的条件，也可用半生米加蛋黄饲喂，几天后改用营养丰富的全价饲料饲喂。

5. 饲喂的方法

第 1 周龄的雏鸭应让其自由采食，保持饲料盘中常有饲料，一次投喂不可太多，防止长时间吃不掉被污染而引起雏鸭生病或者浪费饲料。因此要少喂常添，第 1 周按每只鸭子 35 克饲喂，第 2 周 105 克，第 3 周 165 克。

6. 预防疾病

肉鸭网上密集化饲养，群体大且集中，易发生疫病。因此，除加强日常的饲养管理外，要特别做好防疫工作。饲养至 20 日龄左右，每只肌内注射鸭瘟弱毒疫苗 1 毫升。30 日龄左右，每只肌内注射禽霍乱疫苗 2 毫升，平时可用 0.01% ～ 0.02% 高锰酸钾饮水，效果也很好。

二、肉鸭育肥期养殖

肉用仔鸭从 4 周龄到上市的阶段称为育肥期。

（一）放牧育肥

这是一种较为经济的育肥方法，即肉鸭 40～50 日龄、体重为 2 千克左右时开始到稻田、麦田内采食散落的谷粒和小虫。经 10～20 天放牧，体重达 2.5 千克以上，即可出售。

（二）舍饲育肥

育肥鸭舍要求空气流通，周围环境安静，光线不能过强。适当限制肉鸭的活动，最好喂给全价颗粒饲料，饲料一次加足，任其自由采食，供水不断，这样经过 10～15 天育肥饲养，可增重 0.25～0.5 千克。

（三）人工填饲育肥

肉鸭一般在 40～42 日龄，体重达 1.7 千克以上开始人工填饲。填饲饲料以玉米为主，适当加入 10%～15% 的小麦粉。填饲期一般为 2 周左右，每天填饲 4 次，每隔 6 小时填饲 1 次，每次的填饲量（湿料重量）约为鸭体重的 8%，以后每天增加 30～50 克湿料，1 周后每次可填湿料 300～500 克。生产中常用的填饲方法有手工填饲和机器填饲。

第七章

家禽常见疫病防治

第一节　家禽常见病毒病的防制

一、新城疫

（一）诊断要点

1.流行特点

鸡、火鸡、鹌鹑、鸽子、鸭、鹅等多种家禽及野禽均易感，各种日龄的禽类均可感染。非免疫易感禽群感染时，发病率、死亡率可高达90%以上；免疫效果不好的禽群感染时症状不典型，发病率、死亡率较低。该病传播途径主要是消化道和呼吸道。传染源主要为感染禽及其粪便，口、鼻、眼的分泌物。被污染的水、饲料、器械、器具和带毒的野生飞禽、昆虫及有关人员等均可成为主要的传播媒介。

2.临床症状

该病的潜伏期为21天。典型新城疫发病急，死亡率高；体温升高，极度精神沉郁，呼吸困难，食欲下降；粪便稀薄，呈黄绿色或黄白色；发病后期可出现各种神经症状，多表现为扭颈，翅膀麻痹等。在免疫禽群表现为产蛋下降。剖检，全身黏膜和浆膜出血，以呼吸道和消化道最为严重；腺胃黏膜水肿，乳头和乳头间有出血点；盲肠扁桃体肿大，出血，坏死；十二指肠和直肠黏膜出血，有的可见纤维素性坏死病变；脑膜充血和出血；鼻道、喉、气管黏膜充血，偶有出血，肺可见淤血和水肿。

多种脏器的血管充血，出血；消化道黏膜血管充血，出血；喉气管、支气管黏膜纤毛脱落；血管充血，出血，有大量淋巴细胞浸润；中枢神经系统可见非化脓性脑炎，神经元变性，血管周围有淋巴细胞和胶质细胞浸润形成的血管套。

因免疫密度的增加，当前非典型新城疫的发病较普遍。一般地，在下列情况下要首先考虑有非典型性新城疫发生，所有的以咳嗽为主的呼吸声音异常，几乎所有新城疫引起的呼吸道异常，鸡群内咳嗽声最明显，并且是痰湿性咳嗽；顽固性呼吸道病，长时间治疗无效，或轻微有效的呼吸道病；鸡群内陆续出现运动失调的鸡，尤其是青年鸡，其他没什么症状；出现扭头，角弓反张，翅膀不停扇动，异常兴奋的前跑后退等现象的鸡群；遇到有怪叫鸡只的鸡群，有口流乳白色液体的鸡只出现的鸡群；粪便内有明显的黄白色的稀便，堆形有一元硬币大小的，粪便内有黄色稀便加带草绿色的，像乳猪料样的疙瘩粪，或加带有草绿的黏液脓状物质，顽固性腹泻的鸡群；蛋壳质量明显变差，最近 60 天左右没用过新城疫疫苗的鸡群；刚开产，可产蛋率徘徊不升的鸡群（多是因为慢性球虫，但新城疫也会），其他没什么的异常；刚用过新城疫疫苗，出现呼吸困难，呼吸异常的鸡群。

确诊需进行实验室诊断。实验室病原学诊断必须在相应级别的生物安全实验室进行。

（二）防制措施

1. 预防

（1）免疫预防　各地要继续对鸡实施全面免疫，根据当地实际和监测情况对其他家禽开展免疫。及时制定实施新城疫免疫方案，做好免疫效果评价。

免疫接种是控制该病的重要措施，一般可以采用鹅源新城疫病毒（NDV）的流行株来制备油乳剂灭活苗，对易感鹅群进行免疫。种鹅产蛋前 2 周，每只皮下或肌内注射油乳剂灭活苗 0.5 ～ 1 毫升。抗体维持半年左右。免疫期内，种鹅的后代体内均有母源抗体保护，可以抵抗强毒的感染。种鹅未免疫副黏病毒疫苗的，其后代应在 7 日龄进行免疫接种，每只皮下或肌内注射油乳剂灭活苗 0.3 ～ 0.5 毫升，接种后 10 天内隔离饲养；种鹅免疫过油苗，其后代体内有母源抗体，可在 15 ～ 20 日龄进行免疫，每只皮下或肌内注射油乳剂灭活苗 0.3 ～ 0.5 毫升。首免后 2 个月进行 2 次免疫。

（2）监测净化　各地要持续开展疫情监测工作，加大病原学监测力度，及时准确掌握病原遗传演化规律、病原分布和疫情动态，科学评估新城疫发生风险和疫苗免疫效果，及时发布预警信息。要选择一定数量的养殖场户、屠宰场和交易市场作为固定监测点，开展监测工作。

及时扑杀野毒感染种禽，培育健康种禽群和后备禽群，逐步实现净化目标。

养殖场要按照"一病一案、一场一策"要求，根据本场实际，制定切实可行的净化方案，有计划地实施监测净化。

（3）检疫监管　各地动物卫生监督机构要加强家禽产地检疫和屠宰检疫，逐步建立以实验室检测和动物卫生风险评估为依托的产地检疫机制，提升检疫科学化水平。加强活禽移动监管，做好跨省调运种禽产地检疫和监管工作。要规范跨省调运、电子出证，实现检疫数据互联互通。

2. 治疗

发病后，将病禽隔离或淘汰，死禽进行无害化处理。禽群中尚未出现症状的禽采用新城疫油乳剂灭活苗进行紧急接种，适当应用抗生素，以防止继发感染细菌性传染病，也可促进肠道病变的恢复。

对病禽可采用新城疫高免血清或高免卵黄抗体进行紧急注射，具有一定的治疗效果。

二、鸭瘟

鸭瘟又名鸭病毒性肠炎，是由鸭瘟病毒引起的鸭、鹅、天鹅的一种急性败血性传染病。鹅也能被鸭瘟病毒感染，引起发病，且感染以后传播更快，往往造成大批死亡。目前，该病已遍布世界绝大多数养鸭、养鹅地区及野生水禽的主要迁徙地，给鸭、鹅养殖业造成非常严重的经济损失。

（一）诊断要点

1. 流行特点

自然条件下，鹅在与发病鸭群密切接触的情况下，可感染发病，并引起流行。其他家禽如鸡、鸽和火鸡都不会感染。不同品种、年龄、性别的鹅对鸭瘟病毒都有很高的易感性，但它们之间的发病率、病程以及病死率是有差别的。雏鹅更易感，致死率也高。成年鹅也能感染发病。

鸭瘟的传染来源主要是病鸭、病鹅或潜伏期及病愈康复不久的带毒鸭、带毒鹅。健康鹅群与病鸭群一起放牧，或是水中相遇，或是放鹅时经过鸭瘟流行地区时均能发生感染。被病鸭、病鹅、带毒鸭和带毒鹅的分泌物和排泄物污染的饲料、饮水、用具和运输工具等，都是造成鸭瘟传播的重要因素。某些野生水禽和飞鸟可能感染或携带病毒，因此有可能成为传播该病的自然疫源和媒介。在购销和运输鸭群时，也会使该病从一个地区传至另一个地区。此外，某些吸血昆虫也可能传播该病。

鸭瘟的主要传播途径是通过消化道传染，也可以通过交配、眼结膜和呼吸道传播，吸血昆虫也能成为该病的传播媒介。人工感染时，病毒经点眼、滴鼻、肌内注射、皮下注射、泄殖腔接种、皮肤刺种等途径都能使健康鸭、鹅致病。一年四季均可发生，但该病的流行同气温、湿度、鹅群和鸭群的繁殖季节及农作物的收获季节等因素有一定关系。通常在春夏之际和秋季流行最严重。

2. 临床症状和病理变化

自然感染的潜伏期一般为 3 ～ 4 天，病毒毒力不同，潜伏期长短可能有差异。人工感染的潜伏期为 2 ～ 4 天。病初体温升高达 42 ～ 43℃，甚至达 44℃，呈稽留热型。

病鸭鹅表现精神萎靡，低头缩颈，常离群呆立，头颈蜷缩，食欲降低，渴欲增加，两脚发软，步态蹒跚，走路困难，行动迟缓，严重者伏卧在地上不愿走动，驱赶时两翅扑地走动，走几步后又蹲伏于地上，最后完全不能站立；病鸭鹅不愿下水，强迫赶它下水后不能游水，漂浮水面并挣扎回岸；眼周围湿润，羞明流泪，有的附有黏液性或脓性分泌物，把两眼黏合；呼吸困难，鼻孔内常流出浆液性或黏液性分泌物，部分病鸭头颈部肿胀，故又叫"大头瘟"；下痢，排出绿色或灰白色稀便。病的后期，体温下降，体质衰竭，不久死亡。

剖检，泄殖腔黏膜充血、水肿，有出血点，严重的黏膜表面覆盖一层黄绿色伪膜，难以剥离。部分病鹅的头和颈部几乎变成一样粗，拨开颈部腹侧面羽毛，可见皮肤浮肿，呈紫红色，触之有波动感。

（二）防治措施

1. 预防

应采取严格的饲养管理、消毒及疫苗免疫相结合的综合性措施来预防该病。在没有发生鸭瘟的地区或鸭、鹅场要着重做好预防工作。

（1）加强饲养管理和卫生消毒制度，坚持自繁自养　引进种鸭、鹅或鸭、鹅苗时必须严格检疫，运回后需要隔离饲养，至少隔离饲养 2 周才能合群；不从疫区引进种鸭、鹅或鸭、鹅苗。对鸭、鹅舍、鸭、鹅场、运动场和饲养用具等严格消毒，加强饲养管理，不到疫区放牧，防止疫病传入鸭、鹅群等。

（2）定期接种鸭瘟疫苗　目前常用的疫苗有鸭瘟鸭胚化弱毒苗和鸭瘟鸡胚化弱毒苗。注意，鹅群在免疫鸭瘟疫苗时，剂量应是鸭免疫剂量的 5～10 倍，种鹅按照 15～20 倍剂量免疫。初生鹅免疫期为 1 个月，2 月龄以上的鹅免疫期为 9 个月。种鹅产蛋前接种疫苗，可提高雏鹅的母源抗体水平，雏鹅首次免疫日龄可适当推迟。

2. 治疗

目前尚没有特效药物来治疗鸭瘟。一旦发生鸭瘟时，应立即采取隔离、消毒和紧急接种等措施。

紧急接种越早进行越好，对可疑感染和受威胁的鸭鹅群立即注射鸭瘟鸭胚化弱毒苗，一般在接种后 1 周内死亡率显著降低，能迅速控制住疫情。可采用肌内注射途径进行免疫，鹅的免疫剂量可采用，15 日龄以下鹅群用 15 羽份剂量的鸭瘟疫苗，15～30 日龄鹅群用 20 羽份剂量的鸭瘟疫苗，31 日龄至成年鹅用 25～30 羽份剂量的鸭瘟疫苗。病鹅可采用抗鸭瘟血清进行治疗，每只鹅每次肌内注射 1 毫升，同时在饮水中添加电解多维或口服补液盐，让鹅自由饮用。为了防止继发细菌感染，饮水中可添加抗生素。

三、小鹅瘟

小鹅瘟又称鹅细小病毒感染，小鹅瘟是由小鹅瘟病毒引起雏鹅或雏番鸭的一种急性或亚急性传染病。

（一）诊断要点

1. 流行特点

该病主要发生于 20 日龄以内的雏鹅和雏番鸭，不同品种的雏鹅具有相同的易感性。易感雏鹅自然感染的最早发病日龄为 4～5 日龄，发病后，2～3 天内迅速蔓延至全群，7～10 日龄发病率和死亡率达最高峰，以后逐渐下降。小鹅瘟的发病率和死亡率与感染雏鹅的日龄密切相关，日龄越小，发病率、死亡率越高，5 日龄以内雏鹅感染，死亡率高达 95% 以上，1 月龄以上的雏鹅感染，死亡率为 10% 左右。

带毒鹅、番鸭、病鹅和病番鸭是该病的主要传染源，主要是通过它们的分泌物和排泄物传播。该病的传播途径主要是呼吸道和消化道，如病鹅通过粪便大量排毒，污染饲料、饮水，其他易感雏鹅通过饮水、采食可以感染病毒，引起该病在雏鹅群内的流行。该病能通过孵坊进行传播。

2. 临床症状与病理变化

根据病程的长短，该病可分为最急性型、急性型和亚急性型。

（1）最急性型 多发生于1周龄以内的雏鹅。雏鹅往往突然发病、死亡，传播速度快，发病率可达100%，病亡率高达95%以上。发病雏鹅精神沉郁后数小时内后便出现衰弱，或倒地后两腿乱划，不久死亡，或在昏睡中衰竭死亡。患病雏鹅鼻孔有少量浆液性分泌物，死亡雏鹅喙端发绀、蹼色泽发暗。数日内，疫情扩散至全群。

病理变化主要表现为肠道的急性卡他性炎症，其他组织器官的病变不明显。病鹅日龄小，多为1周龄以内的雏鹅，病程短，病变不明显，仅见小肠前段黏膜肿胀、出血，覆盖有大量淡黄色黏液。有些病例小肠黏膜有少量出血点或出血斑，表现为急性卡他性炎症，胆囊肿大，充满稀薄的胆汁。

（2）急性型 多发生于1～2周龄内的雏鹅，主要表现为精神委顿，食欲减退或废绝；病雏虽能随群采食，但采食后不吞咽，随即甩去；不愿走动，行动迟缓，无力，站立不稳，喜蹲卧，落后于群体，打瞌睡；下痢，排黄白色或黄绿色稀粪便，粪便中常带有气泡、纤维素碎片或未消化的饲料，泄殖腔周围的绒毛湿润，有稀粪粘着，泄殖腔扩张，挤压时流出黄白色或黄绿色的稀粪。张口呼吸，口鼻有棕色或绿褐色浆液性分泌物流出，鼻孔周围污秽不洁，喙端发绀，蹼色泽变暗；食道膨大部松软，含有气体和液体；眼结膜干燥，全身有脱水现象；临死前两腿麻痹或抽搐，头多触地，有些病鹅临死前出现神经症状，病程一般为2天左右，死亡鹅多角弓反张。

剖检病死鹅，肠管中有条状脱落的伪膜或有灰白色或灰黄色纤维素性栓子。

（3）亚急性型 2周龄以上的患病雏鹅，病程较长，一部分转成亚急性型，尤其是3～4周龄雏鹅发病后均表现亚急性型。常见于流行后期和低母源抗体的雏鹅。症状一般较轻，以食欲不振、下痢、消瘦为主要症状。患病鹅表现为精神委顿、消瘦、少食或拒食，行动迟缓，站立不稳，腹泻，粪便中混有多量未消化的饲料、纤维碎片和气泡。少数病鹅的排出粪便表面有纤维素性伪膜覆盖，泄殖腔周围绒毛污秽严重，鼻孔周围污染许多分泌物和饲料碎片。病程一般5～7天或更长，少数病鹅可以自愈。

成年鹅感染小鹅瘟病毒后不表现明显的临床症状，但带毒排毒，是重要的传染源。

青年鹅人工接种大剂量强毒，4～6天部分鹅发病。病鹅食欲减退，体重减轻，精神委顿，排出黏性稀粪，两腿麻痹，站立不稳，头颈部有不自主动作，3～4 天死亡，部分鹅可以自愈。

（二）防治措施

1. 预防

（1）加强饲养管理，注重消毒工作，尤其是孵化室的消毒　孵化室中的一切用具设备，在每次使用前后必须清洗消毒。孵化器、出雏器、蛋箱蛋盘、出雏箱等设备用具，先清除污物，再擦洗干净，晾干，然后采用 0.1% 的新洁尔灭浸泡或喷洒消毒，晾干。孵化室及用具在使用前数天再用甲醛熏蒸消毒，每立方米空间用 14 毫升甲醛和 7 克高锰酸钾熏蒸消毒。

种蛋应用 0.1% 新洁尔灭液进行洗涤、消毒、晾干。若蛋壳表面有污物时，应先清洗污物，再进行以上消毒。种蛋入孵当天用甲醛熏蒸消毒。

不从疫区购进种蛋及种苗，新购进的雏鹅应隔离饲养 20 天以上，确认无小鹅瘟发生时，才能与其他雏鹅合群。有小鹅瘟发生的地区，隔离饲养期应延长至 30 日龄。

（2）免疫预防　种鹅在开产前一个月用小鹅瘟鸭胚化弱毒疫苗进行第一次接种，2 羽份 / 只，肌内注射；15 天后进行第二次接种，2～4 羽份 / 只。免疫后的种鹅所产后代获得了对小鹅瘟病毒特异性的抵抗力，对雏鹅的免疫效果可延至免疫后 5 个月之久。

若种鹅未进行免疫，可对出壳后 2～5 日龄的雏鹅注射小鹅瘟高免血清或小鹅瘟高免卵黄抗体，每只皮下注射 0.5～1 毫升，该方法也有很好的保护效果。或者对出壳后 2 日龄雏鹅采用雏鹅弱毒疫苗进行免疫，每只雏鹅皮下注射 0.1 毫升，免疫后 7 天内严格隔离饲养，防止强毒感染，保护率可达 95% 左右。

2. 治疗

雏鹅发病后，症状较轻的雏鹅及早注射小鹅瘟高免血清。处于潜伏期的雏鹅每只注射 0.5 毫升；出现初期症状的注射 2～3 毫升，10 日龄以上者可适当增加，均采用皮下注射。

四、低致病性禽流感

低致病性禽流感又叫温和型禽流感，是由 H9 亚型禽流感病毒流行毒株引起的以低死亡率和轻度呼吸道感染为主的疫病。

（一）诊断要点

1. 流行特点

近年来，由于我国长期采取高致病性禽流感疫苗强制免疫政策，国内禽流感疫苗的免疫覆盖率和免疫合格率都已经处于国际领先水平，但低致病性流感仍较多发生，尤其在每年春、夏交替季节（3—5月）为H9亚型高发期，且普遍存在于传染性支气管炎、大肠杆菌、鼻炎、沙门氏菌等混合感染的现象，往往造成严重预后不良及伤亡。

多发于肉仔鸡群，主要侵害鸡的呼吸道，造成鸡的气管、气囊和肺部发生病变，导致呼吸系统衰竭而死亡；各种日龄的鸡均可发生，但主要发生在21日龄以后的鸡群，死亡高峰集中在25～35天，发病急、死亡上升快，3～5天内死亡率可达20%～30%；根据流行病学调查，饲养管理好的鸡场，死亡率相对较低，而饲养密度大，通风不良，保温措施较差的鸡场，发病率较高，发病后死亡率也高，一旦在鸡场发生就很难消除。

2. 临床症状与病理变化

低致病性流感的临床症状相对比较轻，死亡率低。感染鸡群发病后，病鸡采食量明显减少，饮水增多，精神沉郁，羽毛蓬乱。鼻腔分泌物增多，流鼻液，鼻窦肿胀。眼结膜充血，流泪；头部水肿，鸡冠、肉垂肿胀、发紫、出血甚至坏死。病鸡腹泻，排水样稀粪，常带有未消化完全的饲料，有的排灰绿色或灰白色稀粪。蛋鸡产蛋量下降20%～50%，一般7～10天降到最低，2～3周后开始缓慢上升，整个恢复期20～60天，但很难恢复到发病前的产蛋水平。软壳蛋、褪色蛋、砂壳蛋、畸形蛋明显增多。商品肉鸡发生禽流感时，临床多见大肠杆菌混合或继发感染，有明显的呼吸困难，排黄绿色粪便或水样灰绿粪便，不食或少食，精神极度沉郁，羽毛松乱，体质消瘦，生长停滞，死亡率为10%～50%。病鸡好转后生长仍然受阻，伴有零星死亡。

剖检病死家禽，气管下端、支气管上端和气管环充血，气管内有炎性渗出物。心脏冠状脂肪上有针尖大小的出血点。个别病死家禽可见腺胃出血。产蛋家禽卵泡出血、萎缩，输卵管水肿、充血，输卵管内充满大量黏稠样、糊糊状的白色炎性分泌物，输卵管常因高热而变性，后期常发生萎缩。子宫充血、水肿，是正常体积的3～4倍。肠管广泛性出血，胸腺出血。

（二）防治措施

1. 预防

（1）建立健全鸡群生物安全体系 鸡群安全体系主要包括防疫措施、消毒制度和治疗设施。良好的防御措施是降低感染率的重要途径；健全的生产制度能够为鸡群营造良好的生存环境，是低致病性禽流感防治的基础和前提。严格的消毒是低致病性禽流感防治的关键。

（2）做好免疫接种工作 肉鸡5～7日龄、20～45日龄分别注射0.3毫升和0.5毫升H9亚型禽流感油乳剂灭活苗，种鸡除在5～7日龄、20～45日龄注射外，于开产前还需注射1～2次，并且定期对免疫鸡群进行抗体水平监测。

2. 疫病处置

对低致病性禽流感，在严密隔离的条件下，可以进行对症治疗，减少损失。对症治疗可采用以下方法。

（1）抗病毒 采用抗病毒中药，如板蓝根、大青叶等。每只每日板蓝根用量为2克或每只每日大青叶用量为3克，粉碎后拌料使用。也可用金丝桃素或黄芪多糖饮水，连用4～5天。

（2）防止继发或混合感染 如可在饮水中添加环丙沙星、强力霉素、泰乐菌素、安普霉素、氟苯尼考等。

（3）缓解症状，预防应激 饲料中可添加0.18%蛋氨酸、0.05%赖氨酸，饮水中可添加0.01%维生素C或0.1%～0.2%的电解多维。

五、禽传染性喉气管炎

传染性喉气管炎是由传染性喉气管炎病毒引起的烈性疾病。该病传染性较强，发病后对鸡群的影响较大。

（一）诊断要点

1. 流行特点

由疱疹病毒引起。各种日龄鸡均可感染，以成年鸡多发并且症状典型。野鸡、孔雀、幼火鸡也可感染发病。

鸡传染性喉气管炎自然感染的途径主要是呼吸道和眼结膜，病毒存在于气管和上呼吸道分泌液中，由咳出的血液和黏液经上呼吸道传播，也可通过间接接触传播，尤其是有传染性的呼吸道分泌物被喷出或咳出时传播给其他易感鸡。

鸡传染性喉气管炎呈散发性，一年四季均可发生，但多流行于春、秋和冬季，特别是寒冷的冬季和早春交替时节，一定要加强对鸡传染性喉气管炎的防控。

2. 临床症状与病理变化

（1）喉气管炎型（急性型）　主要在30日龄以上的成年鸡群中发生，发病初期突然有数只鸡死亡，传播迅速，短期内全群感染。病鸡精神沉郁、缩头、呆立、羽毛松乱，鸡冠发绀、肉苍白，食欲明显减少或废绝。感染鸡发病末期常出现下痢，将要窒息时，鸡冠、肉变为紫红色或紫黑色，鸡体逐渐衰竭，发病鸡最后因呼吸困难发生窒息而死亡。病程一般为10～14天，康复后的鸡可能成为带毒者，产蛋鸡的产蛋量下降，经2～3周恢复。

（2）眼结膜型（温和型）　主要在30～40日龄鸡群发生，重复感染的鸡亦常见，此外珍禽发病也大多表现为眼结膜型。初期眼结膜发炎，眼睛轻度充血，眼睑红肿，流泪，眼角积聚泡沫性分泌物，上下眼睑粘连，眼睑肿胀，不断用爪抓眼。

部分鸡眼睑内有黄白色干酪样分泌物，多数鸡一侧眼睛发病，个别鸡两侧眼睛发病，有的半侧颜面肿胀。

病后期角膜混浊、溃疡，鼻腔有分泌物，严重的失明。病鸡生长迟缓，偶见呼吸困难，病程持续时间较长，可达2～3个月，病鸡死亡率较低，为5%～10%。

（二）防治措施

1. 预防

加强饲养管理，做好兽医卫生防疫工作。疫区在35～45日龄和80～100日龄用传染性喉气管炎疫苗免疫。

2. 治疗

紧急免疫是治疗传染性喉气管炎最常用的方法。紧急免疫的优点是治疗速度特别快，免疫2～3天鸡群症状会减轻，3～4天鸡群明显好转，且疫苗免疫的成本较低。但缺点是紧急免疫不当可能造成鸡群症状的加重，从而导致死亡率增高，而且需确诊鸡群感染喉气管炎病毒才可进行紧急免疫。如果无法确定感染喉气管炎病毒的话，不建议采用紧急免疫的方法治疗。此外，能否紧急免疫还要考虑鸡群在育成阶段是否已免疫喉气管炎病毒疫苗，如果未免疫喉气管炎病毒疫苗的话，紧急免疫的效果相对要差很多。

目前效果比较好的喉气管炎病毒疫苗是英特威进口苗，鸡群免疫后副反应较小，康复也快，采取滴眼的方法按 1～1.5 倍量免疫即可，但是价格比较贵。此外，为了提高治疗效果，在紧急免疫的时候可以配合使用一些药物，如可用舒张气管化痰的药物和预防鸡支原体混合感染的药物，两种药物配合使用 4～5 天即可，但是药物需在鸡群紧急免疫 48 小时以后使用。

尚无有效疗法，可采取对症疗法和应用抗菌药物如替米考星和泰万菌素防止继发感染，也可投服牛黄解毒丸、喉症丸或其他清热解毒利咽的中药。

六、禽传染性支气管炎

传染性支气管炎是由冠状病毒鸡传染性支气管炎病毒引起的一种急性、高度接触性的呼吸道疾病。以咳嗽，喷嚏，雏鸡流鼻液，产蛋鸡产蛋量减少，呼吸道黏膜呈浆液性、卡他性炎症为特征。

（一）诊断要点

1. 流行特点

该病仅发生于鸡，其他家禽均不感染。各种年龄的鸡都可发病，但雏鸡最为严重，死亡率也高，一般以 40 日龄以内的鸡多发。该病主要经呼吸道传染，病毒从呼吸道排毒，通过空气的飞沫传给易感鸡。也可通过被污染的饲料、饮水及饲养用具经消化道感染。该病一年四季均能发生，但以冬春季节多发。鸡群拥挤、过热、过冷、通风不良、温度过低、缺乏维生素和矿物质，以及饲料供应不足或配合不当，均可促使该病的发生。

2. 临床症状与病理变化

潜伏期 1～7 天，平均 3 天。由于病毒的血清型不同，鸡感染后出现不同的症状。

（1）呼吸型　病鸡无明显的前驱症状，常突然发病，出现呼吸道症状，并迅速波及全群。幼雏表现为伸颈、张口呼吸、咳嗽，有"咕噜"音，尤以夜间最清楚。随着病情的发展，全身症状加剧，病鸡精神萎靡、食欲废绝、羽毛松乱、翅下垂、昏睡、怕冷、常拥挤在一起。2 周龄以内的病雏鸡，还常见鼻窦肿胀、流黏性鼻液、流泪等症状，病鸡常甩头。产蛋鸡感染后产蛋量下降，同时产软壳蛋、畸形蛋或砂壳蛋。

（2）肾型　感染肾型支气管炎病毒后其典型症状分三个阶段。第一阶段是病鸡表现轻微呼吸道症状，鸡被感染后 24～48 小时气管开始发出啰音，打喷嚏及咳嗽，并持续 1～4 天，这些呼吸道症状一般很轻微，有时只有在晚上安静的时候才听得比较清楚，因此常被忽视。第二阶段是病鸡表面康复，呼吸道症状消失，鸡群没有可见的异常表现。第三阶段是受感染鸡群突然发病，并于 2～3 天内逐渐加剧。病鸡挤堆、厌食，排白色稀便，粪便中几乎全是尿酸盐。

（3）传染性支气管炎病毒变异株　该病的病原为典型的冠状病毒，接种 9～11 胚龄 SPF 鸡胚后，引起鸡胚发育停滞，蜷缩成球状，但中和试验结果表明，该毒株和其他血清型传支毒株之间没有交叉的血清学关系，对其主要免疫原基因 S1 的序列进行分析后发现，它与欧洲 17 个传支毒株的氨基酸序列之间差异高达 21%～25%，属于一种新的血清型，命名为 4/91 或 793/B。鸡只感染 4/91 毒株后出现精神沉郁、闭眼嗜睡、腹泻、鸡冠发绀、眼睑和下颌肿胀。有时还可见咳嗽、打喷嚏、气管啰音、呼吸困难等呼吸道症状。产蛋鸡在出现症状后，很快引起产蛋下降，降幅达 35%，同时蛋的品质降低，蛋壳颜色变浅，薄壳蛋、无壳蛋、小蛋增多。3～4 周产蛋量可逐渐回升，但不能恢复到发病前的水平。该病可致肉鸡特别是 6 周龄以上的育成鸡后期死。

呼吸型病鸡的主要病变见于气管、支气管、鼻腔、肺等呼吸器官。表现为气管环出血、管腔中有黄色或黑黄色栓塞物。幼雏鼻腔、鼻窦黏膜充血，鼻腔中有黏稠分泌物，肺脏水肿或出血。患鸡输卵管发育受阻，变细、变短或成囊状。产蛋鸡的卵泡变形，甚至破裂。

肾型传染性支气管炎可引起肾脏肿大，呈苍白色，肾小管充满尿酸盐结晶、扩张，外形呈白线网状，俗称"花斑肾"。严重的病例在心包和腹腔脏器表面均可见白色的尿酸盐沉着。有时还可见法氏囊黏膜充血、出血，囊腔内积有黄色胶冻状物。肠黏膜呈卡他性炎变化，全身皮肤和肌肉发绀，肌肉失水。

传染性支气管炎病毒变异株其特征性变化表现为胸深肌组织苍白，呈胶冻样水肿，胴体外观湿润，卵巢、输卵管黏膜充血，气管环充血、出血。

（二）防治措施

1.预防

加强饲养管理，降低饲养密度，避免鸡群拥挤，注意温度、湿度变化，避免过冷、过热。加强通风，防止有害气体刺激呼吸道。合理配比饲料，防止维生素，尤其是维生素 A 的缺乏，以增强机体的抵抗力。

适时接种疫苗。对呼吸型传染性支气管炎，首免可在 7～10 日龄用传染性支气管炎 H 120 弱毒疫苗点眼或滴鼻；二免可于 30 日龄用传染性支气管炎 H 52 弱毒疫苗点眼或滴鼻；开产前用传染性支气管炎灭活油乳疫苗肌肉注射每只 0.5 毫升。对肾型传染性支气管炎，可于 4～5 日龄和 20～30 日龄用肾型传染性支气管炎弱毒苗进行免疫接种，或用灭活油乳疫苗于 7～9 日龄颈部皮下注射。而对传染性支气管炎病毒变异株，可于 20～30 日龄、100～120 日龄接种 4/91 弱毒疫苗或皮下及肌内注射灭活油乳疫苗。

2. 治疗

该病目前尚无特异性治疗方法，改善饲养管理条件，降低鸡群密度，饲料或饮水中添加抗生素对防止继发感染具有一定的作用。对肾型传染性气管炎，发病后应降低饲料中蛋白的含量，并注意补充钾、钠具有一定的治疗作用。

七、传染性法氏囊病

（一）诊断要点

1. 流行特点

由传染性法氏囊病病毒引起。多侵害 2～15 周龄的幼龄鸡，以 3～6 周龄雏鸡最易感。

2. 临床症状与病理变化

病初可见鸡啄自身泄殖腔，随后突然发病，精神不振，羽毛蓬乱，采食减少，闭眼呆立，步态不稳，畏寒发抖，排白色黏稠或水样粪便，泄殖腔周围羽毛被粪便污染；严重者头垂地，闭眼呈昏睡状态；后期体温下降、脱水、极度衰弱而死亡。一般发病后 1～2 天开始死亡，3～4 天病死率最高，5～7 天停止死亡，呈尖峰式死亡曲线。

剖检可见皮下干燥，胸部和腿部肌肉条状或斑状出血，肾肿大苍白、有尿酸盐沉积，肌胃和腺胃交界处有出血带或出血点。法氏囊先肿大后萎缩，病初法氏囊肿大 2～3 倍，浆膜水肿呈淡黄色胶冻样，有时出血呈暗紫色，黏膜皱褶面有点状、斑状甚至整个出血，并有奶油样、棕红色黏液性分泌物，有时囊内有干酪样物，后期法氏囊萎缩，颜色变为深灰色。

（二）防治措施

1. 预防

建立严格的卫生消毒措施，防止早期感染。根据饲养管理条件，疫苗毒株的特点和鸡群母源抗体状况制订免疫程序。一般于 10 ～ 14 日龄、24 ～ 28 日龄分别用法氏囊弱毒疫苗免疫一次；种鸡于 18 ～ 20 周龄和 40 ～ 42 周龄各免疫一次法氏囊油剂灭活苗。

2. 治疗

可用高免血清或高免卵黄液肌内注射，同时在饮水中加入 0.2% 的肾肿解毒药、0.1% 维生素 C、抗菌药（如环丙沙星、恩诺沙星等）进行治疗，也可在饲料中加入具有清瘟败毒作用的中药等，连用 4 ～ 5 天。注射高免血清或卵黄抗体 10 天后，用中等毒力苗饮水免疫一次。

八、马立克病

（一）诊断要点

1. 流行特点

由疱疹病毒引起的肿瘤性传染病。多在 2 ～ 5 月龄发病。鹌鹑、火鸡、山鸡、乌鸡等也可感染。

2. 临床症状与病理变化

（1）神经型　坐骨神经受侵害时可引起腿麻痹，步态不稳，一腿向前伸，一腿向后伸，呈现"大劈叉"姿势；臂神经受侵害时，翅膀下垂；支配颈部肌肉的神经受侵害时，头颈下垂或歪斜；迷走神经受侵害时，可引起嗉囊麻痹和扩张等。剖检可见坐骨神经、臂神经等灰色或淡黄色、水肿样，横纹消失，比正常粗 2 ～ 3 倍。此病变常为单侧性，将两侧神经对比可以区别。

（2）内脏型　常见于 50 ～ 70 日龄鸡，缺乏特征性症状，主要表现精神沉郁，不吃不饮，不爱活动，排黄白色或绿色稀粪，迅速消瘦，腹部增大、下垂、突然死亡。剖检可见在卵巢、肝、脾、肺、心、肾、肠、胰腺等内脏器官、肌肉和皮肤上出现肿瘤，其中肝、脾、肾、卵巢及睾丸肿大特别明显和多见，法氏囊呈不同程度萎缩，偶尔呈弥漫性肿大，但不形成结节状肿瘤。

（3）眼型　眼睛的虹膜褪色，呈同心环状、斑点状或弥漫状的灰白色，称为"白眼病"；严重时瞳孔缩小、仅有粟粒大，甚至双眼失明。

（4）皮肤型 常无明显症状，屠宰后拔毛时，在颈部、背部、翅膀等处有结节或瘤状物，毛囊增大呈肿瘤样。

（二）防治措施

1. 预防

雏鸡在 1 日龄注射马立克病弱毒疫苗。严格搞好鸡群的消毒卫生工作，特别是孵化室和种蛋的消毒工作，防止早期感染。幼鸡和成年鸡分开饲养。

2. 治疗

无特效药物治疗。发现病鸡，立即淘汰。

九、禽痘

（一）诊断要点

1. 流行特点

由禽痘病毒引起。多发生于鸡、火鸡、鸽。无明显季节性，但以秋、冬两季最易流行。

2. 临床症状与病理变化

（1）皮肤型痘 主要在鸡体的无毛或少毛部分，特别是鸡冠、肉髯、眼睑和喙角形成痘疹，严重时在爪、腿、泄殖腔周围和腹部等处也可见痘疹。痘疹初期为灰白色的小结节（丘疹），很快形成大结节，并与邻近的结节相融合；约经 2 周，融合的结节变成棕褐或赤褐色的结痂，剥去痂块可露出出血病灶，痂块存留 3～4 周逐渐脱落，留下一个灰白色的疤痕。病重雏鸡可表现精神不振，食欲消失，生长发育迟缓等现象，产蛋鸡则产蛋下降或完全停止。

（2）黏膜型（白喉型）痘 多发于雏鸡和育成鸡。病初为鼻炎症状，厌食，精神迟钝，流鼻液，若炎症蔓延至眶下窦和眼结膜，则眼睑肿胀，结膜充满脓性或纤维素性渗出物，甚至引起角膜炎而失明。鼻炎出现后 2～3 天，口腔、咽喉、气管、食管等处黏膜发生痘疹，初期呈圆形乳白色斑点，逐渐扩大成为大片的黄白色干酪样的假膜覆盖在黏膜上，假膜不易剥离，若强行剥离易形成出血的溃疡面，假膜扩大增厚可使气管狭窄而引起呼吸困难，病鸡常发出"嘎嘎"的声音，较大的脱落假膜可阻塞喉裂或气管而使病鸡窒息死亡，口腔和食管痘疹及溃疡可导致鸡采食和吞咽困难，体重迅速减轻，生长不良。

（3）混合型痘 在皮肤和黏膜同时发生痘疹，病情严重，病死率高。

（二）防治措施

1. 预防

加强鸡群的卫生、消毒及消灭吸血昆虫。定期接种疫苗，可用鸡痘疫苗于鸡翅膀内侧无毛无血管处皮肤刺种，一般 30 日龄左右首免，开产前二免。高发季节和高发鸡场，也可在 1 日龄免疫接种。

2. 治疗

无特效治疗药物，通常采用对症疗法，以减轻病禽的症状和防止其他并发症。皮肤型的一般不治疗，必要时可用洁净的镊子小心剥离结痂，伤口涂擦碘酒或紫药水；白喉型鸡痘可用镊子或小刀剥离口腔和喉黏膜上的假膜，黏膜伤口涂敷碘甘油；病鸡眼部如果发生肿胀，眼球尚未损坏时，可把蓄积在眼内的脓液或干酪样物取出，用 2% 硼酸冲洗干净，再滴入 5% 蛋白银溶液。饮水或拌料中加入抗生素，防止继发感染，并补充维生素 A 或鱼肝油等。

十、鸭病毒性肝炎

（一）诊断要点

1. 流行特点

由鸭肝炎病毒引起。主要发生于 3 周龄以下的雏鸭，以冬季和早春多发。

2. 临床症状与病理变化

雏鸭突然发病，病初精神沉郁、闭眼、呆立不动，随后出现明显的神经症状，运动失调，转圈、扭头、倒向一侧，或腹部朝天，两腿痉挛，临死前频频痉挛，抽搐，双脚蹬直，头向后仰，呈角弓反张姿态，常在出现神经症状后几小时内死亡。

该病的特征性病变是肝肿大，肝呈土黄色或淡褐色、质地脆弱易碎，尤其是肝脏表面有出血点或出血斑，病程长时肝表面可能有一些坏死点，或形成肝周炎；胆囊扩张，充满淡绿色胆汁；脾脏肿大，外观呈斑驳状；胰脏可能有坏死灶；肾脏肿大充血等。

（二）防治措施

1. 预防

坚持自繁自养和严格消毒制度。免疫接种可用鸭病毒性肝炎弱毒疫苗。

雏鸭皮下注射，1 头份 / 只；若雏鸭体内不含有母源抗体，接种日龄为 1 日龄，若雏鸭体内含有母源抗体，接种日龄为 6 ～ 8 日龄。母鸭产蛋前 25 天注射 1 次，1 ～ 2 头份 / 只；产蛋前 15 天加强注射 1 次，2 ～ 4 头份 / 只；产蛋中期再注射 1 次，2 ～ 4 头份 / 只。为进一步提高母源抗体水平，可在母鸭产蛋前 15 ～ 20 天和产蛋中期注射鸭病毒性肝炎 I 型油乳剂灭活疫苗，1 毫升 / 只。

雏鸭被动免疫，可用鸭病毒性肝炎高免血清或卵黄抗体，对 1 日龄雏鸭作皮下注射，1 毫升 / 只，以后若发病，再及时注射 1 次。

2. 治疗

用康复病鸭的血清或高免血清或鸭高免蛋黄液治疗病鸭。

第二节　家禽常见细菌及支原体感染性疾病的防治

一、大肠杆菌病

大肠杆菌病是由某些具有致病性血清型的大肠杆菌引起家禽不同类型病变的疾病总称，由一定血清型的致病性大肠杆菌及其毒素引起的一种传染病。其特征性病变主要表现为心包炎、肝周炎、气囊炎、腹膜炎、输卵管炎、滑膜炎、脐炎以及大肠杆菌性肉芽肿和败血症等。

（一）诊断要点

1. 流行特点

禽致病性大肠杆菌是条件性致病菌，当饲养管理差、饲养密度大、饲料营养缺乏、鸡舍空气污浊、饲养器具卫生条件恶劣、环境温度突变或环境过于干燥、疫苗免疫应激和感染一些病毒性（尤其是一些免疫抑制性疾病）、细菌性或寄生虫性疾病条件下，致病性大肠杆菌就会迅速繁殖，导致雏禽、青年禽甚至成年禽的大肠杆菌病的发生。

禽致病大肠杆菌可以通过种蛋、空气粉尘、污染的饲料或饮水进行传播；种禽还可以通过交配或人工授精而传播。该病的传播无季节性，但由于饲养环境的问题在冬春气温较低的季节，以及气候比较闷热潮湿的季节较容易发生。冬春季节多见，但雏鸡、肉用仔鸡可见于各个季节。

2. 临床症状与病理变化

（1）大肠杆菌败血症　是最常见的一种病型，雏禽、青年禽和成年禽均可发生，尤其多见于肉仔鸡。雏禽和青年禽感染表现为精神委顿，头、颈、翅下垂，不吃不喝，鼻炎呆立，呼吸困难，排白色或黄白色粪便。死后多表现全身淤血，颜色发暗、发紫。成年蛋鸡感染表现精神沉郁，排黄白色粪便，腹部羽毛脏乱，腹部胀满；重症发生卵巢炎、输卵管炎的表现，腹部下坠，直立时似企鹅状，所产带菌的种蛋或由粪便污染种蛋，往往会导致孵化后期或出壳前死亡，不死者多发生脐炎。病雏表现为腹部胀满、无力，排白色或者黄绿色泥土样粪便，多在一周之内死亡。

因病原感染的途径不同，病理变化的进程也有所不同。但其典型病变均表现为心包膜增厚，心包内乳白色或黄白色积水，进一步形成纤维素性的心包炎，使心包膜与心外膜粘连；气囊混浊增厚，肝脏肿大，肝周炎，肝脏表面有坏死灶；脾脏肿胀，腹膜炎，腹腔内有黄白色渗出物，青年禽病程较为持久的慢性病例，往往会出现输卵管干酪样物栓塞。

（2）脐炎型　病雏腹部膨大，脐孔愈合不良，表现为脐环发炎，脐孔周围羽毛稀疏，皮肤发红、肿胀，局部皮下胶冻样浸润。或脐孔闭合不全，脐带不脱落；卵黄吸收不良，剖检卵黄与腹壁粘连，卵黄囊内容物呈黄褐色糊状或者青绿色水样。

（3）卵黄腹膜炎型　腹腔充满淡黄色液体或破碎凝固的卵黄，有恶臭。肠管、输卵管相互粘连；卵泡变形呈灰色、褐色或酱色，输卵管扩张变薄，内有黄色或黄白色轮层状干酪样物。

（4）慢性肉芽肿型　多于十二指肠、盲肠和后段回肠出现典型的大小不等的、灰白色或黄白色肿瘤样小结节，此外还出现于肝脏、肠系膜。切开肉芽肿，切面光滑湿润，有弹性。

（5）关节炎型　多发于跗、膝、髋、翅关节等处，表现为关节肿胀，跛行。关节囊内有黄白色黏性、脓性分泌物，甚至形成干酪样物。但往往可能有多种细菌并发感染。

（6）肠炎型　表现为腹泻。小肠黏膜有多量规则而大小不一的出血斑点，肠腔有黏性、血性分泌物。

（二）防治措施

1. 预防

（1）加强饲养管理　大肠杆菌是条件性致病菌，该病的发生与外界环境息息相关。防控该病的关键是搞好饲养管理。如通过加强禽舍的环境卫生管理，提供安全全价的饲料，减少各种可能给禽群带来应激的不利因素发生，可大大降低禽群通过饲料、饮水和空气环境感染疾病的概率。孵化场严格控制种蛋来源，并做好种蛋的消毒工作，防止蛋源性大肠杆菌通过雏鸡传播。

（2）疫苗免疫　对于大肠杆菌十分严重，且大肠杆菌耐药谱太广的禽场，可以通过制备自家灭活疫苗、多价氢氧化铝苗、蜂胶苗和多价油佐剂苗进行免疫，具有一定的防治效果。

2. 治疗

通过药物敏感试验，选择敏感药物，正确合理使用抗生素治疗有效。

二、禽巴氏杆菌病

禽巴氏杆菌病，又称禽霍乱，是由多杀性巴氏杆菌引起的败血性传染病。

（一）诊断要点

1. 流行特点

该病对多种禽类均具有感染性。相对野禽而言，家禽有更高感染率，尤其是鸡、火鸡和鸭等家禽最易感染，鹅易感性不高；雏鸡对巴氏杆菌的抵抗力较强，极少感染；较容易感染的是 3～4 月龄的鸡和成年鸡。

巴氏杆菌可存在于鸡只呼吸道中，是一种条件病原菌；该病的发生可由内、外源性感染所致，其感染途径较为广泛，可经呼吸道、消化道和损伤皮肤等感染；该病的主要传染媒介有感染鸡群的排泄物、使用的器械及皮肤组织脱落物等。

饲养管理不当、气候剧变、体温失调、营养不良和机体抵抗力下降是该病的主要发病因素，而饲料突变、长途运输和某些疾病的存在也可诱发该病；该病一年四季均可发生，无显著季节性，常见于天气骤然变化、高温高湿时节发病，多呈地方流行或散发。

2. 临床症状与病理变化

该病自然感染潜伏期通常为 2～9 天，人工感染发病一般为 24～28 小时。临床症状分为 3 种：最急性型、急性型和慢性型。

（1）最急性型　鸡只患病几乎未表现症状即快速死亡。部分鸡只精神沉郁，继而突然发病，大批死亡；病程长则几小时，短则几分钟，鸡只死亡多伴有拍打翅膀和抽搐等症状。剖检无明显病变，个别病鸡可见心脏外膜和心冠状沟有出血点。

（2）急性型　在临床上最为常见，多发生于成年鸡。病鸡精神不振、体温升高达 42～43 ℃，食欲减退或废绝、闭目缩颈、呼吸困难、饮水增加、口鼻分泌物增多，伴有腹泻，排黄绿色恶臭稀粪；鸡冠和肉髯呈青紫色，个别病鸡肉髯肿胀；产蛋鸡产蛋量下降或停止，最终衰竭昏迷而亡。病程长则 1～3 天，短则半天。急性型病例存活下来将康复或转为慢性型。

病死鸡全身性出血、充血明显，腹部皮下组织、脂肪沉积部位及肠道黏膜有点状出血，心冠脂肪和心外膜出血明显，肌胃出血明显，肠道特别是十二指肠呈卡他性和出血性肠炎，肺脏水肿、充血，脾脏肿大，肝脏肿大呈黄棕色，表面弥漫灰白色坏死点，质脆。

（3）慢性型　常见于该病流行后期，病鸡消瘦，呼吸困难，频繁腹泻，鸡冠和肉髯苍白，关节肿大，出现跛行；部分病鸡鼻腔发炎部位显著，有大量恶臭分泌物排出；鸡群产蛋量下降；多呈慢性胃肠炎、慢性呼吸道炎及慢性肺炎症状；病程长达数周。

各器官组织慢性病变，当临床表现为呼吸道症状时，支气管、气管和鼻腔呈卡他性炎症，有大量黏性分泌物存在于鼻窦和鼻腔中。

实验室采集病死鸡心、血或肝脏制成涂片，通过瑞氏或吉姆萨染色，镜检，可见卵圆形、两极染色的短小杆菌，即可确诊。

（二）防治措施

1. 预防

（1）加强日常饲喂管理　实行全进全出的饲养制度，引进种禽时应加强检疫，严格鸡场卫生消毒；鉴于多杀性巴氏杆菌为条件致病菌，为此要最大限度消除诸如长途运输、营养缺乏、鸡舍潮湿和鸡群拥挤等各种发病诱因，避免各种不良因素的存在致使鸡机体抵抗力降低而引发该病。

（2）免疫接种　选用禽霍乱蜂胶苗、禽霍乱氢氧化铝苗等灭活菌苗肌注，通常于 10～12 周龄首免，16～18 周龄进行二次免疫，免疫期是 3～6 个月；选用禽霍乱 G190E 40 弱毒菌苗饮水免疫，通常于 6～8 周龄首免，10～12 周龄再次免疫，免疫期为 3～3.5 个月。

对鸡舍、饲喂管理用具和周围环境进行彻底消毒，及时清除粪便并做好堆积发酵处理工作；病死鸡应进行深埋或烧毁。

2. 治疗

通过药敏试验选择有效抗菌药物并正确使用，治疗有效。

三、沙门氏菌病

禽沙门氏菌病是由不同血清型沙门氏菌属中的一种沙门氏菌所引起的禽类的急性或慢性疾病的总称。由鸡白痢沙门氏菌所引起的称为鸡白痢，由鸡伤寒沙门氏菌引起的称为禽伤寒，由其他有鞭毛运动的沙门氏菌所引起的禽类疾病则统称为禽副伤寒。

（一）诊断要点

1. 流行特点

鸡白痢沙门氏菌、鸡伤寒沙门氏菌为革兰氏阴性菌，无芽孢、无荚膜、无鞭毛，禽副伤寒不产生芽孢，正常带有周鞭毛，能运动。在麦康凯培养基上形成无色菌落，在 SS 琼脂上形成无色透明菌落，在伊红亚甲蓝琼脂上形成淡蓝色菌落，不产生金属光泽。

易感动物非常广泛，包括各种年龄畜禽及人。但幼禽较易感。禽白痢主要感染 2～3 周龄的雏禽，发病率和死亡率都很高。禽伤寒主要感染成年鸡和青年鸡。禽副伤寒常在 10 日龄内严重暴发，1 月龄以上幼禽很少死亡。

传染源是病禽、带菌者。通过粪、尿排菌，污染饲料、水及其环境。通过多种传播途径，如消化道、呼吸道和眼结膜。但最主要的是经卵垂直传播。

鸡白痢感染的母鸡所产的蛋有 33% 是带菌的（垂直传播），此类带菌蛋进行孵化时，可出现死胚和雏鸡出壳后发病死亡。

雏禽在孵化器中或出雏后感染时，则 2～3 日龄开始发病，10 日龄达高峰。

2. 临床症状和病理变化

（1）鸡白痢　雏鸡精神委顿，怕冷寒战，翅下垂，羽毛松乱，排白色糨糊样粪便，糊肛。成年鸡慢性经过，垂腹。心肌、肺、肝、肌胃等有大小不等的灰白色结节，盲肠芯等。

（2）禽伤寒　体温升高，排黄绿色稀粪，个别鸡迅速死亡。肝肿大呈青铜色，青铜肝。

（3）禽副伤寒　雏鸭颤抖，喘息及眼睑水肿，猝倒病。肝、脾充血，有针尖状出血和坏死灶，出血性肠炎等。

实验室诊断需进行细菌分离与鉴定、全血平板凝集反应等。

（二）防治措施

1. 预防

严格的卫生检疫和检验措施，淘汰阳性和可疑鸡，建立健康种鸡群（净化）。

2. 治疗

发病后可选择敏感药物治疗，降低死亡率，但治疗好转后大群带菌。

四、支原体病

禽支原体病是由禽支原体引起的家禽的一种传染病，主要包括鸡毒支原体、滑液囊支原体和火鸡支原体病三种。

（一）诊断要点

1. 流行特点

鸡支原体易感日龄 1 周龄、3～6 周龄、7～12 周龄、21～30 周龄检出高峰。鸡毒支原体 1～2 月龄易感，冬春易发，引起鸡呼吸道病、鼻窦炎、气囊炎，发病率高，降低生产率、出雏率。滑液囊支原体 3～9 周龄易发，引起鸡和火鸡关节滑膜炎、气囊炎，造成呼吸道疾病，发病率高，死亡率低。

2. 临诊症状与病理变化

禽支原体病主要发生在 1～2 月龄的幼雏，症状也较成鸡严重。病初见鼻液增多，流出浆性和黏性鼻液，初为透明水样，后变黄较浓稠，常见一侧或两侧鼻孔堵塞，病鸡呼吸困难，频频摇头，打喷嚏。鸡冠、肉髯发紫，呼吸啰音，夜间更明显。初期精神和食欲尚可，后期食欲减少或不食，幼鸡生长受阻。患鸡头部苍白，跗关节或爪垫肿胀。急性病鸡粪便常呈绿色。有的病鸡流泪，眼睑肿胀，因眶下窦积有干酪样渗出物导致上下眼睑黏合，眼球突出呈"凸眼金鱼"样，重者可导致一侧或两侧眼球萎缩或失明。

成鸡的症状与幼鸡基本相似，但较缓和。病鸡食欲不振，不活泼，多呆立一隅，有气管啰音，流鼻液和咳嗽。公鸡症状较母鸡明显，但母鸡产蛋量、蛋孵化率和孵出雏鸡的成活率均降低。

火鸡发生窦炎，窦有脓性肿胀，眼球受到压迫发生萎缩，甚至失明。该病主要是慢性经过，病程可长达 1 个月以上，甚至 3～4 个月。死亡率一般在 5% ～ 10%，若并发感染或饲养管理不良，可达 30% ～ 50% 或更高。

鼻腔、气管、气囊及肺等呼吸系统的黏膜水肿、充血、增厚和腔内贮积黏液，或干酪样渗出液。肺充血、水肿，有不同程度的肺炎变化。胸部和腹部气囊膜增厚、混浊，囊腔或囊膜上有淡黄白色干酪样渗出物或增生的结节性病灶，外观呈念珠状，大小由芝麻至黄豆大小不等，少数可达鸡蛋大，且以胸、腹气囊为多。严重的慢性病鸡，眼下窦黏膜发炎，窦腔中积有混浊的黏液或脓性干酪样渗出物。眼结膜充血，眼睑水肿或上下眼睑互相粘连，一侧或两侧眼内有脓样或干酪样渗出物，有的病鸡可发生纤维蛋白性或化脓性心包炎，肝被膜炎。产蛋鸡还可见到输卵管炎。

发生支原体性关节炎时，关节肿大，呈关节滑膜炎，患部切开后流出混浊的液体，有时含有干酪样物。

患部黏膜组织由于单核细胞浸润和黏液腺增生而呈现明显增厚，而在患部黏膜下层组织，则常发现淋巴组织增生的局灶区。支气管周围形成淋巴组织增生的小结节，并间有肉芽肿样病变。当胚胎受感染时，可于孵化期间任何时候死亡，但多数死于"啄壳"时期，死胎生长迟滞，关节化脓肿大，全身水肿，肝、脾肿大，肝坏死，心包炎和呼吸道有豆腐样物质。

确诊需进行血清平板凝集试验。用 7 号针头在洁净检测板上滴加鸡滑液支原体血清平板凝集试验抗原 2 滴（约 0.025 毫升），然后滴加等量被检血清，充分混合，涂成直径约 2 厘米大小的液面，摇动检测板，在作用 2 分钟时判定结果。出现明显凝集颗粒或凝集块，为阳性；不出现凝集，为阴性；介于二者之间，为可疑。

（二）防治措施

1. 预防

强化饲养管理，切断支原体的传播途径，加强带鸡消毒、环境消毒、种蛋消毒，有效控制支原体的水平传播和垂直传播。清洗消毒后，空舍时间超过 1 周；污染的鸡舍，经过清洁和消毒后再空舍 1 周，然后将 1 日龄的雏鸡放进去，没有引起感染。

2. 治疗

青霉素等抗生素对支原体药物无效。通过药敏试验，筛选敏感抗生素并正确使用，治疗有效，可减少生产中的损失，但无法消除感染。常用有效的抗生素有大环内酯类和喹诺酮类等，红霉素、罗红霉素、泰乐菌素、泰妙菌素、土霉素、强力霉素、恩诺沙星、氟苯尼考等都有较好效果。

预防鸡毒支原体引起的慢性呼吸道疾病常用的疫苗有鸡毒支原体活疫苗（F–36 株）、鸡毒支原体灭活疫苗（CR 株）等。制订合适的免疫程序，正确免疫。

鸡毒支原体活疫苗（F–36 株），用于 1 日龄鸡，以 8 ～ 60 日龄时使用为佳，按瓶签注明羽份，用灭菌生理盐水或注射用水稀释成 20 ～ 30 羽份 / 毫升后进行点眼接种。接种前 2 ～ 4 天，接种后至少 20 天内停用治疗鸡毒支原体病的药物；不要与鸡新城疫、传染性支气管炎活疫苗同时使用，两者使用间隔应在 5 日左右。免疫期为 9 个月。

鸡毒支原体灭活疫苗（CR 株），用于颈背部皮下或大腿部肌内注射，40 日龄以内的鸡，每只 0.25 毫升；40 日龄以上鸡，每只 0.5 毫升；蛋鸡在产蛋前再接种 1 次，每只 0.5 毫升。注射部位不得离头部太近，在颈部的中下部为宜。免疫期为 6 个月。

五、鸭浆膜炎

鸭浆膜炎又称鸭疫里默氏杆菌病，是由鸭疫里默氏杆菌引起的主要侵害雏鸭等多种禽类的一种急性或慢性接触性传染病。

（一）诊断要点

1. 流行特点

1 ～ 8 周龄的鸭易感。但以 2 ～ 3 周龄的小鸭最易感。1 周龄以下或 8 周龄以上的鸭极少发病。除鸭外，小鹅亦可感染发病。

病鸭和带菌鸭是主要传染源。该病可通过污染的饲料、饮水、飞沫、尘土等媒介经呼吸道、消化道或通过皮肤伤口（特别是爪部皮肤）、蚊虫叮咬等多种途径感染而发病。库蚊是该病的重要传播媒介。育雏密度过大，空气不流通，潮湿，过冷过热以及饲料中缺乏维生素或微量元素，蛋白水平过低等均易造成发病或发生并发症。

该病发生无明显的季节性，但以低温、阴雨、潮湿的季节以及冬、春季多见。卫生及饲养管理条件好的鸭场常表现为散发且多为慢性。

2. 临床症状与病理变化

潜伏期为 1 ～ 3 天或 1 周左右，最急性病例常无任何临床症状突然死亡。急性型多见于 2 ～ 3 周龄小鸭，表现为精神倦怠，缩颈，不食或少食，离群独立，眼有分泌物。腹泻，粪便淡绿色，不愿走动或行动迟缓，甚至卧地不起，运动失调，濒死前出现神经症状，头颈震颤，摇头或点头，角弓反张，尾部轻轻摇摆，不久抽搐而死，病程一般 1～3 天，幸存者生长缓慢。日龄较大的小鸭（4～7 周龄）多呈亚急性或慢性经过，病程达 1 周或更长。病鸭除表现上述症状外，时有头颈歪斜，不断鸣叫，转圈或倒退运动。这样的病例能长期存活，但发育不良，生长迟缓，平均体重低。

最急性病例常见肝肿大、充血，脑膜充血，其他无明显肉眼可见病理变化。急性、亚急性或慢性病例最明显的眼观病变是纤维素性渗出物波及全身浆膜、心包膜、肝表面以及气囊。渗出物可部分机化或干酪化，即构成纤维素性心包炎、肝周炎或气囊炎，故有"雏鸭三炎"之称。中枢神经系统感染可出现纤维素性脑膜炎。少数病例见有输卵管炎，即输卵管膨大，内有干酪样物蓄积。慢性局灶性感染常见于皮肤，偶尔也出现在关节，皮肤出现坏死性皮炎，关节发生关节炎。

根据临床症状和病理变化可做出初步诊断。确诊需进行实验室检查。

（二）防治措施

1. 预防

（1）平时的预防措施　首先要改善育雏室的卫生条件，特别注意通风、干燥、防寒以及饲养密度。尽力减少雏鸭转舍、气温变化、运输和驱赶等应激因素对鸭群的影响。

（2）疫苗接种　由于本菌的血清型多，各血清型之间缺乏交叉免疫保护，因此在疫苗应用时，要经常分离鉴定各地流行菌株的血清型，选用同型菌株的疫苗，以确保免疫效果。

鸭传染性浆膜炎灭活疫苗用于疫区或非疫区预防血清Ⅰ型鸭疫里默氏杆菌引起的鸭传染性浆膜炎，免疫期为 3 个月。健康鸭颈部皮下注射，3～7 日龄鸭，每只 0.25 毫升；8～30 日龄鸭，每只 0.5 毫升。

2. 治疗

建立在药敏试验基础上，应用敏感药物进行预防和治疗。但对于症状和病变比较严重的病鸭，即使使用敏感药物，疗效也并不理想。

六、鸡坏死性肠炎

该病是由产气荚膜梭菌引起的以鸡肠道黏膜坏死或溃疡为主要病症的传染病。

（一）诊断要点

1. 流行特点

由产气荚膜梭菌引起。自然条件下该病在肉鸡、蛋鸡群中均可发生，尤其是 2～8 周龄地面平养鸡群，以及地面平养育雏和育成鸡群更容易发病。该病各个季节均可发生，但是在夏季高温高湿条件下更加多见。鸡群之所以发生该病多数是有明显的诱因，例如饲养密集、空气污浊、冷风入侵、饲料营养不平衡、用药不当、暴发球虫病等不良因素，导致鸡体消化道内菌群失调，刺激致病性菌群繁殖迅速，诱发鸡群发生坏死性肠炎。同时如果环境卫生较差，产气荚膜梭菌的数量超标时，就会增加入侵鸡体的机会，也会诱发鸡群感染该病。

2. 临床症状与病理变化

鸡群发病后一般表现精神状况较差、不愿走动、食欲明显下降，采食量仅仅为原来的 50% 左右；鸡只羽毛蓬松，眼睛凹陷，鸡冠发绀；病鸡腹泻，粪便呈黄白色，有的呈黄褐色糊状，有的红色或煤焦油状，有的混合有血液和肠道黏膜。通常病程较短，一旦发病很快死亡。

病程较短的病死鸡只明显脱水，腹腔内发黑且有严重的尸腐臭味，小肠后段尤其是回肠和空肠显著肿大，一般膨大到正常小肠的 2～3 倍；外观肠壁极薄、充满气体，肠管内有黑褐色肠容物；肠黏膜脱落形成一层黄色假膜，有的肠壁出血。该病非常容易继发感染小肠球虫，除了表现上述病变外，在肠道黏膜表面还可见灰白色或红色出血点，肠腔内充满黑红色血凝块，肠道黏膜严重坏死。

（二）防治措施

1. 预防

（1）改善饲养环境　供给鸡群适宜的温度条件，否则温度忽高忽低带来冷应激或热应激，刺激机体消化系统菌群失调，诱发坏死性肠炎的发生。同时降低舍内湿度，减缓病菌繁殖速度和防止垫料发生霉变，并勤换垫料避免垫料堆积发生板结变质，保持舍内干燥卫生。

（2）合理加工和贮藏饲料　首先选择优质饲料原料来生产加工饲料，最好从粮库直接购买原料，有利于保障原料质量和减少病菌污染。在加工和贮藏过程中应保证通风良好，避免发生堆积和受潮现象，以免饲料营养成分分解氧化或发生霉变等。在饲喂前需要认真检查饲料温度、形状和气味等，如果发生有温度超标、潮湿结块、霉变气味等异常情况，应立即剔除不能再继续饲喂鸡群，否则会严重危害鸡群健康。

（3）做好预防肠道疾病的工作　产气荚膜梭菌属于条件性致病菌，在鸡体肠道菌群平衡的条件下，本菌并不会发生致病性，只有在鸡只体质变差、肠道黏膜受损、菌群失调时，才会促使鸡群感染发病。因此一定做好预防肠道疾病的工作，尤其是防治寄生虫病的发生，例如鸡群感染球虫病后病程较长、容易反复发作，对肠道黏膜造成很严重的损伤，非常容易继发感染坏死性肠炎。

在日常管理中根据鸡群生长发育阶段或者季节的不同，需要定期在饲料中添加伊维菌素和丙硫咪唑等驱虫药物来预防线虫和绦虫等寄生虫病的发生。针对球虫可以定期在饲料中添加磺胺氯吡嗪钠、氨丙啉、地克珠利等，能够有效预防球虫病的感染，如果鸡场发病严重时，建议采取球虫疫苗免疫接种，可以有效防治球虫病的暴发。

2. 治疗

如果鸡群感染发生该病后，可以在饲料中添加利高霉素或林可霉素可以起到很好的治疗效果，同时添加杆菌肽调节肠道菌群平衡，促使机体尽快恢复健康。通常情况下鸡群感染坏死性肠炎后非常容易继发感染鸡球虫病，所以在治疗过程中应添加适当的抗球虫药物，先将球虫控制后才能彻底治愈鸡群。另外该病容易反复发生，在治疗时避免产生耐药性，需要提前做好药敏试验，选用高敏药物来轮换使用，保证治疗效果，防止反复发作增加治疗难度和延误病情，给鸡群造成更大的经济损失。

由于产气荚膜梭菌普遍存在于土壤、粪便、灰尘和污染的饲料、垫料中，因此在治疗控制该病时需要及时清除粪便和勤换垫料，并且对鸡舍内外定期清理和彻底消毒，搞好栏舍及周围环境的清洁消毒；对粪便运输到指定位置进行火碱消毒或堆积发酵处理，彻底杀灭粪便中存活的病原微生物，降低鸡群发病机会；及时拣出病死鸡只，运送到远离鸡场的地方进行深埋或焚烧，避免病原体进一步扩散和蔓延。同时改善饲养环境、加强鸡舍通风换气工作，降低舍内湿度和保持良好的空气环境，通风也是最好的消毒方式，因为可以减少环境中的病菌含量。每天带鸡消毒1次，对鸡舍外环境也要每天彻底消毒1次，尽量杀灭环境中存活的病菌。清除潮湿垫料，尤其是水线下方的垫料应保持干燥，防止垫料发生霉变和降低病菌繁殖速度。提高鸡舍温度2～3℃，减少低温给鸡群带来的应激。

第三节 家禽常见寄生虫病防治

一、鸡球虫病

鸡球虫病是由一种或多种艾美耳球虫寄生于鸡肠道上皮细胞引起的原虫病，主要表现出血性肠炎。

（一）诊断要点

1. 流行特点

（1）球虫的繁殖力和抵抗力 鸡感染 1 个孢子化的卵囊，7 小时后可排出 100 万个卵囊。温暖潮湿的场所有利于卵囊发育，卵囊在土壤中可以保持生命力达 4～9 个月，在有树荫的运动场上，可达 15～18 个月。当气温在 22～30℃时，一般只需要 18～36 小时就可发育成感染性卵囊。卵囊对高温、低温和干燥的抵抗力较弱，一般消毒液不易将其杀死。

（2）感染特点 所有日龄和品种的鸡对球虫都有易感性。球虫病多发于 3 月龄以内的幼鸡，其中以 15～50 日龄的鸡最易感，很少见于 11 日龄以内的雏鸡，成鸡多为带虫者。禽球虫为细胞内寄生虫，对宿主和寄生部位有严格的选择性，即侵袭鸡的球虫不会侵袭火鸡等其他家禽，感染其他家禽的球虫也不会感染鸡。

（3）流行季节和诱因 发病时间与气温和雨量关系密切。通常在温暖潮湿的季节流行。北方以 4—9 月多发，7—8 月为高峰期，南方及北方密闭式现代化鸡场，一年四季均可发病。鸡舍潮湿、拥挤、饲料品质差以及维生素 A 和维生素 K 缺乏可促进该病的发生与流行。

2. 临床症状与病理变化

病雏羽毛松乱，翅下垂，眼半闭，缩颈呆立或挤成一堆，不食，嗉囊充满液体，粪极稀、带血。后排血液，明显贫血，血便后 1～2 天内大批死亡。毒害艾美耳球虫引起小肠球虫病，多见于大雏到仔鸡阶段，成年产蛋鸡往往也可成群发病。但排泄的血便混有黏液，色泽稍黑。

柔嫩艾美耳球虫急性死亡病例可见盲肠肿胀、充满血液。发病 2～3 天后，盲肠硬化变脆充满凝血和干酪状物质，发病 4～6 天，盲肠显著萎缩，内容物极少，全部呈樱红色。毒害艾美耳球虫急性死亡病例，小肠中段气胀，粗细达2倍以上，肠道内含有大量血液黏液，黏膜上有无数粟粒大的出血点和灰白色病灶。虽然盲肠中往往也充满血液，但这是小肠出血流入盲肠的结果。

镜检粪便或肠管病变部刮屑物，在急性血便症状时镜检粪便往往找不到卵囊，而取病变部刮屑物涂片，吉姆萨染色，常可发现大量裂殖体、裂殖子和宿主的脱落上皮细胞等，待血便停止后即可检出无数卵囊。不能单纯根据粪检发现卵囊就确诊为球虫病，因为鸡群中无症状有卵囊的隐性感染极为普遍，因此必须结合症状和病变进行综合判断。

（二）防治措施

1. 预防

（1）加强饲养管理和环境卫生消毒　雏鸡与成年鸡分开饲养，以免带虫的成年鸡散播病原导致雏鸡暴发球虫病。保持鸡舍干燥、通风，及时清除粪便，堆积发酵以杀灭卵囊。用0.5%的次氯酸钠溶液消毒。补充足够的维生素K和维生素A可加速鸡患球虫病后的康复。发现病鸡立即隔离，轻者治疗，重者淘汰。

（2）免疫预防　目前已经在生产上应用的疫苗有以下几种。

①柔嫩艾美耳球虫弱毒疫苗。虫苗在4～8℃冰箱中保存半年仍有很高的免疫效果。该疫苗具有安全、高效、价廉、使用方便等优点，适用于肉鸡。

②Cocci-Vac虫苗。这种虫苗包含多种毒力球虫的活卵囊，经饮水免疫，使鸡轻度感染而产生免疫力。

③遗传工程苗。与药物治疗和活虫苗免疫相比，用遗传工程生产的死疫苗既没有毒力致病之忧，又易于掌握，使用方便。

藻酸盐包裹致病系球虫卵囊疫苗。将致羽系球虫卵囊用藻酸盐包裹起来，混在饲料中分多日投服。

2. 治疗

使用的药物有化学合成药和抗生素两大类。常用的有以下几种。

（1）氯羟吡啶（克球多、克球粉、可爱丹、灭球清）　预防按125～150毫克/千克饲料混饲，治疗量加倍。育雏期连续给药。

（2）氯苯胍　预防按33毫克/千克饲料混饲，连用1～2个月，治疗量加倍，连用3～7天，后改预防量予以控制。

（3）氨丙啉　治疗按120～240毫克/千克饲料混饲，或每升水加

60 ～ 240 毫克，连服 7 天，以后按半量饲喂。应用本药期间，饲料中维生素 B₁ 的含量应不超过 10 毫克 / 千克饲料为宜。

（4）盐霉素（球虫粉，优素精） 预防按 50 ～ 70 毫克 / 千克饲料混饲。

（5）莫能菌素 预防按 80 ～ 120 毫克 / 千克饲料混饲，与盐霉素合用有累加作用。

此外，磺胺类药物也有较好的治疗效果。但要注意休药期，并遵守轮换用药、穿梭用药和联合用药的原则。

发病时尽早用药物治疗。抗球虫药对球虫生活史早期作用明显，而一旦出现症状会造成组织损伤，再用药物往往收效甚微。

二、鸡红螨病

鸡红螨病也称为鸡刺皮螨病、鸡螨病或栖架螨病。由于该虫具有很强的繁殖力，且容易形成耐药性，很难在生产实践中完全根除，加之其可作为传播其他疾病的媒介，造成巨大的危害，影响养殖户的经济效益。

（一）诊断要点

1. 流行特点

鸡刺皮螨属于蜘蛛纲螨目，是禽类体外寄生虫中的一种。虫体在白天往往在笼框、柄架、鸡窝缝隙以及鸡舍墙缝中隐藏，还可隐藏在干涸粪块以及饲料渣下面，并在以上环境中繁殖、产卵。该虫具有昼伏夜出的习性，一般在夜间或光线较暗的阴天时，幼虫和成虫会爬到鸡体上吸食血液，吸饱后就会离开，并返回至缝隙中栖息。成虫的耐饥饿性较强，在没有血源的情况下也能够存活 80 ～ 100 天。另外，虫体能够携带并传播很多疾病的病原体，目前已知其能够携带鸡伤寒沙门氏菌、大肠杆菌、葡萄球菌和志贺氏菌。

2. 临床症状

发病鸡群表现出烦躁不安，经常啄肛、啄羽，无法正常休息，机体消瘦，增加耗料，生产力降低。如果病鸡寄生有大量刺皮螨，会导致机体消瘦、贫血，且产蛋量明显降低，雏鸡发病后会由于贫血而容易发生死亡。发病后期，病鸡往往容易出现继发症，混合感染致使机体明显衰竭，出现死亡。

虫体在吸食血液后会呈红色，且会在鸡舍内密集爬行，经过仔细观察非常容易发现。为进一步确定，可使用光学显微镜对虫体进行常规方法检查，观察发现虫体呈红色或棕黑色，为长椭圆形，后部略宽。虫体长度在 0.5 ～ 0.8 毫米，宽度在 0.3 ～ 0.5 毫米。虫体表面存在短毛和细皱纹，足跟处生有吸盘，并有一对螯肢，且具有一整块的背板。通过与寄生虫标准图谱比较，发现虫体特征完全符合鸡皮刺螨，从而可确诊发生该病。

（二）防治措施

1. 预防

鸡场要采取全进全出的饲养方式，禁止混养，避免交叉感染。每批鸡淘汰后，鸡舍内的所有用具都要使用杀虫剂进行充分浸泡、冲刷，接着置于阳光下晾晒。另外，鸡舍的地面、墙壁以及鸡笼的全部缝隙都要进行全面清扫，接着喷洒杀虫剂蝇毒磷杀虫，连续使用 2 次，经过至少 20 天才可再次进鸡。堵塞墙缝，及时清除污物、杂草，经常清理粪便，并运送至指定地点采取集中堆肥发酵等，以杀灭其中所含的虫体。定期喷洒杀虫剂来预防发病，通常在每批鸡出栏后都要对运动场地及圈舍喷洒辛硫磷，间隔 10 天再用药 1 次。

2. 治疗

由于鸡刺皮螨主要在夜间侵袭鸡，而白天隐藏于栖息处，因此必须采取内外兼治的方法，以将虫体完全消灭。

通常采取带鸡喷洒杀虫剂，注意要选用低毒、高效的杀虫剂，并适时更换。如 0.05% 蝇毒磷或 0.02% 溴氰菊酯，喷洒于虫体聚集处，确保喷洒仔细，不留死角。在气候炎热的夏季，选择在天气凉爽时（如早晨或傍晚）用药。三氯杀螨醇，即按 1∶1 000 倍稀释，喷洒运动场及鸡舍。在喷洒体外杀虫剂的同时，鸡群可供给阿维菌素或伊维菌素，以将鸡体表寄生的虫体杀死。例如，可在饲料中添加 0.2% 的阿维菌素或伊维菌素预混剂 1.5 千克/吨，混合均匀后饲喂，连续使用 5～7 天，停用 1 周后再使用 5～7 天。

药物治疗时，要求对全场所有鸡舍都采取统一用药，防止鸡舍间发生交叉感染，确保治疗效果良好。另外，治疗过程中，要注意给鸡群补充适量的多维、电解质，增强机体抵抗力以及抗应激能力。

参考文献

陈建勇，2018.禽腺病毒感染的诊断与防控［J］.家禽科学（12）:33-36.

陈理盾，李新正，陈合强，2009.禽病彩色图谱［M］.沈阳：辽宁科学技术出版社.

李长强，2013.生猪标准化规模养殖技术［M］.北京：中国农业科学技术出版社.

李和国，马进勇，2016.畜禽生产技术［M］.北京：中国农业大学出版社.

李宏全，2016.门诊兽医手册［M］.北京：中国农业出版社.

李连任，2017.家畜常见寄生虫病防治手册［M］.北京：化学工业出版社.

李连任，张永平，2021.土鸡生态放养实用技术［M］.北京：化学工业出版社.

史耀东，2016.畜禽寄生虫病防治技术［M］.北京：中国农业出版社.

闫益波，2015.轻松学猪病防制［M］.北京：中国农业科学技术出版社.